UNSERE ZUKUNFT IM RAUM

Gerard K. O'Neill

UNSERE ZUKUNFT IM RAUM

Hallwag Verlag Bern und Stuttgart

Bildnachweis

Boeing Aircraft Co.   Abb. 19, 20
Donald Davis   Abb. 4; S. 105, 108, 109, 113, 298, 299
Pierre Mion/National Geographic Society   Abb. 11
National Aeronautics and Space Administration (NASA)
   Abb. 8, 9, 16, 17, 18, 24; Fig. B
NASA/Chesley Bonestell   Abb. 22
NASA/Donald Davis   Abb. 2, 3, 23
NASA/R. Guidice   Abb. 1, 5, 12, 13, 14, 15
NASA/Rockwell International   Abb. 7
Aus: Science Year, «The World Book Science Annual». Field Enterprises
   Educational Corporation/R. Dimmer und F. Alexander   Abb. 6, 10, 21

© 1978 Hallwag AG Bern
Die amerikanische Originalausgabe erschien 1977 unter dem Titel THE HIGH
FRONTIER, Human Colonies in Space, im Verlag William Morrow and Co.,
Inc., New York; © 1976 by Gerard K. O'Neill.
Die vorliegende deutsche Ausgabe stützt sich vorwiegend auf die vom
Autor überarbeitete Taschenbuchausgabe im Bantam-Verlag, die im Januar
1978 erschien.
Übersetzung aus dem Amerikanischen von Fritz Oberli, Rita Kümmel und
Guido Wemans. Technische Beratung: Prof. Dr. Reiner Kümmel und Guido
Wemans.
Gesamtherstellung: Hallwag AG Bern
ISBN 3 444 10230 5

Inhalt

1

EIN BRIEF AUS DEM WELTRAUM

Seit Mitte der siebziger Jahre ist ein neues Projekt im Gespräch. Wenn die Überlegungen, von denen dabei ausgegangen wird, richtig sind, so könnten neue Energie- und Rohstoffquellen erschlossen werden, ohne dadurch unsere Umwelt weiterhin zu gefährden. Anfänglich sprach man von «Weltraumkolonisation», aber nachdem jetzt die Diskussion in Regierungs-, Industrie-, Universitäts- und Pressekreisen mit zunehmender Sachlichkeit geführt wird, neigt man zu weniger dramatischen Bezeichnungen, wie etwa «Produktionsanlagen im Weltraum» oder «Produktionsanlagen auf hoher Umlaufbahn».

Der Gedanke der Kolonisierung des Weltraums durch Menschen ist keineswegs neu. In der einen oder andern Form kann er bis in die Anfänge des wissenschaftlichen Zeitalters oder sogar bis in die frühe Mystik zurückverfolgt werden. Mehrere Jahrzehnte war er ein beliebtes Thema utopischer Romane. Einer davon, verfaßt von Edward Hale in der zweiten Hälfte des neunzehnten Jahrhunderts, handelt von einem bewohnten, künstlichen Satelliten. Der russische Lehrer und Naturforscher Konstantin Ziolkowski schrieb kurz nach der Jahrhundertwende einen Zukunftsroman, in dem er verschiedene Aspekte einer im Weltraum lebenden Gemeinschaft mit bemerkenswerter Klarheit voraussah. In diesem Roman mit dem Titel «Jenseits des Planeten Erde», der um 1900 verfaßt und zwanzig Jahre später veröffentlicht wurde, läßt Ziolkowski seine Weltraumfahrer auf ihrer ersten Reise außerhalb des Erdschattens Treibhäuser bauen. Dort legen sie für nachfolgende Erdemigranten Pflanzungen an. Seine Astronauten reisen zum Mond, aber nur besuchsweise; ihr wichtigstes Ziel sind die Asteroiden, die reiche Rohstofflager bergen[1-6]. Weitere Autoren des zwanzigsten Jahrhunderts spielten ebenfalls mit dem Gedanken der Errichtung von Weltraumhabitaten, so Laßwitz um 1897 und Bernal, Oberth, von Pirquet und Noordung in den zwanziger Jahren unseres Jahrhunderts[7-14]. In den fünfziger und sechziger Jahren waren es Wernher von Braun, Dandridge Cole und Krafft Ehricke[15-26]. Zahlreiche Gedanken der erwähnten Autoren werden in diesem Buch wieder aufgegriffen; vor 1969 wäre es jedoch schwierig gewesen, das Thema ohne große technische Lücken und in logisch zusammenhängender Form zu behandeln.

Unsere Aufgabe ist es, Wege zu finden, um die gesamte Menschheit an der raschen Verbreitung und Auswertung unserer wissenschaftlichen Erkenntnisse teilhaben zu lassen, ohne daß durch die konkreten Auswirkungen dieser Wissensausweitung das «Nest», in dem wir leben, verunreinigt wird. Naturgemäß sind viele der im folgenden behandelten Fragen materieller Art; dennoch geht es um mehr als das rein physische Überleben. Die großen Werke der Kunst, der Musik und Literatur wären ohne Zeiten der Muße und ohne einen gewissen Wohlstand nie geschaffen worden. Es gilt deshalb Lösungen zu finden, die allen den Weg zum Wohlstand ebnen. Ein gültiger Zeitplan für die Erschließung von Energie- und Rohstoffquellen im Weltraum wird von Entscheidungen abhängen, die bis heute noch nicht gefallen sind; es scheint jedoch, daß man mit Hilfe der heute für die Weltraumfähre entwickelten Technologie in sieben bis zehn Jahren mit dem Bau von Anlagen in hohen Umlaufbahnen beginnen und diese in fünfzehn bis fünfundzwanzig Jahren fertigstellen könnte. Dem Interesse der Regierungen an Produktionsanlagen auf hoher Umlaufbahn liegen zum Teil wirtschaftliche Überlegungen zugrunde. Berechnungen haben ergeben, daß eine derartige bewohnte Anlage die Erde mit großen Energiemengen versorgen könnte und daß ein von privater Seite oder auf multinationaler Ebene finanziertes Weltraumhabitat ein Mehrfaches der Investitionskosten einbrächte. Das öffentliche Interesse gilt vor allem dem menschlichen Aspekt: Tausende unserer Zeitgenossen werden vielleicht schon innerhalb der nächsten zwanzig Jahre in den Weltraum aufbrechen, um dort unter neuen Maßstäben zu leben und zu arbeiten. Falls das Projekt realisiert wird – und das wäre, sobald die technischen Möglichkeiten vorhanden sind, durchaus denkbar –, könnte jedem von uns schon in den neunziger Jahren dieses Jahrhunderts ein Brief auf den Schreibtisch flattern, der etwa folgenden Inhalt hat.

«Liebe Freunde,
selbstverständlich bin ich gern bereit, Euch sozusagen aus erster Hand noch etwas mehr über das Leben und die Arbeit hier draußen im Weltraum zu erzählen. Man kann ja nicht genug erfahren, bevor man sich zu einem so bedeutsamen Schritt entschließt.

Ihr schreibt mir, daß Ihr bereits alle Prüfungen für die Vorauswahl bestanden habt. Meinen Glückwunsch! Als nächster Schritt folgt nun das für eine Anstellung entscheidende Gespräch. Wenn Ihr daraufhin ein Angebot erhaltet, müßt Ihr Euch entschließen, ob Ihr den sechsmonatigen Einführungskurs mitmachen wollt.

Obwohl ich nie beim Friedenskorps gedient habe, glaube ich, daß die Selektionsmethoden die gleichen sind, und ich bin überzeugt, daß die meisten von Eurer Trainingsgruppe die Tests bestehen werden.

Dann folgt das große Erlebnis des ersten Raumfluges zu einem dreiwöchigen Aufenthalt in der Erdumlaufbahn. Der Flug dorthin ist bereits zur Routine geworden. Ihr werdet sehen, daß das Innere der einstufigen Raumfähre dem eines kleineren Düsenpassagierflugzeuges gleicht. Ihr werdet zusammen mit hundertfünfzig anderen Kandidaten reisen. Die Beschleunigung ist zwar größer als bei einem konventionellen Flug, aber Ihr werdet wenig davon spüren, und in ungefähr zwanzig Minuten ist die Umlaufbahn erreicht. Dann werdet Ihr etwas völlig Neues erleben: die Schwerelosigkeit.

Möglicherweise fühlt Ihr Euch am Anfang krank, so wie auf einem Schiff bei hohem Seegang. Die dreiwöchige Versuchsperiode dient dazu, zu schweren Raumkrankheitserscheinungen neigende Bewerber auszusondern und festzustellen, wer sich dem täglichen Wechsel zwischen Schwerelosigkeit und normaler Erdschwere – und umgekehrt – anzupassen vermag. Das ist wichtig, weil in unseren Wohnstätten durch Rotation zwar eine künstliche Schwerkraft erzeugt wird, die zahlreichen in der Bauindustrie Beschäftigten aber im schwerelosen Zustand arbeiten müssen. Wer sich rasch anpassen kann, hat mehr Chancen, einen besser bezahlten Arbeitsplatz zu bekommen. In diesen drei Wochen kann aber zugleich jeder Bewerber selbst feststellen, ob der Weltraum auch wirklich der richtige ‹Aufenthaltsort› für ihn ist.

Nach drei Wochen seid Ihr dann so weit, um in einem der ‹Linienschiffe› an Euren Arbeitsort gebracht zu werden. Wir haben diese Reise sehr genossen, Ihr fliegt mit der *Goddard* oder mit der *Ziolkowski;* beide erreichen ihr Ziel in einer Woche. Ich glaube, meist sind ungefähr die Hälfte der Passagiere neue Auswanderer wie Ihr, die andere Hälfte kehrt von den Ferien auf der Erde zurück. Dieses Raumschiff rotiert, und es gibt daher eine künstliche Gravitation, die in den Aufenthaltsräumen normal, in den Schlafkojen etwas geringer ist. Auf dieser Reise werdet sicherlich auch Ihr Gelegenheit haben, Eure Fremdsprachenkenntnisse anzuwenden und Kontakte mit dem einen oder andern Eurer zahlreichen Mitreisenden aus andern Ländern anzuknüpfen. Wir sind hier draußen recht oft bei Bewohnern benachbarter Kolonien zu Gast. Wenn unsere Fremdsprachenkenntnisse auch nicht übermäßig groß sind, so reicht es doch zu sehr netten und freundschaftlichen Kontakten.

Die größten Objekte, die Ihr in der Nähe der Wohnkolonien im Weltraum sehen werdet, sind die Sonnenkraftwerksatelliten, die für die Energieversorgung der Erde gebaut wurden. Diese Kraftwerke sind ungefähr zehnmal größer als die Wohnkolonien. Von den Wohnstätten aus ist jedoch vom Raum selbst recht wenig zu sehen, weil sie zum Schutz vor kosmischen Strahlen, vor den Auswirkungen von Sonnen-

eruptionen und vor Meteoriten durch eine dicke Materie-
schicht abgeschirmt sind, die hauptsächlich aus dem Abfall
der außerirdischen Produktionsbetriebe besteht.
Alle Wohnstätten oder Habitate sind entweder kugel-, zylin-
der- oder ringförmig. Wir leben in Bernal Alpha, einer Kugel
mit einem Durchmesser von rund fünfhundert Metern und
einem inneren Umfang – am ‹Äquator› – von etwa anderthalb Kilometern. Auf dem Rundweg veranstalten wir gelegentlich Wettläufe und Radrennen. Die Strecke führt
ringsum und folgt meist dem ‹Äquator›; neben dem Weg
fließt unser kleiner Fluß. Da Bernal Alpha sich alle zweiund-
dreißig Sekunden einmal um ihre Achse dreht, herrscht am
‹Äquator› dieselbe Schwerkraft wie auf der Erde. Das Land
hat die Form eines langen, gebogenen Tales und steigt
beiderseits des ‹Äquators› bis zum ‹45. Breitengrad› an; es ist
mit niedrigen Terrassenhäusern, Ladenstraßen und kleinen
Grünanlagen bebaut. Da wir den Großteil des Landes für
Wiesen und Parks erhalten möchten, sind zahlreiche Dienst-
leistungs- und Leichtindustriebetriebe teils unter der Oberfläche, teils in einer Kugel im Zentrum, wo eine geringere
Gravitation herrscht, untergebracht. Das Sonnenlicht fällt in
einem Winkel von ungefähr 45 Grad ein, ähnlich wie auf der
Erde in der Mitte des Vor- oder Nachmittags. Durch die
Steuerung der Sonnenscheindauer bestimmen wir die Länge
der Tage und damit das Klima. Wir halten uns an Canaveral-
Zeit, während sich die zwei benachbarten Wohnkolonien
nach anderen Zonenzeiten richten. Weil die Bewohner aller
Habitate in denselben Produktionsbetrieben tätig sind, kann
vierundzwanzig Stunden hindurch in drei Schichten gearbeitet werden – ohne Nachtschicht!
Das Alpha-Klima entspricht ungefähr dem von Hawaii; deshalb können wir uns das ganze Jahr über sehr viel im Freien
aufhalten. Unser Haus ist fast genauso groß wie jenes, das
wir auf der Erde besaßen, und hat einen Garten. Da Alpha
zu den ersten Wohnkolonien gehört, sind unsere Bäume
schon recht stattlich. Wir erklimmen recht oft den Pfad zum
‹Nordpol› und bummeln etwa eine halbe Stunde entlang der
Kugelachse, wo Schwerelosigkeit herrscht. [Gemeint ist hier

die Fahrt in einem fußbetriebenen Fluggerät.] Das ist besonders schön und entspannend nach Sonnenuntergang, wenn die Wege unter uns in mildes Licht getaucht sind.

Das Kleinformat unserer Umwelt wird Euch sofort auffallen, aber für eine Gemeinschaft von zehntausend Menschen sind wir recht gut mit Freizeiteinrichtungen versorgt: Es gibt ein paar Kinos, eine ganze Reihe gutgeführter kleiner Restaurants sowie verschiedene Theater- und Musikgruppen. Und weil die Reise zu den benachbarten Kolonien nur wenige Minuten dauert, fahren wir oft hin, um ins Theater zu gehen, ein Konzert zu besuchen, uns ein – fast – schwereloses Ballett anzusehen oder auch ganz einfach wegen des ‹Tapetenwechsels›.

In unserem Freizeitbereich, der allen Bewohnern unseres Raumabschnittes zur Verfügung steht und in dem nur eine geringe Schwerkraft herrscht, finden auf einer großen Bühne oft Ballettdarbietungen statt. Ein Ballett bei nur einem Zehntel Schwerkraft wirkt traumhaft und unglaublich graziös. Ihr habt es sicher schon im Fernsehen miterlebt; aber die Wirklichkeit ist noch viel schöner. Natürlich haben wir hier auf Alpha auch Swimming-pools mit geringer Schwerkraft und Klubräume für Muskelkraftflug.

Ihr habt uns nach unserer Regierung gefragt. Sie ist von Wohnkolonie zu Wohnkolonie verschieden. Alle Weltraumhabitate unterstehen der Rechtsprechung der Energie-Satelliten-Korporation (ESKO), die in den achtziger Jahren im Rahmen der Vereinten Nationen gegründet wurde. Die ESKO läßt erfreulicherweise die Zügel recht großzügig schleifen, solange die Produktion gut läuft und hohe Gewinne abwirft – es scheint, daß man keinesfalls eine neue ‹Boston Tea Party› heraufbeschwören will. [1773 vernichteten Kolonisten aus Steuergründen drei Schiffsladungen Tee im Hafen von Boston. Dieses Ereignis, das den Amerikanischen Unabhängigkeitskrieg auslöste, wird als ‹Boston Tea Party› bezeichnet. Anm. d. Übers.] In unseren Kolonien gibt es fast so viele Lokalregierungen wie Volksgruppen; wir hier haben uns für das System der Einwohnerversammlung entschieden. Ein solcher Verwaltungsmechanismus kann in einer Stadt von immerhin 10 000 Einwohnern nur deshalb funktionieren, weil wir alle zuviel Arbeit haben, um uns auch noch um Wahlkämpfe zu kümmern. Hinzu kommt, daß die Verantwortlichen Handlungsfreiheit brauchen, um für das reibungslose Funktionieren aller Einrichtungen des Habitats zu sorgen und damit unser Überleben zu gewährleisten. Unsere Teenager müssen ein Jahr lang im Einsatzdienst für das Lebenserhaltungssystem mitarbeiten – eine mit Eurem Militärdienst vergleichbare Tätigkeit –, und sollten sich Mitglieder der Verwaltung oder des Einsatzdienstes renitent zeigen, so würden sie unverzüglich durch Freiwillige ersetzt.

Wir mußten lachen, als wir Euren Kommentar über die Vorträge vor Bürgerversammlungen lasen, die Ihr halten müßt – ich erinnere mich, daß auch wir das seinerzeit durchmachten. Ich will hier ein paar grundlegende Dinge erwähnen, die Ihr in derartigen Vorträgen verwenden könnt. Um ein Habitat mit einem Anfangsvorrat von Wasser zu versorgen, wird von der Erde herbeigeschaffter Wasserstoff mit – gewichtsmäßig – achtmal soviel Sauerstoff vom Mond verbunden. Hier in L5 ist Sauerstoff ein Abfallprodukt der Metall und Glas produzierenden Industrien. Unser Boden stammt natürlich vom Mond und wird durch Bewässerung und Zusatz von Nitraten fruchtbar. Dank der uns in unbegrenzter Menge und zu niedrigem Preis zur Verfügung stehenden Energie sind uns Probleme der Umweltverschmutzung gänzlich unbekannt. Und weil die Energie tatsächlich fast nichts kostet, Rohstoffe aber relativ teuer sind, lohnt es sich, alle Abfallprodukte aufzubereiten und wiederzuverwenden.

Gegenwärtig gibt es noch zu wenige Weltraumkolonien, als daß Reisen über große Distanzen notwendig wären, aber wenn einst Habitate über viele Tausende von Kilometern verstreut im Weltraum liegen, wird ein heute schon bekanntes Transportsystem angewandt werden: In einer Raumkolonie wird mittels eines Elektromotors ein antriebsloses Raumschiff auf sehr hohe Geschwindigkeit beschleunigt, um nach einem Flug von Tausenden von Kilometern in einer anderen Kolonie durch ein Fangseil abgebremst und gestoppt zu werden.

13

Vor längerer Zeit schon hat man die Maximalgröße von Weltraumhabitaten berechnet. Sie könnten einen Durchmesser von mindestens neunzehn Kilometern aufweisen und mehrere hundert Quadratkilometer Land umfassen. Zurzeit wird hier darüber diskutiert, ob der Bergbau vom Mond auf die Asteroiden zu verlegen sei; dort stände uns eine größere Zahl von Elementen, darunter Kohlenstoff, Stickstoff und Wasserstoff, zur Verfügung. Der Materialtransport von den Asteroiden zu unseren Kolonien würde nicht mehr Energie erfordern als der Transport von der Erde und käme viel billiger zu stehen, weil der Faktor Zeit nicht ins Gewicht fiele und keine großen Schubkräfte nötig wären. Man hat errechnet, was für eine ‹Wachstumsfläche› mit Asteroidmaterial geschaffen werden könnte. Das Resultat klingt fast unglaublich: Mit den dort brachliegenden, uns bekannten Rohstoffen könnten Weltraumkolonien angelegt werden, deren Gesamtfläche die der Erde um das Dreitausendfache überträfe.

Um aber auf unsere Lebensbedingungen zurückzukommen: es lebt sich hier sehr angenehm. Da bei uns die Landwirtschaft in großen Zylindern jeweils für jeden Monat des Jahres betrieben wird, von denen jeder für eine spezifische Tageslänge programmiert ist, haben wir stets frisches Obst und Gemüse zur Verfügung. In unserem Garten reifen Avocados und Baummelonen; Insektenvertilgungsmittel braucht man nicht. Man kann sonnenbaden und wird braun, ohne von Stechmücken belästigt zu werden. Damit man von diesen Plagen für immer verschont bleibt, lohnt es sich, bei jeder Rückkehr von der Erde die Inspektion über sich ergehen zu lassen, bevor man die Raumfähre betritt.

Ihr fragt, ob wir uns hier einsam fühlen. Tatsächlich gibt es gelegentlich ‹Heimwehkranke›, aber das dürfte daran liegen, daß wir zur ersten Einwanderergeneration gehören. Die hier Geborenen scheinen das Problem nicht zu kennen. Dieses Übel wird übrigens, wie Ihr selber sehen werdet, durch ein paar Klauseln in den Arbeitsverträgen erheblich gemildert. So werden zum Beispiel für Telephon- und Videophonverbindungen zur Erde keinerlei Gebühren erhoben. Auch Hin- und Rückreisen nach und von der Erde sind nach Maßgabe der verfügbaren Plätze kostenlos. Nach dreijährigem Aufenthalt hier draußen verbrachten wir einen halbjährigen Urlaub auf der Erde. Wir konnten uns sehr luxuriöse Ferien leisten, weil unsere Arbeit teilweise in irdischer Währung bezahlt wird und wir beide verdienen – meine Frau arbeitet bei der Kontrolle von Turbinenschaufeln und ich als Feinmechaniker. Die Kosten für unseren hiesigen Lebensunterhalt bestreiten wir mit ELORCHECKS (Elektronisch verbuchten Orbital Checks), und so bleibt ein Teil unserer Gehälter auf der Bank und trägt Zinsen. Als wir abfuhren, verfügten wir über ein hübsches Sümmchen, das wir trotz des kostspieligen Urlaubs bei weitem nicht aufbrauchten.

Und noch etwas zum Thema Heimweh. Als unsere Ferien zu Ende gingen, freuten wir uns schon richtig darauf, hierher zurückzukehren. Unser Heim hier draußen hat uns sehr gefehlt. Meine Frau ist eine begeisterte Hobbygärtnerin, und obschon während unserer Abwesenheit Freunde bei uns wohnten und im Garten nach dem Rechten sahen, war sie doch froh, als sie sich wieder selbst um ihn kümmern konnte. Und was mich betrifft, fehlten mir ganz einfach meine Arbeitskameraden. Aber es gab noch einen Grund, weshalb wir die Rückkehr kaum erwarten konnten. In einem Weltraumhabitat zu leben ist ungemein abwechslungsreich; ständig ist etwas los, und wenn man sechs Monate abwesend war, hat man das Gefühl, viel versäumt zu haben.

Tatsächlich haben sich mehr als die Hälfte der Leute, die mit uns emigrierten, entschlossen, ihren Arbeitsvertrag nach Ablauf der ersten fünf Jahre zu verlängern. Ich glaube, bei der Besiedlung Alaska wurde seinerzeit ein ebenso großer Prozentsatz seßhaft. Wir fragen uns manchmal, ob wir nach unserer Pensionierung auf die Erde zurückkehren sollen oder nicht. Nun, wir haben noch zwanzig Jahre Zeit, uns zu entscheiden, aber leicht wird uns der Entschluß nicht fallen. Ein paar handwerklich Begabte unter uns haben sich zu einem Bastelklub zusammengeschlossen und bauen ihre eigenen kleinen Raumschiffe – so, wie man auf der Erde Flugzeuge zusammenbastelt. Möglicherweise werden wir uns auf einem kleinen Asteroiden niederlassen, von denen es sehr viele gibt.

Und sollten auch unsere Tochter, der Schwiegersohn und unsere Enkelkinder später nachkommen, so werden wir uns eher noch weiter draußen ansiedeln als auf die Erde zurückkehren.

Falls Ihr Euch zum Kommen entschließen solltet, so laßt uns bitte rechtzeitig wissen, mit welchem Flug Ihr eintrefft, damit wir Euch am Terminal abholen können. Wir freuen uns jetzt schon darauf, Euch wiederzusehen und Euch beim Einrichten behilflich sein zu können. – Wir schließen mit den besten Grüßen und vielen guten Wünschen für die bevorstehenden Prüfungen.»

Es muß betont werden, daß es sich hier nicht um Vorhersagen handelt, sondern lediglich um Möglichkeiten. Der von mir geschätzte Zeitraum von fünfzehn bis fünfundzwanzig Jahren bis zu ihrer Verwirklichung scheint zwar realistisch, könnte jedoch länger und natürlich auch kürzer sein. Beim «Wann» geht es nicht um reine Technik, sondern um ein komplexes Zusammenspiel von aktuellen Ereignissen, Politik, persönlichen Konstellationen, wissenschaftlichen Gegebenheiten und einer guten Portion Glück. Meiner Schätzung nach wird das erste Weltraumhabitat nicht vor 1990 und nicht nach 2005 «stehen». Beide Termine liegen durchaus innerhalb der Lebenserwartung der meisten unserer Zeitgenossen. Zur Vorausdatierung kommender Entwicklungen noch eine Anmerkung: Konstantin Ziolkowski, der große russische Visionär und Pionier der Raumfahrt im neunzehnten Jahrhundert, war vorsichtig genug, den ersten Raumflug für das Jahr 2017 vorauszusagen.

Robert Goddard (1882 bis 1945), der sein Leben der mehr praktischen und deshalb erheblich schwierigeren Aufgabe widmete, die Raketentheorie in die Praxis umzusetzen, hinterließ uns die Mahnung, «nichts als unmöglich zu bezeichnen, denn die Träume von gestern sind die Hoffnungen von heute und die Tatsachen von morgen».

2

DIE AUSSICHTEN FÜR
DIE MENSCHHEIT
AUF DEM PLANETEN ERDE

Wir verfügen heute über die technischen Grundlagen zur Errichtung großer Kolonien im Weltraum – Kolonien mit Fabriken, Landwirtschaftsbetrieben und zahllosen anderen Möglichkeiten produktiver menschlicher Betätigung –, und der Vorstoß zu den neuen Grenzen wird für uns auf kurze und lange Sicht höchst gewinnbringend sein.
Wenn dank dem heutigen Stand unserer Technologie bereits die Möglichkeit zur Errichtung außerirdischer Niederlassungen besteht, warum sollten wir sie dann nicht nützen? Wir sollten es unbedingt, und der wichtigste Grund ist von brennender Aktualität: Es geht um die Abwendung der die Erde bedrohenden Energiekrise. Ein weiterer, langfristiger Grund ist die stetige Bevölkerungszunahme bei praktisch gleichbleibender irdischer Wohnfläche. Und schließlich gibt es noch einen nichtmateriellen Grund: den Wunsch, dem menschlichen Tatendrang neue Möglichkeiten und neue Entwicklungsgebiete zu erschließen. Viele Jahrtausende hindurch war die Zahl der Erdbewohner klein, und die Menschen hatten keinen nennenswerten Einfluß auf die Gestaltung ihrer Umwelt. Hatte sich die Menschheit stark vermehrt, wurde sie durch Kriege oder Seuchen dezimiert, und so änderte sich die Gesamzahl über Hunderte von Jahren nur wenig. Die Lebensbedingungen der Menschen im vorindustriellen Zeitalter scheinen selbst in Friedenszeiten dürftig gewesen zu sein, und wenn es auch allerorts eine privilegierte dünne Ober-

17

schicht gab, die einen gewissen Wohlstand genoß, so bestand das Dasein der meisten doch in harter Arbeit, und die Sklaverei war eine weitverbreitete Erscheinung[1]. Hätte in dieser Zeit jemand die Erde von einem anderen Planeten aus beobachtet, er hätte das Vorhandensein der Gattung Mensch kaum bemerkt, so gering waren dessen Eingriffe in die natürliche Umwelt.

Binnen knapp zweihundert Jahren erfuhr das Leben der Erdbewohner, die bisher den Naturgewalten hilflos ausgesetzt gewesen waren, einen grundlegenden Wandel. Mit dem Fortschritt von Medizin und Chemie nahm bei den reichen Nationen die Kindersterblichkeit gewaltig ab, in geringerem Maße auch bei den armen Nationen. Diese Entwicklung führte zu einer Bevölkerungsexplosion, welche die Ernährungsmöglichkeiten bald zu erschöpfen droht.

Gleichzeitig wurden Mittel und Wege gefunden, die Oberfläche der Erde umzugestalten; wir verfügen nicht nur über die Möglichkeit, unseren Planeten und seine Atmosphäre zu verändern, sondern wir tun es bereits. Mit jedem Jahr bekommen wir die Gestaltung unserer Umwelt besser in den Griff – aber das Resultat ist nicht immer erfreulich.

Im Zuge der industriellen Revolution wuchsen unsere produktiven Kräfte und Möglichkeiten, und damit erreichte erstmals eine zahlenmäßig große Bevölkerungsschicht einen hohen Lebensstandard. In den wirtschaftlich hochentwickelten Ländern wurden durch die Industrialisierung ein komfortables Leben, eine angemessene Lebenserwartung, uneingeschränktes Reisen sowie Informations- und Bildungsmöglichkeiten zur Selbstverständlichkeit. Aber dieser Fortschritt hat auch Schattenseiten. Obschon der erwähnte Prozeß erst vor rund zweihundert Jahren einsetzte, also vor einer Zeitspanne, die kaum einem Zehnmillionstel des Erdalters entspricht, haben seine Nebenwirkungen unseren Planeten schon in beängstigender Weise verändert. Seither schlug der Mensch der Erde Wunden über Wunden, verschandelte und verschmutzte sie in einem Ausmaß, das heute schon vielen unerträglich erscheint. Rauch- und Aschenwolken aus englischen Industriegebieten verdüstern den Himmel bis hinauf nach Norwegen, und im Schnee Alaskas findet man Schmutzpartikeln, die aus Japan herübergeweht werden. Es gibt kaum noch eine Stadt, die nicht mit ernsthaften Luftverschmutzungsproblemen zu kämpfen hat. Wären diese üblen Nebenwirkungen erst aufgetreten, nachdem die industrielle Revolution alle Länder der Erde erfaßt hatte, so hätten wir weltweit geeignete Gegenmaßnahmen diskutieren und ergreifen können. Leider sind wir nicht in dieser glücklichen Lage. Die Probleme der Umweltverschmutzung sind gering im Vergleich mit neu auftretenden Schwierigkeiten: mit Nahrungsmittelknappheit, Energie- und Rohstoffmangel müssen wir uns zu einem Zeitpunkt auseinandersetzen, da der Großteil der Menschheit noch immer in Armut und zum Teil am Rande des Hungertodes dahinvegetiert. Die Rückwendung zu einer maschinenfreien, ruralen Gesellschaft kann jene Probleme nicht mehr lösen, weil zu viele Menschen ernährt werden müssen. Die Industrieländer erzeugen dank ihrer mechanisierten Landwirtschaft mit wenig Arbeitsaufwand große Mengen an Nahrungsmitteln, aber in weiten Gebieten der Erde vermag mühselige menschliche Arbeit vom Morgen bis in die Nacht kaum das nackte Überleben zu sichern. Rund zwei Drittel der Weltbevölkerung leben in sogenannten Entwicklungsländern, und in diesen Gebieten ist nur ein Fünftel der Bewohner hinreichend ernährt; ein weiteres Fünftel leidet «bloß» an Unterernährung und der Rest an Ernährungsschäden verschiedenster Art[2].

In diesen Ländern ist die Erhöhung der Lebensmittelproduktion das vordringlichste Problem. Wo Hunger herrscht, treten Seuchen auf, denen die älteren Menschen, aber noch mehr die Kinder erliegen. In solchen Gebieten ist ein gewisser Grad von Industrialisierung kein Luxus, sondern unbedingte Notwendigkeit. Es ist eine der größten Tragödien unseres zu Ende gehenden zwanzigsten Jahrhunderts, daß die erwähnten Hilfeleistungen nicht zuletzt wegen Mangels an Energie und Rohstoffen verweigert oder verzögert werden.

Sucht man nach den Ursachen, die den Bewohnern der Industriestaaten Freizügigkeit und Entlastung von Schwerarbeit

brachten, so findet man sie in der zunehmenden Nutzbarma-
chung künstlicher Energiequellen. Reisen über große Distanzen wurden für ungezählte Menschen zur Selbstverständlichkeit, und zwar in einem Ausmaß, wie es sich noch vor vierzig
Jahren auch reiche Leute kaum hätten leisten können. Noch
um 1930 war ein Luxusdampfer zwischen Europa und Amerika mehrere Tage unterwegs, und man rechnete mit einem
Kraftaufwand von ungefähr zwanzig PS pro Fahrgast. Heute
dauert die Atlantiküberquerung im Düsenflugzeug nur wenige Stunden, aber der PS-Bedarf pro Passagier geht in die
Hunderte. Bis zur Energiekrise von 1973/74 stieg der Energieverbrauch in den Vereinigten Staaten jährlich um ungefähr 7 Prozent[3]. Die Mechanisierung der Landwirtschaft, die
«grüne Revolution», und der rasche Aufschwung der Industrien in den Entwicklungsländern hängen davon ab, daß
diese ein ähnliches Wachstumstempo erreichen. Doch das ist
ihnen versagt: Beim Energieverbrauch waren wir die ersten,
von den leicht zugänglichen irdischen Energiequellen haben
wir bereits den Rahm abgeschöpft.
Politisch und moralisch sind die wirtschaftlich hochentwik-
kelten Länder verantwortlich für den Raubbau der vergangenen Jahrhunderte. Trotzdem ist es unwahrscheinlich, daß
eine wirklich ins Gewicht fallende Zahl von Bewohnern der
reichen Industrieländer freiwillig auf ihren hohen Lebensstandard verzichten würde, um eine bessere Energieversorgung der Entwicklungsländer zu ermöglichen. Wie ich im
folgenden zeigen werde, besteht eine annehmbare Alternative: Wir können den Völkern der dritten Welt preisgünstige
und unerschöpfliche Energiequellen zur Verfügung stellen,
ohne unsererseits Einschränkungen hinnehmen zu müssen.
Alle von uns angestrebten technologischen Lösungen der
Versorgungsprobleme müssen selbstverständlich sehr langfristig geplant werden. E. F. Schumacher drückt dies so aus:
«Pläne, die nicht bis in ferne Zukunft durchführbar sind, fallen der Absurdität anheim ... Unbegrenztes, allgemeines
Wachstum ist unmöglich ... Immer leistungsfähigere Maschinen, immer größere wirtschaftliche Machtkonzentration
und immer weitergehende Ausbeutung der Umwelt sind kein

Zeichen von Fortschritt, sondern von mangelnder Klugheit[4].»

Diese Überlegungen sollte man bei der Lektüre dieses Buches beherzigen. Ich möchte sie in folgende Leitsätze kleiden:

1. Ein Programm zur Verbesserung der menschlichen Lebensbedingungen ist nur dann sinnvoll, wenn es langfristig allen Menschen ohne Rücksicht auf Herkunft oder Rasse die zu ihrer Entwicklung notwendigen Energie- und Rohstoffvorräte zugänglich macht.
2. Echter technischer Fortschritt besteht eher in einer Verminderung als in einem Ausbau der Machtkonzentration.
3. Fortschritt ist dann zu begrüßen, wenn er auf die Verkleinerung der Städte, Industriekomplexe und Wirtschaftssysteme abzielt, damit die Bürokratie zugunsten direkter zwischenmenschlicher Kontakte an Einfluß verliert.
4. Ein vernünftiges Entwicklungsprogramm muß für mindestens einige hundert Jahre Gültigkeit haben, ohne «der Absurdität anheimzufallen».

Meiner Ansicht nach gilt es noch weitere Faktoren zu berücksichtigen, wenn die Fortentwicklung unserer industriellen Gesellschaft erfolgreich verlaufen soll. Zum Beispiel müßte man den von den Transportmitteln erzeugten Lärm und die Luftverschmutzung von den Wohngebieten fernhalten. Trotzdem muß die Möglichkeit des raschen Ortswechsels über große Distanzen gewährleistet bleiben.
Ferner müssen wir das Problem unerwünschten Wachstums unserer persönlichen Umwelt zu lösen suchen; auch bei weiterhin steigenden Geburtenraten dürfen Größe und Wohndichte unserer Städte nicht zunehmen.
Bei der Suche nach Lösung der Probleme, mit denen die Menschheit konfrontiert ist, muß man sich eingestehen, daß es keine Allerweltsheilmittel gibt. Die Menschen werden bleiben, wie sie sind, mit ihren guten und ihren schlechten Eigenschaften. Es können höchstens Möglichkeiten vorgeschlagen werden, deren technische Zwänge bewirken, daß die Menschen dem Krieg den Frieden vorziehen, der Unter-

drückung die Ungebundenheit und der entmenschlichenden Mechanisierung die Menschlichkeit. Wir müssen die Technik beherrschen, nicht umgekehrt.

In den letzten Jahren haben sich vier Probleme herauskristallisiert, die in enger Beziehung zur begrenzten Größe der Erde stehen: Energie, Ernährung, Lebensraum und Bevölkerung. Von dem letztgenannten Faktor hängen alle übrigen ab, deshalb wäre es wichtig, die Bevölkerungszunahme mit einiger Genauigkeit vorhersagen zu können.

Das wichtigste Quellenwerk für demographische Studien sind die Publikationen des *United Nations Department of Economic and Social Affairs* (Abteilung für volkswirtschaftliche und soziale Angelegenheiten der Vereinten Nationen). In den letzten zwanzig Jahren verwertete diese Institution viermal weltweite Statistiken zur Vorhersage des Weltbevölkerungswachstums. Die jüngste ihrer Publikationen stammt aus dem Jahr 1973[5]. Das dafür benützte Zahlenmaterial war vermutlich umfassender, als es anderen Forschungsstellen zur Verfügung steht.

Als Ausgangswerte sind zwei Zahlen bekannt: die heutige Weltbevölkerung (über vier Milliarden Menschen) und die Zuwachsrate. Letztere beträgt seit etlichen Jahren durchschnittlich zwei Prozent pro Jahr, was einer Verdoppelung der Weltbevölkerung binnen fünfunddreißig Jahren entspricht.

Nun hat aber die Zuwachsrate im Laufe der Jahrhunderte stetig zugenommen, weshalb von Hoerner feststellt, daß, extrapoliert man die bis 1970 ermittelte Bevölkerungszuwachsziffer, in den nächsten fünfzig Jahren eine «Bevölkerungsexplosion» und eine alle Grenzen übersteigende Menschenzahl zu erwarten sei[6]. Derartige Studien sind sehr wichtig, weil sie auf das Wachstumsproblem aufmerksam machen; man sollte sie als Warnung in dem Sinne verstehen, daß die Zuwachsrate in den nächsten Jahrzehnten radikal verringert werden muß. In diesem Buch halte ich mich an die nüchternen Wachstumsvoraussagen der Vereinten Nationen; der Sachverhalt ist so ernst, daß er keiner Dramatisierung bedarf.

In jeder der vier erwähnten Statistiken des *United Nations Department of Economic and Social Affairs* wurde die Weltbevölkerung des Jahres 1980 geschätzt, erstmals Anfang der fünfziger Jahre. Bezeichnenderweise führte jede neue Schätzung zu Berichtigungen nach oben; je «aktueller» das zugrunde liegende Zahlenmaterial war, um so deutlicher zeigte es sich, daß die früheren Voraussagen zu niedrig gegriffen waren.

Wir müssen uns auch darüber im klaren sein, daß das Zahlenmaterial der Vereinten Nationen politischen Einflüssen unterliegt. So haben zahlreiche Regierungen im Laufe der vergangenen Jahre Maßnahmen zur Geburtenkontrolle ergriffen, die mit Lock- oder Druckmitteln durchgesetzt werden. Einem jungen Mann in Indien beispielsweise, der sich sterilisieren läßt, wird durchschnittlich ein Betrag in Höhe eines Vierteljahreslohnes ausbezahlt. Und in China sind frühe Heiraten verboten, und schon für das dritte Kind wird keine Sozialhilfe mehr gewährt. Wenn nun ein Mitgliedsstaat der Vereinten Nationen derartige Maßnahmen bekanntgibt, müssen die Statistiker die ihnen mitgeteilten Zahlen wohl oder übel hinnehmen. Ihre Voraussagen stützen sich deshalb auf die Annahme, die Methoden der Geburtenkontrolle hätten die angekündigte Wirkung. Das Risiko solcher Annahmen wurde 1977 augenfällig, als die Geburtenkontrolle in Indien zu politischen Konsequenzen führte: Die Regierung, die sich dafür eingesetzt hatte, wurde kurzerhand gestürzt. Aber nach Angaben der Vereinten Nationen werden in jedem Fall ums Jahr 2000 rund sechseinhalb Milliarden Menschen auf der Erde leben. Die Bevölkerungszunahme im letzten Viertel unseres Jahrhunderts wird in den Industriestaaten nur gering sein: der rasche Anstieg wird fast ausschließlich in den armen Ländern stattfinden. Allein in Süd- und Ostasien wird es ums Jahr 2000 mehr Menschen geben, als 1970 auf der ganzen Erde gezählt wurden. Dem einen Drittel der Weltbevölkerung, das heute in wohlhabenden Staaten lebt, sind medizinische Betreuung, Ausbildung, Lebensmittelversorgung und materieller Wohlstand im allgemeinen gesichert (obschon nicht zu übersehen ist, daß es auch in den Industrie-

staaten wesentliche soziale Unterschiede gibt). Nach den Prognosen der Demographen aber wird bis zur Jahrtausendwende der Prozentsatz der Menschen, die in Industriestaaten leben, immer mehr zurückgehen. Das bedeutet, daß dann Armut und Hunger auf Erden größer sein werden als heute.
Eine solche Bevölkerungszunahme steht nur scheinbar im Widerspruch zu den optimistischen Voraussagen über die Wirkung der Geburtenkontrolle, weil sie von der Veränderung der Altersstruktur in den Entwicklungsländern abhängt. Bei diesen Völkern wirken sich die Fortschritte der modernen Medizin erst in neuester Zeit aus, und deshalb ist das Gros der Bewohner noch sehr jung; aber auch wenn sie sich später je Ehepaar auf zwei Kinder beschränken, wird die Einwohnerzahl in der nächsten Generation schnell ansteigen. In Anbetracht dieser Tatsachen gelangt man zu der Einsicht, daß eine rasche Bevölkerungsvermehrung innerhalb der nächsten fünfundzwanzig Jahre bei den ärmeren Völkern nur durch drastische Maßnahmen unterbunden werden könnte; eine Beschränkung auf zwei Kinder pro Familie kann das Problem nicht lösen, vielmehr müßten die Geburten in einem Ausmaß zurückgehen, das nur durch zwangsweise Massensterilisation zu erreichen wäre. Die Studien der Vereinten Nationen rechnen zwar mit einer Verlangsamung der Bevölkerungszunahme gegen Ende unseres Jahrhunderts, machen aber keine präzisen Angaben darüber, was nach dem Jahr 2000 geschehen wird. Führen wir jedoch die Berechnungen über diesen Zeitpunkt hinaus fort, so wird deutlich, daß bereits im Jahr 2035 die Zehn-Milliarden-Grenze erreicht sein wird. Der größte Teil der «neuen» Bevölkerung wird in unterentwickelten Ländern geboren werden und in Armut leben. Und dabei basiert diese «optimistische» Voraussage wohlgemerkt auf der Voraussetzung, daß die Geburtenkontrollprogramme erfolgreich ablaufen!
Obschon ich mich in meinen Ausführungen auf die Statistiken der Vereinten Nationen stütze, möchte ich doch gewisse Bedenken anmelden: Diese Studie beruht auf der Voraussetzung, daß der Geburtenüberschuß in den Entwicklungsländern tatsächlich in den kommenden Jahrzehnten entschei-

dend zurückgeht, zum Teil als Folge zunehmender Industrialisierung. Dieser Industrialisierung sind jedoch Grenzen gesetzt. Dazu kommt, daß die bisherigen Voraussagen der Vereinten Nationen immer zu vorsichtig waren, was auch in Zukunft der Fall sein kann. Und schließlich setzt eine Abnahme der Zuwachsrate die Umkehr einer immerhin gut 2000 Jahre andauernden Entwicklung voraus[7]. Das dürfte kaum ganz einfach sein[8].

In den Industrieländern beruhen Komfort, allgemeiner Überfluß und die Freiheit zu individueller Lebensgestaltung ausschließlich auf großem Energieverbrauch. Die hohen Anbauerträge der Landwirtschaft sind nur möglich, weil wir mittels Energie Kunstdünger herstellen können[9].

Damit wir unsere Wohnungen nach Wunsch temperieren können, damit unsere Haushaltsgeräte und Lichtanlagen funktionieren, brauchen wir Energie, und um uns den Ortswechsel über beliebige Distanzen zu ermöglichen, werden Jahr für Jahr Treibstoffmengen benötigt, die oftmals ein Vielfaches unseres Körpergewichtes ausmachen. In den Vereinigten Staaten beträgt der Gesamtverbrauch an Energie pro Person gegenwärtig rund 10 000 Watt; vor der Energiekrise von 1973/74 verdoppelte sich der Energieverbrauch durchschnittlich alle acht Jahre. Zwar ist der Energieverbrauch höher als tatsächlich nötig, andererseits sind Einsparungen ohne fühlbare Beschränkung der persönlichen Freiheit nicht möglich. Sollte die Energieverknappung zu einem Dauerzustand werden, so wird sie uns nicht nur zu Einschränkungen zwingen, sondern das Überleben der armen Völker überhaupt in Frage stellen. Wir müssen uns auch darüber klar sein, daß Sparmaßnahmen allein nicht ausreichen; wir bedürfen dringend neuer Energiequellen.

Man ist sich der Notwendigkeit der Energieeinsparung inzwischen bewußt geworden, und in Amerika wurden schon eine ganze Reihe entsprechender Maßnahmen getroffen; aber Fachleute können uns bestenfalls versichern, die jährliche Zuwachsrate im Verbrauch werde geringer sein als in den Jahren vor 1974[10, 11].

In den USA werden jährlich ungefähr eine halbe Milliarde Tonnen Erdölprodukte verbraucht, und der Gesamtenergieverbrauch ist rund zweieinhalbmal größer[12]. Würde der Lebensstandard der unterentwickelten Völker dem amerikanischen angepaßt, so wäre damit ein entsprechendes Ansteigen des Energiekonsums verbunden. Entspräche der Verbrauch an Energie überall dem der USA und stammte sie im gleichen Mengenverhältnis aus den Quellen Erdöl, Kohle, Erdgas und anderen, so wären die bis jetzt ermittelten Erdölvorräte in vier Jahren erschöpft. Selbst bei strengsten Einschränkungen des Energieverbrauches wäre der Bedarf der Vereinigten Staaten immer noch dermaßen hoch, daß, wenn alle Nationen einen ebenso hohen Lebensstandard erreichen und den gesamten Energieverbrauch durch Erdöl decken sollten, die bis heute bekannten Vorräte kaum für sechs Monate ausreichen würden.

Gewiß sind noch längst nicht alle Erdöllager bekannt, vermutlich aber wird die Erschließung neuentdeckter Ölfelder schwerwiegende Schädigungen der Umwelt nach sich ziehen. In den Vereinigten Staaten, der Heimat der sehr starken Umweltschutzbewegung, fragt man sich bereits, ob die Nutzung wenig ergiebiger, weit abgelegener oder unter dem Meeresboden liegender Vorräte zu verantworten ist: Bezüglich der Erdölgewinnung wird auf die Häßlichkeit der künstlichen Bohrinseln im Kanal von Santa Barbara und die Gefahren der umstrittenen Alaska-Pipeline hingewiesen; der Abbau von Kohle oder Ölschiefer führte dazu, daß weite Landstriche der landwirtschaftlichen Nutzung entzogen würden, und zur Gewinnung von Nuklearbrennstoffen müßten große Felsformationen in den Bergen des amerikanischen Westens abgetragen werden.

Ergiebige Quellen an billiger Energie waren bisher die Voraussetzung für industriellen Fortschritt. Ein massives Ansteigen der Energiepreise könnte die Inflation und Stagnation in den Industriestaaten verschärfen. Innerhalb eines Jahres, 1973–1974, hat sich der Rohölpreis vervierfacht[13]. Allein diese Preiserhöhung belastet die amerikanische Volkswirtschaft mit über zwanzig Milliarden Dollar jährlich. In armen

Staaten mit wachsendem Bevölkerungsdruck wirken sich steigende Energiepreise noch nachteiliger aus: Damit die Bevölkerung nicht verhungert, müssen sich diese Staaten rasch auf eine intensive Bodenbewirtschaftung umstellen. Eine solche Umstellung macht aber eine starke Steigerung der Düngemittelproduktion notwendig, die ihrerseits den Energieverbrauch steigert[14]. Bis heute hat die Atomenergie lediglich einen Bruchteil unseres Bedarfs gedeckt. Weil die fossilen Brennstoffvorräte schrumpfen, sehen zahlreiche Fachleute nur noch in der vermehrten Erzeugung von Atomenergie einen Ausweg. Diese Aussicht ist nicht eben erfreulich. Eine Untersuchung der *Associated Universities, Inc.* kommt zu dem Schluß, daß in rund drei Jahrzehnten der Großteil unserer Elektrizität in Flüssigmetall-Schnellbrüterreaktoren erzeugt werden muß[15]. Das dabei entstehende Problem der Beseitigung des radioaktiven Abfalls wäre nur schwer lösbar. Zudem entsteht in solchen Atomkraftwerken Plutonium, das die Herstellung zahlloser Atombomben ermöglichte. Vermutlich würde in einem solchen Fall fast jedes Land über Atomwaffen verfügen, unabhängig von seiner Größe oder politischen Stabilität. Transporte von spaltbarem Material wären an der Tagesordnung, und zweifellos würden sich früher oder später auch Terroristengruppen seiner bemächtigen[16].

Schon seit langem hofft man auf die Kernfusion als saubere Energiequelle. Aber nach über zwanzig Jahren angestrengter Forschungsarbeit und der Investition von Milliarden Dollars ist das Problem nach wie vor ungelöst. Zudem ist inzwischen klar, daß es mit der Sauberkeit der Kernfusion nicht so weit her ist wie erhofft: Auch dabei entstehen substantielle radioaktive Abfälle. Im Prinzip bin ich durchaus nicht gegen weitere Forschungsarbeiten auf dem Gebiet der Kernfusion, aber es muß betont werden, daß dafür eine weit kompliziertere, fortgeschrittenere und spekulativere Technologie nötig wäre als für irgendein in diesem Buch aufgeführtes Projekt.

Unsere Energieprobleme ließen sich mittels Sonnenenergie auf einfache Art lösen, stände uns täglich vierundzwanzig Stunden hindurch von Wolken ungetrübtes Sonnenlicht zur Verfügung. Zwar müssen wir nicht gänzlich auf Sonnenergie verzichten, aber es ist schwierig, sie auf der Erdoberfläche dann zu erzeugen, wenn man sie am nötigsten braucht. Zusammenfassend kann man sagen, daß die weitere Verbesserung unserer eigenen Lebensbedingungen und jener der Völker in den Entwicklungsländern davon abhängt, daß wir eine billige, unerschöpfliche und allgemein zugängliche Energiequelle finden. Und wenn wir uns weiterhin darum bemühen, unsere Umwelt vor Verschmutzung zu bewahren, so muß diese Energie ohne Raubbau an der Erde und ohne Anfall von Schmutzstoffen zu produzieren sein.

Man kann die Ansicht vertreten, in den hochentwickelten Ländern lasse sich die Zuwachsrate des Energiebedarfs ohne große Schwierigkeiten verlangsamen; das mag in manchen Fällen zutreffen, aber ich habe das ungute Gefühl, daß ein Zusammenhang zwischen Energieverknappung, Preissteigerungen und den ernsthaften Wirtschaftsproblemen besteht, die gegenwärtig alle hochindustrialisierten Länder mit großem Energiebedarf beschäftigen. In den zahlreichen Ländern, denen die Industrialisierung erst noch bevorsteht, sind schnell ansteigende Zuwachsraten im Energieverbrauch vermutlich die Voraussetzung für den Fortschritt. Um eine gesunde Weltwirtschaft zu gewährleisten, müßte daher der bisherige Zuwachs an Energieverbrauch von jährlich etwa 7 Prozent andauern. Nach den Ausführungen von Hoerners würden wir in diesem Fall so viel Wärme in die Biosphäre abstrahlen, daß sich die Durchschnittstemperatur auf der Erdoberfläche in rund 85 Jahren um $1°$ Celsius erhöht[17]. Dies würde genügen, um das Klima, die Niederschlagsmengen und die Wassermenge der Weltmeere nachhaltig zu beeinflussen. Manche Geologen vertreten die Meinung, solche minimalen Temperaturverschiebungen hätten in der Vergangenheit die Eiszeiten verursacht. Ich bin der Ansicht, daß von Hoerner mit seinen Ausführungen im Grunde genommen richtig liegt. Wir können selbst unsere Berechnungen anstellen und werden zwangsläufig zum gleichen Ergebnis kommen, denn selbst wenn wir die optimistische UNO-Prognose, d. h. die mit der kleinsten Wachstumsrate, projizieren, so kommen wir im Jahre 2060 auf 13 Milliarden Menschen. Wenn sich bis dahin das heute noch bestehende große Wohlstandsgefälle zwischen reichen und armen Nationen so weit ausgeglichen hat, daß der Energieverbrauch pro Kopf etwa gleich groß ist, ergibt sich daraus, daß die maximale, noch zulässige Energieverbrauchsrate unsere gegenwärtige um einen Betrag übersteigt, der einer nur dreiprozentigen jährlichen Pro-Kopf-Zuwachsrate entspricht. Von Hoerners «Hitzegrenze» könnte demnach durchaus erreicht werden.

Möglicherweise könnte man den Zeitpunkt dieses Ereignisses hinausschieben, indem man große Teile der Erdoberfläche mit spiegelndem Material abdeckt, das die einstrahlende Sonnenwärme reflektiert. Lange hinauszögern könnte man es jedoch nicht: Nach weiteren fünfzig Jahren würden zusätzlich 10 Prozent der Wärme, die von der Sonne hereinstrahlt, an die Biosphäre abgegeben. Ein stetig zunehmender Energieverbrauch auf der Erde ist daher selbst bei niedriger Zuwachsrate eine jener «Absurditäten», von denen Schumacher spricht[18].

Professor Robert Heilbroner studierte die Folgen der beschriebenen Energie- und Rohstoffknappheit für die politische und soziale Entwicklung der Menschheit[19]. Er kommt zu dem meines Erachtens richtigen Schluß, daß die Menschen auch in Zukunft von denselben Wünschen, Trieben und Ängsten beherrscht sein werden wie eh und je. Den Gedanken, die industrielle Revolution aufzuhalten, lehnt er ab: «. . . Die leidenschaftlichen Polemiken gegen den Fortschritt haben keinen Sinn. Im Gegenteil: sie könnten die Weichen für die Zukunft ganz falsch stellen . . . Der akuten Armut in den unterentwickelten Ländern, die einen möglichen internationalen Krisenherd darstellt, kann nur begegnet werden durch raschwirkende Verbesserungen wie Ausbau der Gesundheitsdienste, Förderung der Bildungsmöglichkeiten, Erweiterung des Transportwesens und Steigerung der Düngemittelfabrikation.» Die Aussichten auf tiefgreifende soziale Veränderungen beurteilt er sowohl für das kapitalistische wie auch für das sozialistische System pessimistisch: «Wir sind uns der

Grenzen im Bereich willentlicher Beeinflussung sozialer Gegebenheiten bewußt geworden und haben erkannt, daß diese Grenzen viel enger gezogen sind, als wir glaubten..., daß durch Wachstum gewisse erwünschte Ziele nicht erreicht und gewisse unerwünschte Trends nicht aufgehalten werden.» Seiner Ansicht nach brächte die zunehmende Energie- und Rohstoffverknappung «... einen außerordentlich gesteigerten ‹Warenhunger› mit sich, der dann dazu führte, daß tiefgreifende soziale Neuverteilungen ausgerechnet in dem Augenblick stattfinden müßten, wo praktisch jeder einzelne für seine Überlebensmöglichkeiten in einer weltweit schrumpfenden Wirtschaft kämpft».

Unter diesen Umständen fürchtet Heilbroner, daß die Gefahr eines Atomkrieges in den kommenden Jahrzehnten zunehmen wird. Bei dem herrschenden Energie- und Rohstoffmangel ... «könnte eine drastische Verschlechterung der Lebensbedingungen in den armen Ländern nur vermieden werden, wenn man den Weltproduktionsausstoß in einem Ausmaß, das alle bisher erwogenen Maßnahmen bei weitem überträfe, umverteilte ... Eine solche beispiellose Umverteilungsaktion wäre nur unter dem Zwang einer drohenden Gefahr denkbar. Angesichts des nahezu freien Zugangs zu Atomwaffen ist es durchaus möglich, daß die armen Nationen selbst die Initiative zu einer solchen Aktion ergreifen; ‹Kriege mit dem Ziel der Neuverteilung von Energie und Rohstoffen› könnten ihre einzige Überlebenschance darstellen.»

Aber selbst wenn die Menschheit nochmals zwei oder drei Generationen lang ohne Atomkrieg durchhält, sieht Heilbroner in der zunehmenden Erwärmung der Biosphäre «... eine für die kapitalistischen und die sozialistischen Industrieländer gleichermaßen wichtige Herausforderung – die Herausforderung, die Produktionsmethoden, die bisher in beiden Lagern die am höchsten gepriesenen Errungenschaften darstellen, drastisch zu beschneiden oder sogar aufzugeben. Außerdem müßte die Preisgabe dieser Methoden blitzartig und nicht mit der üblichen Langsamkeit historischer Entwicklung geschehen.» Heilbroner weist auch darauf hin, daß wir schon in den allernächsten Jahrzehnten zunehmend auf autoritäre Regierungen angewiesen sein werden «... weil sie den zur Überwindung künftiger Schwierigkeiten nötigen Gehorsam viel eher erzwingen können, als dies in einer Demokratie möglich ist». Und weiter: «In Krisenzeiten geben starke Führer den Völkern ein Gefühl der Sicherheit, wie es schwache Regierungen niemals vermögen.»

Er kommt zu dem Schluß, daß die Freiheit der Meinungsäußerung fast mit Sicherheit der Energie- und Rohstoffknappheit zum Opfer fallen wird: «... angenommen..., nur eine autoritäre oder gar revolutionäre Regierung wird die ungeheure Aufgabe sozialer Umstellung bewältigen können, die eine drohende Katastrophe vermeidet..., wird dann eine unter derartigen Bedingungen lebende Gesellschaft nicht den Luxus ungehinderter Meinungsäußerung als überflüssig oder sogar als dem allgemeinen Interesse schädlich betrachten?»

Es gibt selbstverständlich eine Alternative zum industriellen Wachstum. Möglicherweise könnte die Menschheit, nach einer Reihe von Katastrophen zum Beispiel, zu einer «statischen Gesellschaftsordnung» übergehen. Diese Alternative wurde von J. W. Forrester, dem Leiter der Arbeitsgruppe für Systemanalysen des M. I. T. (Massachusetts Institute of Technology), die in Zusammenarbeit mit dem *Club of Rome* die Studie «Die Grenzen des Wachstums» erarbeitete, ins Auge gefaßt[20]. Meiner Ansicht nach erwiesen uns diese Forscher einen großen Dienst, indem sie auf die Folgen eines exponentiellen Wachstums innerhalb einer begrenzten Umwelt aufmerksam machten. Einzelne Fehler im angewendeten Computermodell sind vergleichsweise unwichtig. Forrester sah keinen anderen gangbaren Weg als die sofortige Umstellung auf eine statische Gesellschaft. Heilbroner kommt zu einem ähnlichen Schluß: «Das Studium sogenannt primitiver Kulturen stellt vielleicht die beste Lektion für die Menschen der Zukunft dar.»

Nun muß eine statische Gesellschaft nicht zugleich eine primitive Gesellschaft sein – die Welt der peruanischen Inkas vor dem Einfall der Konquistadoren beispielsweise war eine straff organisierte, diktatorisch regierte, hochkultivierte, statische Gesellschaft. Die Pflichten eines Bauern des Inkareichs waren von der Geburt bis zum Tod streng reglementiert, und im Laufe seines Lebens veränderte sich seine Welt kaum. Zum Wesen der statischen Gesellschaft gehört es, daß sie aus Gründen der Selbsterhaltung alle Neuerungen unterdrücken muß. Heilbroner: «Das Streben nach wissenschaftlichen Erkenntnissen, die Freude am intellektuellen Einzelgängertum und die Freiheit der persönlichen Lebensgestaltung sind mit einer statischen Gesellschaftsordnung unvereinbar...»

Professor Heilbroner gesteht jedoch, daß «...zahlreiche in diesem Buch gezogene Folgerungen mir großen Kummer bereiten... Die Aussichten für die Menschheit, wie ich sie zu beurteilen mich genötigt sehe, stimmen durchaus nicht mit meinen eigenen Wünschen überein.» Und ganz am Schluß: «Die Antwort auf die Frage, ob der Menschheit die Hoffnung bleibt, die Zukunftsprobleme zu bewältigen, ohne einen schrecklichen Preis dafür zu zahlen, lautet: Nein! Es gibt keine Hoffnung!»

3
DAS PLANETARISCHE DILEMMA

Das exponentielle Wachstum der Bevölkerung auf unserem Planeten, dessen zusätzliche Besiedlungsmöglichkeiten heute stark begrenzt sind, wird das Leben in den nächsten Jahrzehnten erheblich erschweren und vielleicht gar zu einer Katastrophe führen. Selbst die Vereinigten Staaten, die noch immer als reich gelten, werden von Arbeitslosigkeit, zunehmender Inflation und dem Konflikt zwischen moderner Industrie und dem Umweltschutz heimgesucht.

Wenn wir die Bevölkerungszuwachsrate im Detail betrachten, so können wir eine gewisse Stabilität nur in den Ländern feststellen, die einen hohen technologischen Stand dank hohem Energieverbrauch erreicht haben: Nordamerika, Europa und Japan. Um ihren dadurch geschaffenen Reichtum zu mehren, verbrauchen diese Länder beängstigende Mengen an fossilen Brennstoffen. Zwischen dem Persischen Golf und Japan pendeln denn auch nicht selten Tanker in so dichter Folge, daß die Besatzung des einen den Rauch des nächsten sehen kann[1]. Der Bedarf der Amerikaner an fossilen Brennstoffen ist noch größer.

In der Vergangenheit spielten Kriege und Seuchen eine wichtige Rolle bei der Stabilisierung der Bevölkerungszahlen. Bei den armen Völkern mit langsam fortschreitender Industrialisierung, in Südamerika, Afrika und Indien, ist die Bevölkerungsexplosion am stärksten. Armut und Unwissenheit sind eng miteinander verbunden. Familienplanung setzt sich am besten dort durch, wo die Menschen keine schwere körperliche Arbeit verrichten müssen, wo für die Gesundheit der Kinder gesorgt ist und wo die Eltern es sich leisten können, ihre Kinder zur Schule zu schicken statt zur Arbeit aufs Feld. Es scheint also, daß geringer Geburtenüberschuß vom Wohlstand abhängig ist. Wenn die Schätzungen der Vereinten Nationen bezüglich der Bevölkerungszunahme von einer Verdreifachung in einer einzigen Generation sprechen, so wird von der Annahme ausgegangen, die Bevölkerungsexplosion in den Entwicklungsländern flaue schon in den nächsten Jahren ab. Gibt es nun aber für die armen Länder keine Möglichkeit, zu wesentlich größerem Wohlstand zu kommen, so können nur noch Katastrophen die beschleunigte Bevölkerungsvermehrung aufhalten.

Wenn wir das gewünschte Ergebnis mit friedlichen Mitteln anstreben, so müssen wir Armut und Unwissenheit aus der Welt schaffen. Das bedeutet jedoch, daß der Wohlstand der betroffenen Völker jährlich nicht nur um ein paar Prozent, sondern um einen Faktor von zehn oder gar hundert zunehmen muß. Dies kann aber unmöglich allein durch Entwicklungshilfe erreicht werden, denn die dafür benötigten Mittel sind allzu umfangreich. Hilfsmaßnahmen in geringem Umfang werden jedoch erwiesenermaßen durch die Bevölkerungszunahme zunichte gemacht. Die Länder mit den größten Problemen sind zumeist arm an Energie oder liegen in klimatisch benachteiligten Regionen, so daß langfristige Industrialisierungspläne überhaupt keine Aussicht auf Erfolg bieten.

Hier müssen wir den Hebel ansetzen; es gilt, eine Kettenreaktion zur Schaffung neuen Wohlstands auszulösen. Diese Entwicklung müßte so schnell verlaufen, daß der Wohlstand sich rascher verdoppelt, als sich in den ärmsten Ländern die Bevölkerungszahl verdoppelt, also innerhalb von weniger als achtzehn Jahren.

Technische Veränderungen vollziehen sich in unserer Zeit sehr rasch, und ihre Ergebnisse sind oft fragwürdig oder gar schädlich. Trotzdem darf es einen Stillstand nicht geben, denn dies würde für Millionen von Erdenbürgern den sicheren Hungertod bedeuten. Was können wir unternehmen, um die gegenwärtige Entwicklung in neue Bahnen zu lenken? Vor einigen Jahren beschäftigte sich Gerald Feinberg mit den Folgen technischer Veränderung in einem Buch, dessen Untertitel lautete: «Mankind's Search for Long-Range Goals»[2] (Das Suchen der Menschheit nach langfristigen Zielen.) Ich möchte mich hier nur mit zwei von Feinbergs Aussagen auseinandersetzen: Erstens «suchen» wir üblicherweise nicht nach Zielen; die meisten Menschen sind vollauf damit beschäftigt, ihr eigenes Leben zu meistern, und überlassen langfristig zu lösende Probleme dem Zufall, vielleicht in der schwachen Hoffnung, es werde «schon etwas geschehen». Zweitens regt Feinberg an, daß weitreichende Fragen einem möglichst großen Teil der Weltbevölkerung unterbreitet werden müßten. Er dachte dabei vor allem an hochbrisante Themen wie die künstliche Veränderung von Erbfaktoren, die Persönlichkeitsveränderung durch chemische Mittel und die systematisch betriebene Verlängerung der Lebenserwartung. Der Gedanke, wichtige Probleme sollten nicht nur von einer kleinen Elite, sondern von möglichst vielen Menschen gemeinsam debattiert werden, ist meiner Ansicht nach gut. In den Vereinigten Staaten wurde er in den letzten zehn Jahren verwirklicht, indem auf Gebieten wie der Familienplanung, dem Umwelt- oder Landschaftsschutz große, freiwillige Bürgerorganisationen zusammenarbeiteten. Wir dürfen jedoch nicht vergessen, daß ein gewisses Maß an Wohlstand, Ausbildung und Freizeit unabdingbare Voraussetzungen zu solchen Debatten darstellen. In den Weltgegenden mit den dringendsten Problemen aber kann es sich fast niemand leisten, über die nächste Mahlzeit hinaus zu denken.

Dies ist eine der seltenen Gelegenheiten in der Geschichte, bei der eine neue technische Möglichkeit bewußt einer umfassenden öffentlichen Diskussion unterbreitet wird, *bevor* ein entsprechender Ausführungsbeschluß gefaßt wurde. Ich bin davon überzeugt, daß das Projekt der Besiedlung des Weltraums Hand und Fuß hat, einer detaillierten mathematischen Überprüfung standhält und auch eine vernünftige öffentliche Debatte übersteht; zu seiner Unterstützung bedarf es keines Glaubensbekenntnisses, sondern lediglich des Willens, sich vorurteilsfrei mit unorthodoxen Ideen auseinanderzusetzen. In Übereinstimmung mit Feinberg bin ich der Meinung, daß alle langfristigen Pläne im Zusammenhang mit der Besiedlung des Weltraums so formuliert sein müssen, daß jeder vernunftbegabte Mensch ihnen zustimmen kann. Folgende Zielsetzungen entsprechen meines Erachtens dieser Bedingung – in der Tatsache, daß sie nicht nur humanitären, sondern auch wirtschaftlichen Interessen dienen, liegt meiner Ansicht nach kein Widerspruch.

1. Hunger und Armut ist überall auf der Erde ein Ende zu setzen.
2. Hochwertiger Lebensraum soll für eine Erdbevölkerung geschaffen werden, die sich, selbst wenn die optimistischen Vorhersagen eintreffen, in vierzig Jahren verdoppeln und in den darauffolgenden dreißig Jahren verdreifachen wird.
3. Die Bevölkerungszahl soll ohne Krieg, Hunger, diktatorische Maßnahmen oder Zwänge irgendwelcher Art stabilisiert werden.
4. Die persönliche Freiheit und die Persönlichkeitsentfaltung jedes einzelnen sollen erweitert werden.

Amerika wird mit den Jahren immer mehr an Bedeutung verlieren, einerseits wegen des rückläufigen Anteils der Amerikaner an der Erdbevölkerung (4 Prozent im Jahr 2000), andererseits weil Energie- und Rohstoffknappheit das Wohlstandswachstum begrenzen. Angesichts dieser Grenzen wäre es vernünftig, wenn sich die Amerikaner ein fünftes Ziel setzten, indem sie der Menschheit als Ganzem, zugleich aber auch der eigenen Nation und Volkswirtschaft dienen.

Betrachtet man die ersten vier Zielsetzungen im Zusammenhang mit der fünften, so muß festgestellt werden, daß sich das demokratische Regierungssystem der Amerikaner kaum für den Export in alle Welt eignet: In weiten Teilen der Erde hat man zwar rasch ihre Produktionsverfahren, nicht aber ihr Regierungssystem nachgeahmt. Außerdem wurden andere Regierungssysteme entwickelt, die ebenfalls funktionieren, und zwar auch in Industriestaaten. Ich persönlich glaube, daß Wohlstand und Muße in weltweitem Rahmen starke Kräfte zur Förderung der demokratischen Regierungsform sein werden; andererseits wird die Zunahme an Wohlstand und damit auch an persönlicher Freiheit gegebenenfalls im Gewand vieler verschiedener Regierungsformen stattfinden und die alten Polemiken und Schlagworte überleben.

Kann aber Amerika überhaupt den Weg weisen zu einem über Jahrhunderte andauernden exponentiellen Wachstum des Wohlstandes, der allen Völkern der Erde zugute kommt? Wenn es mit Hilfe seiner überragenden Technologien dazu fähig ist, wird es als Nation etwas leisten, das weitaus wertvoller ist und worauf es mit größerem Stolz blicken kann als auf seine (schwindende) Vormachtstellung und sein (abbröckelndes) Weltreich.

Voraussetzungen zum Erreichen eines exponentiellen Wohlstandswachstums und damit der vier Hauptziele sind:

1. Unbegrenzte, billige Energie, die jedermann zur Verfügung steht, nicht nur den Nationen, die fossile oder nukleare Energiereserven besitzen.
2. Unbegrenzte Landflächen, die einen Lebensraum von besserer Qualität bieten, als er heute den meisten Völkern zur Verfügung steht.
3. Unerschöpfliche Rohstoffreserven, erschließbar ohne Raub, Mord und Umweltverschmutzung.

Nun ist natürlich nichts in unserem Sonnensystem in unbegrenzten Mengen vorhanden, aber stetig wachsender Wohlstand ist möglich, wenn wir die Umwelt finden, in der dieses Wachstum viele Jahrhunderte lang fortschreiten kann. Es besteht ein erheblicher Unterschied zwischen den engen Wachstumsgrenzen, die wir in wenigen Jahren oder höchstens Jahrzehnten und zu einer Zeit erreichen, da der größte Teil der Menschheit noch in tiefster Armut lebt, und jenen Grenzen, auf die wir erst in vielen Hunderten oder gar Tausenden von Jahren stoßen, wenn das ganze Menschengeschlecht reich an materiellen und geistigen Gütern sein wird.

Wir sind so sehr gewohnt, auf der Oberfläche eines Planeten zu leben, daß wir uns ein normales Leben unter andersgearteten Raumbedingungen nicht vorstellen können. Aber wenn wir technologisch fortgeschritten genug sind, um gewisse Fertigungsprozesse in den Weltraum zu verlegen, so sollten wir nicht vor der geistigen Übung einer «vergleichenden Planetologie» zurückschrecken, sondern kritisch prüfen, welches der geeignetste Ort ist, um eine wachsende Industriegesellschaft anzusiedeln: die Erde, der Mond, der Mars, ein anderer Planet oder vielleicht ein ganz anderer Ort? Und die Antwort wird unweigerlich lauten: Ohne Zweifel ein ganz anderer Ort!

In einem Fernsehgespräch wurden Isaac Asimov und ich gefragt, weshalb fast alle Verfasser von Zukunftsromanen gerade diese Möglichkeit nicht in Erwägung ziehen; Dr. Asimov antwortete treffend, es gebe eben auch einen «planetarischen Chauvinismus».

Was benötigen wir nun aber für ein exponentielles Wohlstandswachstum? Es geht um drei Dinge: Energie, Land und Rohstoffe. Die nächste Frage lautet: Wieviel werden wir davon brauchen, wenn das Wachstum in irgendeiner Form andauern soll? Angenommen, die Wachstumsrate einer universellen, energiereichen, hochentwickelten Bevölkerung liege gerade noch ganz knapp über Null. Im Verlaufe eines Menschenalters würde dies einer Zunahme der gesamten Weltbevölkerung um etwa ein Sechstel bedeuten.

Dieser Wert ist bedeutend kleiner, als er heute in den Industrienationen verzeichnet wird, und ergibt einen Wachstumsfaktor von 20 000 in 5000 Jahren. Zum jetzigen Zeitpunkt jedoch verläuft das Wachstum zehnmal schneller.

Aus diesen Tatsachen muß man folgern, daß zum Erreichen des angestrebten Ziels die notwendigen Faktoren hinsichtlich Energiebedarf, Besiedlungsfläche und Rohstoffen nicht zwei, vier oder zehn sind, sondern sich in der Größenordnung von tausend, ja zehn- oder hunderttausend bewegen. Diese Zahlen muß man sich vor Augen halten, wenn man die Erde und ihre «Rivalinnen» daraufhin prüft, ob sie sich als Ansiedlungsort für eine hochindustrialisierte Zivilisation eignen.

Die Energieknappheit auf der Erde wurde im ersten Kapitel dieses Buches behandelt. Selbst wenn man hier noch eine unerschöpfliche Energiequelle entdeckte und ausbeutete, wäre nach rund anderthalb Lebensaltern die Hitzegrenze innerhalb der Biosphäre erreicht. Eine sich ausdehnende industrielle Zivilisation darf aber nicht an einem Ort plaziert sein, wo man derart schnell an eine kritische Grenze stößt.

Die klimatischen Bedingungen auf der Erdoberfläche sind bekannt: Da unser Planet eine Kugel im Weltraum ist, herrschen in bestimmten Zonen angenehme Temperaturen; andere Gebiete sind zu warm oder zu kalt.

Prinzipiell wäre es möglich, die gesamte Landfläche der Erde bewohnbar zu machen, einschließlich der Antarktis, und auf den Weltmeeren ließen sich schwimmende Kolonien bauen. Aber die Auswirkungen auf das Klima wären tiefgreifend, und es bestände die ernsthafte Gefahr, daß die Eiskappen der Pole schmelzen und eine neue Eiszeit auslösen – dennoch wären wir zu Lösungen in dieser Richtung gezwungen, wenn es nicht eine Alternative gäbe. Die Zeiten, da fruchtbares Neuland in gemäßigtem Klima erschlossen werden konnte, sind endgültig vorbei. Die Vereinigten Staaten sind, verglichen mit den übrigen Ländern, relativ dünn besiedelt, aber die Bevölkerung nimmt bereits in solchen Regionen am schnellsten zu, die ohne Klimatisierung von Wohn- und Arbeitsräumen wenige Menschen anlocken würden (Arizona, New Mexico und andere Wüstengebiete). Im ehemals als Wohngebiet sehr begehrten Kalifornien hat die Bevölkerungsdichte einen solchen Stand erreicht, daß laut einer neueren Umfrage gut ein Drittel der Einwohner lieber anderswo leben möchte. In den angrenzenden Bundesstaaten mit geringer Bevölkerungsdichte (Oregon, Idaho u. a.) herrscht aber gegenüber Einwanderern aus Kalifornien offene Feindseligkeit. Was Europa betrifft, so hat die Bevölkerungsdichte in Holland schon fast die Höchstgrenze erreicht. Im Großteil Asiens ist das Problem der Übervölkerung noch akuter, zumal dort der stärkste Zuwachs erst noch bevorsteht.

Die Aussicht auf Besiedlung anderer Planeten ist alles andere als verlockend. Erstens sind die verfügbaren Landflächen zu klein, denn Mond und Mars zusammen entsprechen nur ungefähr dem Festlandgebiet der Erde, und zudem haben diese beiden Himmelskörper keine oder eine zu dünne Atmosphäre. Auf beiden ist ferner die Gravitation dem Menschen nicht zuträglich, und die Mondnacht dauert vierzehn Erdentage, so daß Mondbewohner während langer Zeitspannen auf natürliches Licht verzichten müßten. Die Temperatur auf der Venus ist hoch genug, um gewisse Metalle zum Schmelzen zu bringen; mit unseren heutigen Mitteln sind wir nicht in der Lage, sie bewohnbar zu machen. Aber selbst wenn das gelingen sollte, wird die Temperatur auf der Venus wegen der Sonnennähe immer unerträglich hoch bleiben. Und schließlich böte uns Venus, deren Gesamtfläche der irdischen entspricht, angesichts der heutigen Zuwachsraten nur zwei oder drei Jahrzehnte lang Platz.

Das Verlassen einer Planetenoberfläche erfordert große Schubkräfte sowie eine präzise Zeitplanung und ist deshalb relativ schwierig und teuer. Auf der Oberfläche eines Planeten ist man «gravitationsmäßig benachteiligt»; man befindet sich gewissermaßen auf dem Boden eines tiefen Loches potentieller Energie. Um sich von der Erde in den freien Raum zu erheben, ist dieselbe Energiemenge nötig, die man brauchen würde, um aus einem fast 7000 Kilometer tiefen Loch herauszuklettern oder einen Berg zu besteigen, der sechshundertmal höher als der Mount Everest ist. Ist es nun sinnvoll, mit viel Mühe aus einem solchen Loch herauszuklettern, durch Weltraumregionen mit großen Reichtümern an Energie und Rohstoffen zu reisen, um dann neuerlich auf den Grund eines Lochs zu kriechen, wo die Versorgung mit Energie und Rohstoffen noch schwieriger ist?

Es gibt noch weitere Gründe, die gegen eine Ansiedlung von Industriezivilisationen auf Planetenoberflächen sprechen:

Sonnenenergie Auf der Erde wird sie durch die Atmosphäre abgeschwächt, ist wetterabhängig und fällt durch die Erdumdrehung während der Nacht völlig aus. In den Vereinigten Staaten beträgt die übers Jahr ermittelte, pro Zeiteinheit eingestrahlte Sonnenenergie[3] nur ungefähr 0,18 kW/m^2 (Kilowatt pro Quadratmeter). Im Weltraum jedoch, nicht weiter entfernt als der Mond, aber abseits von Mond oder Erde, herrscht eine ununterbrochene Einstrahlung von Sonnenenergie; sie beträgt 1,4 kW/m^2, ist also fast zehnmal höher als auf der Erde.

Reisen und Transporte Auf einem Planeten mit Atmosphäre ist beides langsam und energieaufwendig. Ungefähr ein Viertel der in Amerika im Transportwesen verbrauchten Energie wird zur Überwindung von Schwerkraft und Luftwiderstand aufgewendet. Diese Vergeudung entspricht einem jährlichen Verbrauch von 2^1/$_2$ Tonnen Erdöl pro Einwohner der USA.

Einschränkung durch die Gravitation Noch vor zehn Jahren hätte man industrielle Fertigungsverfahren im schwerelosen Raum für unbenkbar gehalten; wenn sich diese Möglichkeit nun aber bietet, bringt sie viele Vorteile. Unter der Einwirkung der normalen Erdschwerkraft benötigen wir zum Transport schwerer Gegenstände Kräne, Traktoren, Bahnen und zahlreiche weitere Vorrichtungen, die überflüssig sind, wo keine Gravitation herrscht. Gewisse Fertigungsprozesse, wie zum Beispiel die Bildung vollkommener, großer Einkristalle, sind bei g = 1 (durchschnittliche Erdschwere in Meereshöhe) unmöglich, bei g = 0 jedoch problemlos. Einkristalle mit vollkommenen Gittern sind jedoch zehn- bis zwanzigmal so widerstandsfähig wie gleich große Kristalle mit nicht vollkommenen Gittern.

Das Klima, die Rohstofflagerstätten und die Eignung der Meere zu Transportzwecken sind bei uns auf der Erde Gründe dafür, daß zwischen den Gebieten landwirtschaftlicher Produktion und den großen Bevölkerungszentren oft weite Distanzen liegen. Das zwingt uns zur Anlage von untereinander verbundenen, viele Tausende von Kilometern langen Verkehrsnetzen. Wer ein solches Verkehrsnetz unterbricht und damit die Energie-, Lebensmittel– oder Rohstoffversorgung unterbindet, kann Völker und Kontinente erpressen. Das ist schon häufig versucht worden, und die Folgen sind immer dieselben: Es kommt zu Preiserhöhungen und verlangsamter Produktion. Im schlimmsten Fall jedoch – und dieser Fall kann durch die Verschärfung der Lebensmittel- und Energiekrise sehr bald eintreten – lastet auf allen Völkern der Erde eine gegenseitige Bedrohung: Wenn du mir kein Erdöl gibst, liefere ich dir keine Lebensmittel; wenn ich nichts mehr zu verlieren habe, setze ich mein Leben aufs Spiel; wenn du nicht für mich sorgst, rotte ich dich mit Wasserstoffbomben aus.

Eben diese Faktoren – klimatische Unterschiede, die Notwendigkeit, zur Verminderung der gravitationsbedingten Widerstände die Meere als Transportweg zu benützen, und der Zyklus der Jahreszeiten – fördern das Entstehen großer Ballungszentren, die ständig den für sie spezifischen Gefahren ausgesetzt sind: Verschmutzung, Seuchen, sozialer Spannungen, hoher Kriminalität und politischer Korruption.
Bislang schienen uns Großstädte unvermeidbare Begleiterscheinungen der Industrialisierung zu sein. Wenn wir nun aber eine Umwelt schaffen könnten, die uns erlaubte, das ganze Jahr hindurch überall Landwirtschaftsprodukte in beliebigen Mengen anzubauen? Eine Umwelt, in der Energie in unbeschränkten Mengen jederzeit und überall verfügbar wäre? Wo der Warentransport so einfach und billig ist wie der Frachtverkehr auf dem Meer? Heute besteht tatsächlich die Möglichkeit, eine derartige Umwelt zu schaffen; im folgenden Kapitel wird davon die Rede sein.
Was nun die Beschränkung der menschlichen Freiheit anbelangt: die Lösung des Energie- und Rohstoffproblems böte noch keine Garantie für Freiheit und Wohlstand aller Menschen. Es gibt zu viele Beispiele aus der Geschichte, die beweisen, daß der Mensch zur Unmenschlichkeit fähig ist – man denke nur an die Zeit Dschingis-Khans oder Hitlers. Immerhin konnte man noch bis vor kurzem hoffen, daß sich trotz gelegentlicher Rückfälle Lebensbedingungen, Schulungsmöglichkeiten und der Grad an Freiheit im allgemeinen stetig erhöhten. Indem wir jedoch gezwungen sind, auf einer Erde zu leben, deren Vorräte sich immer mehr erschöpfen, sehen wir uns einer neuen Bedrohung gegenüber: Unsere Erfolge werden zu Pyrrhussiegen. Freiwillig oder unter Zwang müssen wir uns einschränken. Heilbroner ist der Ansicht,

daß diese Beschränkungen nicht nur materieller Natur sind, sondern daß langfristig mit größter Wahrscheinlichkeit auch die geistige Freiheit beschnitten werden muß, wie es in primitiven Gesellschaften der Fall ist, wo Stabilität auf einem strengen sozialen Kodex beruht.

Zweifellos sind wir weit davon entfernt, die besten Bedingungen für das menschliche Zusammenleben und die besten Regierungsformen gefunden zu haben; längst nicht alle Menschen sind frei, längst nicht alle Möglichkeiten des menschlichen Geistes sind ausgeschöpft. Allein, welche Chancen haben wir noch hier auf der Erde, wo sich immer mehr Menschen drängen und der Bedarf an Rohstoffen ständig wächst, ein Klima zu schaffen, in dem die Vielfalt, das Experiment, das Erproben neuer Formen des Zusammenlebens möglich ist? Besteht für jene wenigen begabten Menschen noch die Möglichkeit, sich eine eigene kleine Welt aufzubauen, wie es vor einem Jahrhundert in Amerika geschah, als man zu neuen Ufern aufbrach? Für mich gehört die Verwirklichung der uralten Träume von einem besseren Leben, vom Wandel, von größerer Freiheit zu den brennendsten Aufgaben. Für eine erdgebundene Menschheit werden aber viele dieser Träume ewig unerfüllt bleiben.

4
NEUE WOHNSTÄTTEN FÜR DIE MENSCHHEIT

Biologen und Botaniker sprechen vom Lebensraum oder Biotop einer bestimmten Pflanzen- oder Tierart; dem Raum also, in dem die betreffende Art lebt, wächst und sich vermehren kann. Der Lebensraum unserer urzeitlichen Vorfahren war das tropische Meer. Als die frühen Amphibien zu Lungenatmern wurden, war das ein entscheidender Schritt in der Entwicklung des Lebens. Wenn wir nun darangehen, dem Menschen neue Lebensräume zu erschließen, müssen wir zunächst untersuchen, welche physiologischen Grenzen bestehen, anders ausgedrückt, welcher Art die Bedingungen für eine gedeihliche menschliche Existenz sein müssen. Dabei soll uns der Durchschnittsmensch, keinesfalls aber der Leistungssportler, der durchtrainierte Gipfelstürmer, der Raumfahrer oder der geübte Tiefseetaucher, als Norm dienen. In dem neuen Lebensraum, wie wir ihn uns vorstellen, «muß sich Tante Emma in ihrem Schaukelstuhl wohl und glücklich fühlen». Diese Forderung gilt auch schon für die erste Anlage, die nach streng wissenschaftlichen Richtlinien realisiert werden soll. Menschen, die unter härtesten Bedingungen, unter extremen Klimaverhältnissen oder gar unter Seuchengefahr leben und arbeiten müssen, haben Anspruch auf besonders hohe Entlohnung. Die etwa beim Bau der Alaska-Pipeline anfallenden Lohnkosten sind sehr hoch. Aber schon unsere erste Weltraumkolonie muß kostendeckend sein, und das ist nur möglich, wenn keine unerfüllbaren

Lohnforderungen gestellt werden. Die Übersiedlung in eine Raumkolonie sollte also mancherlei Anreize bieten; gute Arbeitsbedingungen, gute Ausbildungsmöglichkeiten für die Kinder, ein gutes und angenehmes Leben für die Familie.

Welches sind nun eigentlich die idealen Lebensbedingungen für den Durchschnittsmenschen? Die meisten von uns sind es gewohnt, ungefähr in Meereshöhe zu wohnen und zu arbeiten; doch ein großer Prozentsatz der Menschen lebt in gebirgigen Gegenden aller Kontinente, etwa in der Höhe von Denver, Colorado (1585 Meter ü. M.), wo der atmosphärische Druck 20 Prozent niedriger ist als auf Meereshöhe. Selbstverständlich sind auch viele ältere Personen darunter – ein geringerer Luftdruck scheint ihnen aber nichts anzuhaben.

Laut einer Vorschrift des Bundesluftfahrtamtes müssen Piloten bei Flügen über 3750 Meter Höhe und mehr als halbstündiger Dauer Sauerstoffmasken anlegen. Ich selbst bin Segelflieger, habe meine Sauerstoffmaske immer griffbereit bei mir und bediene mich ihrer, wenn ich in den Bergen des Westens Thermikflüge unternehme und – was oft geschieht – in Aufwinde gerate, die mich weit höher tragen als oben angegeben. Bergsteiger jedoch erklimmen aus eigener Kraft und dazu noch mit Gepäck Höhen bis zu rund 7500 Metern ohne zusätzlichen Sauerstoff. In Regionen mehr als doppelt so hoch wie Denver, etwa in den Anden oder im Himalaja, gibt es menschliche Siedlungen, deren Bewohner sich im Laufe vieler Generationen an den niedrigen Luftdruck gewöhnt haben. In den Regionen der Weltraumsiedlungen, wo die Menschen leichte Arbeit von nur einigen Stunden Dauer verrichten sollen, können wir die Vorschrift des Bundesluftfahrtamtes als Richtlinie nehmen und in den eigentlichen Lebensräumen einen Sauerstoffdruck aufrechterhalten, der demjenigen von Denver auf rund 1500 Meter ü. M. entspricht.

Wie wir von Astronauten und Tiefseetauchern wissen, benötigen wir Menschen keinen Stickstoff, der den größten Teil der Erdatmosphäre ausmacht. Auf der Erde findet Stickstoff unter anderem in Feuerlöschern Verwendung, und er schirmt uns gegen kosmische Strahlen ab, unser Körper aber nimmt ihn nur auf dem Umweg über Nahrungsmittel auf. Erstaunlicherweise machen viele Pflanzen es ähnlich: Sie beziehen ihren Stickstoff durch die Wurzeln aus dem Erdreich und nicht aus der Luft. Wenn wir andere Möglichkeiten der Feuerbekämpfung und des Schutzes vor kosmischen Strahlen finden, so könnte man die Lebensbedingungen in einer Sauerstoffatmosphäre mit einem Druck, der dem von Denver entspricht, als erträglich bezeichnen. Obschon Astronauten auf der Mondoberfläche unter solchen atmosphärischen Bedingungen mehrere Tage verbracht haben, würde es dennoch einer Reihe von Tests über eine längere Zeitspanne und mit einer größeren Personenzahl bedürfen, um sicherzugehen, daß keine gravierenden Atmungsprobleme auftreten.

Soviel über die Luft, ohne die menschliches Leben innerhalb weniger Minuten erlischt. Betrachten wir nun die Temperatur- und Klimabedingungen, unter denen Menschen leben und arbeiten können. Diese Temperaturspanne ist weit und reicht von den Tiefsttemperaturen des «Kältepols» in Sibirien bis zur hochsommerlichen Höchsttemperatur der Sahara. Die Temperaturen, bei denen wir uns wohl fühlen und auch Schwerarbeit leisten können, liegen in einem viel engeren Bereich – es sind genau die paar Grade, zwischen denen wir wählen, wenn wir unseren Raumthermostaten nach Belieben einstellen können.

Ist es wärmer oder kälter, so nimmt unsere Leistungsfähigkeit rasch ab. Kein Wunder also, daß die Menschen von jeher Landstriche mit mildem und ausgeglichenem Klima bevorzugten. Wir sollten deshalb für alle menschlichen Tätigkeiten diese idealen Temperaturverhältnisse schaffen – die Grenzbereiche bleiben gewissen Sportarten wie zum Beispiel dem Skilaufen vorbehalten.

Innerhalb der Sauerstoffatmosphäre können wir in einem milden Klima ohne Wasser ein bis zwei Tage überleben, aber nicht viel länger. Unser Körper besteht überwiegend aus Wasser, und in der Wüste sind ein paar zusätzliche Liter Wasser täglich für jeden Menschen eine Notwendigkeit. Weil wir hier jedoch eine angenehme Umwelt ohne Einschränkung anvisieren, wollen wir großzügig sein und pro Kopf einige Tonnen Wasser veranschlagen.

Unter außergewöhnlichen Verhältnissen können Menschen mehrere Wochen ohne feste Nahrung leben, doch wird in Weltraumkolonien niemand auf diese harte Probe gestellt werden: Die Lebensmittelversorgung wird keinerlei Schwierigkeiten bereiten und nicht nur reichlicher, sondern auch zuverlässiger sein als fast überall auf der Erde. Den Menschen im Raum wird es weder an Wasser noch an Nahrungsmitteln fehlen.

Was nun die Schwerelosigkeit betrifft, so muß man sich erst an sie gewöhnen, und es gibt Leute, die dazu mehrere Tage brauchen. Während der ersten 24 Stunden waren alle drei Astronauten im Skylab krank. Das 90 Tage dauernde Skylab-Experiment wurde mit einigen ausgewählten, kerngesunden Menschen durchgeführt. Ihre Körper wiesen eindeutige physiologische Veränderungen auf: Die Blutmenge ging zurück, gewisse Knochen zeigten Rückbildungserscheinungen, das Knochenmark verminderte sich, und der Muskeltonus ließ nach. Alle diese Veränderungen verschwanden aber nach der Rückkehr zur Erde binnen weniger Wochen. Dennoch erhebt sich die Frage, ob man Menschen viele Monate lang der Schwerelosigkeit aussetzen kann, ohne sie zu gefährden; so könnte sich das Herz an seine geringe Beanspruchung im Zustand der Schwerelosigkeit gewöhnen, bei der Rückkehr der Menschen in den Normalzustand aber versagen. Nun darf man freilich die Auswanderung in den Weltraum nicht mit einer Reise mit einfacher Fahrkarte gleichsetzen, vielmehr soll, wer immer will, zurückkehren können.

Seltsamerweise kennen wir alle den Zustand der Schwerelosigkeit aus dem Alltag: Die Physiologen haben nämlich herausgefunden, daß ein im Bett ruhender Mensch ebensoviel an Gewicht einbüßt wie im Zustand der Schwerelosigkeit und daß deshalb lange Bettlägerigkeit dieselben physiologischen Veränderungen verursacht. Wir dürfen also vermuten, daß unser Körper keiner ununterbrochenen Schwerkraft bedarf, sondern daß einige Stunden pro Tag durchaus genügen. Ob wir auch mit weniger auskommen können, wissen wir nicht, und deshalb wollen wir hier annehmen, in unserem Raumhabitat lebten die Menschen in ihrer Freizeit ungefähr unter denselben Gravitationsbedingungen wie auf der Erde. Tatsächlich läßt sich Gravitation im Raum höchst einfach erzeugen: durch Rotation. In einem hohlen, um seine Achse rotierenden Körper kann man Gravitation von einer Stärke simulieren, wie sie auch auf der Erde herrscht, und wenn der Körper groß genug ist, so empfindet der Mensch keinerlei Unterschied zur Erdschwerkraft.

Im Laufe der Evolution haben sich in unserem inneren Ohr außerordentlich empfindliche Sensoren herausgebildet, die Lageveränderungen unseres Körpers um alle drei Achsen wahrnehmen können.

In einem rotierenden Körper, der sich nicht wie die Erde einmal innerhalb von vierundzwanzig Stunden, sondern in Minutenbruchteilen um seine eigene Achse dreht, können unsere Sinnesorgane feststellen, daß es mit der Schwerkraft «nicht stimmt». Langjährige Untersuchungen haben gezeigt, wie schwierig es für den Menschen ist, sich an eine rotierende Umwelt zu gewöhnen. Die beiden wichtigsten Stellen für derartige Untersuchungen waren das «Zentrum für Marinemedizin der Vereinigten Staaten» in Pensacola, Florida, und die ORBIT-Zentrifuge der Sowjetunion. Obschon es kaum möglich ist, die im Weltraum herrschenden Bedingungen auf der Erde ganz genau zu simulieren, deckten sich die Untersuchungsergebnisse doch in folgenden Punkten: Erstens: Die Anpassung an eine Umdrehung pro Minute bietet kaum jemandem Schwierigkeiten. Zweitens: Wenn die Umdrehungszahl auf zwei, drei, vier oder gar noch mehr pro Minute steigt, treten bei mehr und mehr Versuchspersonen Erscheinungen auf, die von Seekrankheit und Schläfrigkeit bis zu tiefer Niedergeschlagenheit reichen. Andere wiederum ertragen bis zu zehn Umdrehungen pro Minute. Für ein Weltraumhabitat sind eine bis drei Umdrehungen pro Minute vorgesehen – genug also, um vom Menschen wahrgenommen zu werden, jedoch noch im Rahmen dessen, woran die meisten sich in ein bis zwei Tagen gewöhnen können. Für die größeren Habitate, die zweifellos gebaut werden, sobald die ersten kleinen Modelle unsere Erwartungen erfüllen, können dann ohne technische Veränderungen Geschwindigkeiten von weniger als einer Umdrehung in der Minute gewählt werden. Aus wirtschaftlichen Erwägungen wird die Umdrehungszahl in den ersten Habitaten 2 pro Minute betragen, weshalb alle Auswanderungswilligen auf ihre Raumkrankheitsanfälligkeit hin untersucht werden müssen. Die amerikanischen und sowjetischen Raumfahrtprogramme zeigen, daß bei der herkömmlichen See- oder Luftkrankheit nicht die gleichen Beschwerden auftreten wie bei der Raumkrankheit, d. h. wenn die Erdanziehung durch Rotation ersetzt wird. Tests in Pensacola und in der Sowjetunion deuten aber darauf hin, daß sich nur ein kleiner Prozentsatz der Auswanderer auch nach mehrtägigem Aufenthalt nicht an die Schwerkraftverhältnisse in den ersten Weltraumhabitaten wird gewöhnen können.

Wir sprachen bisher von lebenswichtigen Dingen. Wer aber freiwillig im Weltraum leben und arbeiten soll, verlangt mehr als das: Wohl niemand wird auf Komfort, gutes Essen und guten Wein, auf Möglichkeiten zum Ausspannen, Schwimmen und Sonnenbaden, auf Reisen und Zerstreuung verzichten wollen. Wir Menschen haben ganz bestimmte Vorstellungen von dem, was unser Leben lebenswert macht, und wenn eine menschliche Gemeinschaft im Raum Bestand haben soll, so muß diesen Bedürfnissen Rechnung getragen werden. Der heutige Mensch entwickelte sich aus Jägern und Sammlern, Tagwesen also, und deshalb brauchen auch wir gelegentlich Sonnenschein zu unserem Wohlbefinden. Ohne Sonnenschein werden Kinder rachitisch und Erwachsene mißmutig und depressiv. Es ist sehr wahrscheinlich, daß die Selbstmordziffer in den nordischen Ländern wegen des vorwiegend trüben Wetters und der langen Winter so hoch ist. Soll also dem Weltraumhabitat Erfolg beschieden sein, müssen wir für natürlichen Sonnenschein sorgen; das wird nicht schwierig sein, denn im Weltraum, fern von den Planeten, scheint die Sonne rund um die Uhr! Um jedoch unser angeborenes biologisches Zeitgefühl nicht zu stören, werden wir einen Wechsel zwischen Tag und Nacht einplanen müssen.

Als die Menschen noch in kleinen Gruppen die Kontinente durchstreiften, schlugen sie ihr Lager stets in der Nähe von sauberem, fließendem Wasser auf, und nichts außer dem Rauch ihrer Feuer verunreinigte die Luft. In unserer verschandelten Umwelt gibt es kaum mehr reines Wasser und saubere Luft, und die meisten Flüsse und Ströme sind voller Schmutz. In einer Weltraumkolonie können wir ganz von vorn beginnen und Industrie und Wirtschaft so einrichten, daß Luft und Wasser sauber bleiben.

Unsere Erde ist reich an Pflanzen und Tieren, aber Industrie und Bevölkerungsdichte lassen sie ärmer und ärmer werden. Es gibt Stadtkinder, die kaum jemals einen Baum gesehen haben, und was eine Palme in der Wüstenoase bedeutet, kann sich der Bewohner eines fruchtbaren Landstrichs gar nicht vorstellen. Für unser körperliches Wohlbefinden, aber auch für den Sauerstoffkreislauf der Atemluft brauchen wir Gras, Bäume und Blumen. Viele Tierarten sind uns lieb, und wenn wir in den Weltraum gehen, werden wir sie mit uns nehmen – vielleicht wie einst Noah auf die Arche, paarweise –, und nicht nur Haustiere, sondern auch Eichhörnchen, Rehe und Hirsche, Otter und manche andere Art, dazu auch Vögel und allerlei harmlose Insekten, die jenen als Futter dienen. Hier, im Weltraum, bietet sich uns eine Möglichkeit, die uns auf Erden versagt ist: Wir können jene Tierarten mitnehmen, die uns genehm und Teil einer vollständigen ökologischen Kette sind, die Parasiten aber lassen wir, wo sie sind. Wie herrlich so ein Sommerabend ohne Stechmücken! Sicher finden sich angenehmere Unratvertilger als Stubenfliegen, und während wir Wespen und Hornissen zurücklassen, nehmen wir Bienen mit.

Vielleicht ist in vielen von uns der Wunsch nach Reisen und immer neuen Umweltbedingungen so unbezwingbar, weil wir ursprünglich Jäger und Sammler waren. Seit Flugreisen über weite Distanzen zum Alltag gehören, verbringen viele Angehörige der Industrienationen ihren Urlaub in fremden Ländern. Die Jugend lernt heute die Welt in viel jüngeren Jahren kennen als ihre Eltern. Dabei gibt es unliebsame Begleiterscheinungen: herumziehende Tramper, die ihr Leben durch

Betteln fristen, im Ostblock Parasiten genannt; aber wenn wir an die Menschheit glauben, so müssen wir zugleich daran glauben, daß diese Erweiterung des Horizonts und diese Vermischung der verschiedensten Lebensstile auch gute Seiten haben: Sie wirken den Vorurteilen entgegen, die in der Isolation entstehen, und vermindern so die Gefahr eines neuen Krieges. Die Freiheit des Reisens ist von hohem Wert und dient der Entwicklung der Persönlichkeit. Wird sie eingeschränkt – sei es aus materiellen Gründen oder durch diktatorische Regierungsmaßnahmen –, so wirkt sich dies stets nachteilig aus. Es ist deshalb erfreulich, daß die Besiedlung des Weltraums Reisen für wenig Geld ermöglicht. Beschränkungen der Reisefreiheit durch diktatorische Maßnahmen können wir zwar nicht verhindern, aber wir können wenigstens dafür sorgen, daß nicht Armut oder Energieknappheit die Reisemöglichkeiten einengen.

Die Erzeugung von Nahrungsmitteln ist die lebenswichtigste menschliche Tätigkeit, und wenn wir erst die begrenzten Möglichkeiten unseres Planeten überwunden haben, können wir uns fragen, welches die Idealbedingungen für die Landwirtschaft sind.

Vor allem muß jederzeit sauberes Frischwasser verfügbar sein. Ist billige Energie in beliebiger Menge vorhanden, so kann das einmal in ein Weltraumhabitat gebrachte Wasser unendlich lange Zeit immer wieder von neuem verwendet werden.

Für die Landwirtschaft auf der Erde geben die Unbilden des Klimas ständig Anlaß zur Besorgnis: Dürre, Frost oder lange Regenperioden bedrohen die Ernte. Dazu kommt, daß die irdische Landwirtschaft von jeher vom jeweiligen Zustand der Volkswirtschaft abhängig war: In guten Jahren wird zu viel angebaut, und der Produzentenpreis fällt; in schlechten Jahren ist das Angebot klein, die Preise sind hoch, der Verbraucher muß für minderwertige Nahrungsmittel zuviel bezahlen.

In Weltraumhabitaten wird der Anbau Jahr für Jahr unter Idealbedingungen erfolgen, was nicht ausschließt, daß die Bewohner das Klima ganz nach ihren Wünschen wählen können.

In den meisten Ländern der Erde kann nur während eines Teils des Jahres Ackerbau betrieben werden, und in weiten Gebieten bedingt der Winter einen Stillstand. Im Weltraum aber können Anbauzonen nebeneinander angelegt und die klimatischen Bedingungen von Fall zu Fall den Kulturen angepaßt werden. Damit jahraus, jahrein frisches Gemüse und frische Früchte auf den Tisch kommen, werden die Erntezeiten gestaffelt: Während in einer Pflanzung «Januar» ist, ist in einer andern mit denselben Erzeugnissen «September». Was auf der Erde undenkbar ist, im Weltraum wird's möglich ...

Auf der Erde sind alle Getreidearten, Früchte und Gemüse von Krankheit und Schädlingen bedroht. Meist sind es spezifische Krankheiten, die sich im Laufe der Jahrhunderte auf ganz bestimmte Pflanzen «spezialisiert» haben, und der Wind, aber auch der Mensch tragen zu ihrer Weiterverbreitung bei. In den Pflanzungen der Weltraumhabitate wird man nur vollkommen gesundes Saatgut verwenden und nur die für das Wachstum notwendigen Bakterien belassen. Da die Kulturen im Weltraum einige Kilometer von den Wohnstätten entfernt angelegt und nur mit keimfreiem Wasser und chemischen Düngemitteln versorgt werden, wird der luftleere Raum als vollkommene Schranke gegen Infektionen dienen, und zum erstenmal in der Geschichte des Ackerbaus wird es möglich sein, ohne Pestizide und Insektizide hochwertige landwirtschaftliche Erzeugnisse ohne Verluste durch Tierfraß in beliebiger Menge zu ernten.

Da die Anbaumethoden ständig verfeinert werden, wird die Landwirtschaft mehr und mehr zu einer Art Industrie. In einem hochmodernen Landwirtschaftsbetrieb fällt die Bodenbeschaffenheit kaum mehr ins Gewicht; die Erde hat den Pflanzen nur den nötigen Halt zu geben. Kunstdünger und die genaue Überwachung der im Boden vorhandenen Spurenelemente und des Säuregehalts steigern die Erträge. Eine solche landwirtschaftliche Industrie benötigt naturgemäß auch immer mehr Energie, wobei der Energiepreis die Kunstdüngerproduktion beeinflußt[1]. Im Weltraum kann eine sehr einfache, auf der Erde unrentable Methode zur Herstellung von Kunstdünger angewandt werden: Mittels eines Hohlspiegels aus Aluminiumfolie wird ein Gemisch aus Sauerstoff und Stickstoff bis zur Weißglut erhitzt; bei dieser Temperatur zerfallen ungefähr zwei Prozent der Moleküle und verbinden sich zu Stickstoffoxyd, einem energiereichen Vorprodukt des Kunstdüngers.

Es scheint also, daß wir im Weltraum ideale Bedingungen für den Anbau landwirtschaftlicher Produkte schaffen können, ohne weiterhin vom Wetter oder Klima abhängig zu sein.

Was nun die Schaffung einer industriellen Zivilisation betrifft, müssen die Voraussetzungen dafür bestehen, daß die Industrie erfolgreich und rentabel arbeiten kann, ohne daß die Umwelt in irgendeiner Weise Schaden nimmt.

Mit der Entwicklung der Industrie wächst ihr Energiebedarf. Hier auf der Erde, wo die Energievorräte beschränkt sind, grenzt eine Steigerung des Energiebedarfs geradezu an Unmoral. Sobald uns jedoch unerschöpfliche Energievorräte zugänglich werden, besteht kein Anlaß, die industrielle Revolution zu bremsen.

Die Industrie verwendet sowohl elektrische als auch thermische Energie. Letztere dient zum Schmelzen von Metallen, zum Erhitzen chemischer Substanzen, damit bestimmte Reaktionen eintreten, und für das Anfertigen von Keramik. Auf der Erde dienen fast alle von der Industrie verwendeten fossilen Brennstoffe zur Erzeugung thermischer Energie. Im Bereich der Schwerelosigkeit, fern von einem Planeten, kann mittels leichtgewichtiger, preisgünstiger Hohlspiegel aus dem rund um die Uhr vorhandenen intensiven Sonnenlicht so viel Energie beschafft werden, wie die Industrie benötigt. Ein einziger Reflektor von der Größe eines Fußballfeldes und mit dem Gewicht eines Lastwagens wird, einmal im Raum stationiert, eine große Menge Prozeßwärme liefern. Um auf der Erde die gleiche Menge zu erhalten, müßte man alle dreißig Jahre eine Million Barrels Erdöl verbrennen. Und noch etwas: Der Reflektor im All wird diese Energie ohne jeden Kostenaufwand beschaffen – solange die Sonne scheint[2]!

Hier noch weitere interessante Einzelheiten zu diesem Thema: Sobald im Weltraum mit Turbogeneratoren arbeitende Kraftwerke erstellt werden können, werden derartige Anlagen kaum teurer zu stehen kommen als mit Kohle beheizte Wärmekraftwerke auf der Erde.

Aber das Elektrizitätswerk im schwerelosen Weltraum ist im Unterhalt viel weniger aufwendig als das Werk auf der Erde; selbst wenn die Masse von Turbine und Generator samt Gehäuse viele tausend Tonnen beträgt – dort draußen wiegen sie nichts, ihre Wellen kennen keine Reibung, und ihre Lagerung, in Luft oder magnetischen Feldern, ist verschleißfrei für unbegrenzte Zeit. Die Brennstoffkosten in einem Weltraumkraftwerk sind gleich Null, die anfallenden Kosten beschränken sich also einzig und allein auf Amortisationen, Unterhalt und Stromverteilung. Die energieverbrauchenden Industrien im Weltraum können ohne Rücksicht auf die Beschaffenheit des Baugrundes angelegt werden, also auch in unmittelbarer Nähe des Kraftwerkes, wodurch die Energietransportkosten sehr niedrig sind. Auch die Unterhaltskosten sind gering, weil keine Verbrennungsanlagen zu warten und keine Wellenlager zu ersetzen sind.

Wenn man alle diese Faktoren berücksichtigt, kommt man zu dem Ergebnis, daß ein Sonnenkraftwerk im Raum Strom für den Bruchteil eines Cents je Kilowatt zu liefern imstande ist. Das ist weniger, als man gegenwärtig (1976) irgendwo in Amerika bezahlt, ausgenommen die Gebiete, in denen es Wasserkraftwerke gibt. Nach der Amortisation werden die Aufwendungen für den Unterhalt die einzigen Kosten bleiben. Und da die Energiekosten stets den Fertigungsvorgang beeinflussen, wird man im Weltraum die meisten Güter preisgünstiger als auf der Erde herstellen können.

Neben den Energiekosten tritt noch ein anderer Faktor mehr und mehr in den Vordergrund: die Unsicherheit. Wenn die Planer einer neuen Industrieanlage nicht voraussagen können, wie hoch sich die Brennstoffkosten im Zeitpunkt der Inbetriebnahme belaufen werden, dann ist es höchst riskant, mit dem Bau zu beginnen, und dementsprechend schwierig, Geldgeber zu finden. Bei Weltraumkraftwerken entfällt dieser Unsicherheitsfaktor. Solange es die Sonne gibt, kann man die Brennstoffkosten mit Null veranschlagen.

Wird es mit Hilfe der Kernspaltung oder der Kernfusion jemals möglich sein, die Stromkosten auf der Erde denen von Sonnenkraftwerken anzugleichen? Gewiß nicht. Energie aus irdischen Atomkraftwerken kann und wird nie so preisgünstig sein wie Sonnenenergie aus dem Weltraum. Vor allem kann die für ein Fertigungsverfahren benötigte Prozeßwärme mit einfachen Spiegeln und unbeweglichen Teilen am Ort des Energiebedarfs selbst erzeugt werden. Dagegen müßte auf der Erde die Kernkraft zuerst in Elektrizität und dann in Wärme umgewandelt werden, was viel zu kostspielig wäre, zumal man keine kleinen Atomkraftwerke bauen kann. Und was die Energieerzeugung mittels Kernfusion betrifft, so wissen wir bereits, daß in den vergangenen zwanzig Jahren Milliarden von Dollar für die Forschung ausgegeben wurden, ohne daß man der Lösung näher gekommen wäre. Aber selbst wenn dies jemals gelingen sollte, so werden die Stromkosten immer noch höher sein als in einem Weltraum-Sonnenkraftwerk. In einem Fusionskraftwerk wäre zunächst Energie erforderlich, um aus 5000 Einheiten gewöhnlichen Wassers eine Einheit schweres Wasser und daraus Deuterium zu gewinnen. Für den darauffolgenden Prozeß wären unerhört komplizierte technische Einrichtungen sowie Laseranlagen oder riesige Magneten notwendig. Das Ergebnis wäre nichts anderes als Wärme, um den Kessel einer Turbogeneratoranlage zu speisen. In einem Weltraumkraftwerk werden alle diese aufwendigen Vorstufen übersprungen, weil von Anfang an Sonnenenergie zur Verfügung steht. Die Energieverteilkosten im Weltraum sind nicht zuletzt auch deshalb niedrig, weil die Entfernung zwischen Kraftwerk und Industrieanlage nur wenige Kilometer beträgt und weil es möglich ist, kleine, den Energiebedarf einer Industrieanlage deckende Sonnenkraftwerke zu bauen.

Neben den bereits genannten Vorteilen der Schwerelosigkeit – bessere Manipulierbarkeit großer Objekte, Erhitzen beliebiger Stoffe auf sehr hohe Temperaturen ohne Verschmutzungsgefahr für die Umwelt, gleichmäßige Verschmelzung schwerer Stoffe mit leichten Stoffen[3], Erzeugung großer Einkristalle – verfügen Industrieanlagen im Weltraum auch über eine breite Skala von Fertigungsverfahren. So können etwa durch sanftes Rotieren leichte, sehr dünne und genau zylinderförmige oder konische Bleche hergestellt werden – ein Vorgang, der für die Anfertigung großer Spiegel aus Metallfolien ungemein wichtig ist.

Auf der Erde ist die billigste Transportart die von Rohöl in Riesentankern. Weil die Ölpreise ständig schwanken, ist der Bau solcher Tanker zu einer Art Lotterie geworden. Die reinen Betriebskosten machen ungefähr 0,06 Cents pro Tonne und Kilometer aus[4]. Um große Mengen von Waren gleich welcher Art mit Autobahngeschwindigkeit von einer Weltraumkolonie zur andern zu befördern, bringt man die Ladung in einem motorlosen, würfelförmigen Behälter unter; von einem stationären Elektromotor mit einer Seilwinde auf Reisegeschwindigkeit gebracht, wird er seinem Ziel entgegenschweben. Einer Besatzung bedarf es nicht, denn da es weder eine Atmosphäre noch Witterungseinflüsse gibt, lassen sich seine Bahn und seine Ankunftszeiten genau berechnen. Die Energiekosten für einen derartigen Transport werden außerordentlich niedrig sein – pro Tonne und Meile ungefähr ein Zehntausendstel derjenigen der Tankertransporte.

Auch die Beförderung des Personals der Fertigungsbetriebe von den Wohnungen zur Arbeitsstätte und zurück wird unkompliziert und billig sein. Als typisches Transportmittel stellen wir uns eine Kugel vor; sie ist durch einen fast 30 Zentimeter dicken Panzer gegen kosmische Strahlen abgeschirmt. Die auf drei Decks angeordneten Sitze sind genauso komfortabel wie die in der ersten Klasse unserer Flugzeuge und bieten hundert Personen Platz. In weniger als einer halben Minute kann die Transportkugel ebenfalls mit Hilfe von Elektromotor und Seilwinde auf die Geschwindigkeit eines Düsenflugzeuges beschleunigt werden; und der vollkommen erschütterungsfreie Flug zu einer Hunderte von Kilometern vom Habitat entfernten Fertigungsstätte wird nur so lange dauern, wie man braucht, um die Morgenzeitung zu überfliegen. Am Ziel wird die Kugel durch ein Bremsseil aufgefangen. Bemerkenswert sind vor allem die Energiekosten, die weniger als 50 Cents pro Passagier ausmachen!

Sobald Berechnungen ergeben, daß eine Industrie im Weltraum preisgünstiger produzieren kann als auf der Erde, wird sie verlegt; damit wird Mutter Erde sowohl im Energie- als auch im Rohstoffsektor entlastet. Darüber hinaus werden neue Arbeitsplätze für Auswanderungswillige geschaffen. Am Anfang – und wohl auch noch auf Jahre hinaus – wird die Industrie der Weltraumhabitate sich auf Sparten beschränken, die keinen Rücktransport von Material zur Erde bedingen. So wird man vor allem Anlagen für den Bau von Sonnenkraftwerken errichten, die, auf eine geosynchrone Umlaufbahn gebracht (d. h. sie drehen sich mit der Erde und befinden sich von dieser aus gesehen immer über demselben Ort), Energie zur Erde abstrahlen und das irdische Stromnetz mit elektrischer Energie beliefern. Aber auch Transportmittel für den Verkehr zwischen den Weltraumkolonien und Raumschiffe für den Verkehr zur und von der Erde werden in Weltraumwerften gebaut.

Allein zur Deckung des Energiebedarfes der Vereinigten Staaten werden alljährlich Milliarden Tonnen nicht zu ersetzender fossiler Brennstoffe verbraucht. Es ist gegen alle Vernunft, Kohle und Öl in Form von Rauch in die Atmosphäre zu blasen, statt daraus Kunststoffe und Textilien herzustellen. Solche Erwägungen, die der Sorge um unseren Lebensraum und unsere Volkswirtschaft entspringen, sollten uns dazu führen, im Weltraum Sonnenkraftwerke für die Energieversorgung der Erde zu bauen. Die Weltraumhabitate können auf fossile Brennstoffe als Energieträger völlig und für alle Zeiten verzichten und sie der Petrochemie zur Nutzung überlassen; denn draußen im Raum ist preisgünstige Sonnenenergie in beliebiger Menge vorhanden.

Um einen ständig wachsenden Wohlstand für alle Menschen zu sichern, müssen der Wirtschaft genügend Rohstoffe zur Verfügung stehen. Auf der Erde sind wir heute gezwungen, für bestimmte Metalle wenig ergiebige Quellen auszubeuten, und manche Lagerstätten, wie z. B. die Eisenerzmine von Mesabi im nördlichen Michigan, sind seit längerer Zeit restlos abgebaut. Je unbedeutender die Erzadern sind, die wir abbauen, desto größer werden die Probleme der Umweltzerstörung, denn wenn der Erzgehalt zehnmal kleiner ist als in einer ergiebigen Ader, so muß zehnmal mehr Material abgebaut werden, um die gleiche Ausbeute zu erhalten.

Die ersten außerirdischen Rohstoffe werden vermutlich vom Mond stammen. Besonders auf der erdabgewandten Seite des Mondes könnten unermeßliche Mengen abgebaut werden, ohne daß schädliche Auswirkungen zu befürchten wären. Vielleicht ist das oft kritisierte Apollo-Programm allein schon dadurch gerechtfertigt, daß wir so vom Rohstoffreichtum des Mondes erfuhren. Eine typische Apollo-Gesteinsprobe vom Mond besteht gewichtsmäßig zu über 20 Prozent aus Silikon, zu 12 aus Aluminium, zu 4 aus Eisen und zu 3 Prozent aus Magnesium. Andere Apollo-Mondgesteinsproben enthalten über 6 Prozent Titan, ein außerordentlich gesuchtes Leichtmetall, weil es sehr hohen Temperaturen widersteht. Es findet vor allem in der Luft- und Raumfahrtindustrie Verwendung und läßt sich nur in luftleerem Raum, bei hohen Temperaturen und entsprechend hohem Energieaufwand bearbeiten, was auf der Erde sehr kostspielig, im Weltraum jedoch kostenmäßig durchaus tragbar ist. Schließlich sei erwähnt, daß die Mondoberfläche zu über 40 Gewichtsprozent aus Sauerstoff besteht, und es ist ein seltsamer Gedanke, daß die sterile, öde Mondlandschaft so unermeßliche Mengen dieses für uns lebensnotwendigsten Elements bereithält.

Später, vielleicht ein oder zwei Jahrzehnte nach der Besiedlung der ersten Weltraumhabitate, wird man damit beginnen, die Rohstoffvorräte des Asteroidengürtels zu nutzen. Für den Weltraumtransport ist der Faktor Energie wichtiger als der Faktor Zeit, da kein Luftwiderstand zu überwinden ist. Der Transport einer Tonne Rohmaterial von einem Asteroiden zu einer Weltraumkolonie wird nicht teurer zu stehen kommen als von der Erde aus. Doch wäre für den Transport von der Erde her eine Rakete mit mehr als einer Tonne Schubkraft und ein kompliziertes Steuersystem erforderlich. Dagegen ist der Transport von einem Asteroiden her technisch weniger aufwendig – hier genügen Triebwerke mit nur geringer Schubkraft. Im Falle einer Panne steht zur Reparatur des

Triebwerkes viel Zeit zur Verfügung, ähnlich wie für Reparaturen eines Frachters auf hoher See.

Noch einfacher wird sich der Materialtransport vom Mond zu den Weltrauminseln gestalten und je Tonne Material nur etwa ein Zwanzigstel soviel kosten wie ein gleichartiger Transport von der Erde oder von den Asteroiden her. Wie wir noch sehen werden, wird der Transport eines Kilos Material vom Mond zu einer Weltraumstation anfangs einige Dollar kosten, wenn aber erst eine Weltraumindustrie voll im Einsatz steht, werden die Transportkosten pro Kilo nur noch wenige Cents betragen.

Der Mond ist arm an drei Rohstoffen, die für das Leben und für die Industrie auf der Erde wichtig sind: Wasserstoff, Stickstoff und Kohlenstoff. Offenbar hat der Mond in seiner Frühzeit diese Elemente bei sehr hohen Temperaturen «ausgebacken». Aber glücklicherweise geht aus Spektralanalysen des von den Asteroiden reflektierten Sonnenlichts hervor, daß einige von ihnen reich an Kohlenstoff, Stickstoff und Wasserstoff sind; die Petrochemie findet darin dem Ölschiefer ebenbürtige Ausgangsstoffe[5]. Noch überzeugendere Beweise dafür, daß die erwähnten Elemente auf den Asteroiden tatsächlich vorkommen, liefern die Untersuchungen von ungefähr zwanzig auf der Erde niedergegangenen Meteoriten[6], die alle zur Kategorie der sogenannten «kohlenstoffhaltigen Chondriten» gehören. Aus wirtschaftlichen Erwägungen wird man höchstwahrscheinlich die meisten Elemente zuerst auf dem Mond gewinnen und die Asteroiden nur zum Abbau der auf dem Mond fehlenden benutzen. Aber noch bevor größere Partien der Mondoberfläche abgebaut sind, dürfte der gesamte Rohstoffbedarf der Weltraumhabitate von den Asteroiden gedeckt werden.

Zwar haben sämtliche Asteroiden zusammen einen kleineren Rauminhalt als die Erde, sind aber dafür viel leichter zugänglich als die tiefen Erdschichten. Nur eine dünne Schicht der Erdoberfläche kommt für den Bergbau in Betracht, weil Druck und Hitze ein Vordringen in größere Tiefen unmöglich machen. Selbst wenn man den ganzen Festlandteil der Erde bis zu einer Tiefe von 800 Metern abbauen und ein

Zehntel des so gewonnenen Materials nutzen könnte, so entspräche dies nur 1 Prozent der verwendbaren Rohstoffe, die allein die drei größten Asteroiden bergen. Anders ausgedrückt: Wir müßten die gesamte sichtbare Erdoberfläche endgültig zerstören, um den hundertsten Teil des Rohmaterials zu gewinnen, das auf drei – heute noch ungenutzten – Asteroiden bereitliegt, und dabei gibt es Tausende solcher kleiner, lebloser Planeten. Und noch etwas: Wenn wir von der Erde Material in den Weltraum bringen wollen, müssen wir einen Gravitationsberg von rund 6000 Kilometer Höhe überwinden; selbst auf dem größten Asteroiden jedoch ist der Gravitationsberg nur 8 bis 16 Kilometer hoch.

Als ich ein Junge war und Zukunftsromane las, hätte ich mir nicht träumen lassen, daß die Zukunft der Menschheit eher im freien Raum liegt als auf einem Planeten. Später, als ich durch logische Berechnungen eines Besseren belehrt wurde, beschäftigte mich die Frage, ob schon andere vor mir zum gleichen Ergebnis gelangt waren. Fünf Jahre vergingen, da stieß einer meiner Freunde auf zwei Bücher, die entsprechende Hinweise enthielten: Sie stammten aus der Feder des russischen Lehrers und Naturforschers Konstantin Ziolkowsky[7, 8]. Der im Jahre 1857 geborene Ziolkowsky hat bahnbrechende Werke über Rückstoßmotoren, mehrstufige Raketen und viele andere grundlegende Probleme der Raumfahrt verfaßt.

Sein um die Jahrhundertwende geschriebener und erst 1920 erschienener Roman «Jenseits des Planeten Erde» ist eigentlich nichts anderes als eine Art Lehrbuch über die Grundlagen der Physik, zugleich aber ein kühnes Dokument logischer Vorstellungskraft. Tatsächlich konnte nur ein überragender Kopf zur Zeit der Pferdekutschen erkennen, daß man Geschwindigkeiten von mehreren Kilometern in der Sekunde erreichen müßte, um im freien Raum die Erde umkreisen zu können.

Als Romanschriftsteller konnte Ziolkowsky gewisse Probleme, für die er keine Lösung wußte – nicht wissen konnte –, einfach überspielen. So wird seine Weltraumrakete von

einem geheimnisvollen, nicht näher beschriebenen Explosiv-
stoff angetrieben, aber die Beschreibung des Raumflugs und
der Gegebenheiten, die dazu führen, kommt der Realität erstaunlich nahe. Ziolkowsky spricht von einer von Übervölkerung und Rohstoffmangel heimgesuchten Erde. Seine Raumfahrer statten dem Mond nur einen kurzen Besuch ab, denn
sie sind sich bewußt, daß Weltraumkolonien weitab von irgendeinem Planeten angelegt werden müssen: «Inzwischen
wuchsen die in einer Entfernung von fünfeinhalb Erdradien
oder 34 000 Kilometern im Bau befindlichen neuen Kolonien
und wurden besiedelt. In die zuvor beschriebenen Wohn-
blocks zogen glückliche Männer, Frauen und Kinder
ein . . .» Ziolkowskys Astronauten erkennen die Vorteile, die
die Erzeugung einer auf bestimmte Aufgaben abgestimmten
Schwerkraft mit sich bringt:
«. . . nichts ist einfacher, als Schwerkraft künstlich zu erzeugen: Man läßt das Haus rotieren, und wenn man im Weltraum einen Gegenstand in Drehbewegung versetzt, so wird
er sich drehen bis in alle Ewigkeit, denn es gibt keine Wider-
stand leistenden Gegenkräfte; deshalb verursacht die künstliche Gravitation auch keinerlei Kosten, und zudem können
wir ihre Stärke frei wählen, sie kann kleiner oder größer sein
als auf der Erde.»
Schon auf ihrem ersten Flug erkennen die Astronauten auch,
daß es möglich wäre, im Weltraum Industrieanlagen und
Wohnstätten zu errichten: «Im erschließbaren Weltraum
rund um die Erde – wir wollen dabei nur die halbe Entfernung bis zum Mond berücksichtigen – steht uns tausendmal
mehr Sonnenenergie zur Verfügung als auf der Erde . . . Wir
müssen diesen Raum nur besiedeln, Wohnstätten und Pflanzungen schaffen. Mit Parabolspiegeln können wir Temperaturen bis zu 5000° C erzeugen, und weil keine Schwerkraft
uns daran hindert, könnten die Spiegel beliebig groß sein,
und ihre Brennpunkte könnten beliebige Flächen bestrei-
chen. Da keine atmosphärischen Einflüsse die Sonneneinstrahlung behindern, steht Energie für alle Bereiche der industriellen Tätigkeit zur Verfügung: für den Metallguß, zum
Schmieden, zum Schweißen, kurz, wofür wir auch wollen.»

Erstaunlicherweise verwenden die Raumfahrer auf ihrer ersten Reise die meiste Zeit darauf, nutzbare Asteroiden zu finden. Als Romanautor darf Ziolkowsky seine Asteroiden mit Gold, Platin und Diamanten in rauhen Mengen bestücken; wir sind bescheidener und begnügen uns damit, dort so nützliche Dinge wie Kohlenstoff und Wasserstoff vorzufinden. – Ich freue mich, daß auf dem Grabstein des genialen Ziolkowsky in Kaluga eine seiner Vorhersagen zu lesen ist: «Der Mensch wird sich auf die Dauer nicht mit der Erde begnügen – sein Drang nach Licht und Weite wird ihn die Fesseln der Atmosphäre sprengen lassen; zuerst wird er zögernd und schüchtern zu Werke gehen, doch dann wird er das ganze Sonnensystem erobern.»

5
INSELN IM WELTRAUM

Wenn wir hier über Habitate, die Wohnstätten im Weltraum, reden, so müssen wir uns dessen bewußt sein, daß zwischen Vorhaben und Ausführung mancherlei Änderungen, vielleicht sogar grundlegender Natur, eintreten können[1,2]. Für manche Dinge wird man bessere technische Lösungen finden als die hier vorgeschlagenen, und möglicherweise werden sich auch Probleme ergeben, die eine Änderung des ganzen Konzepts bedingen. Ich will jedoch lediglich aufzeigen, daß die technischen Voraussetzungen zum Bau von Inseln im Weltraum gegeben sind – daß Verbesserungen gefunden werden, wenn andere mitdenken und mitarbeiten, ist nicht mehr als natürlich.

Ich gehe in meinem Projekt von humanitären Überlegungen aus. Jeder technische Fortschritt kann tiefgreifende Veränderungen im sozialen Gefüge bewirken, und deshalb beschränke ich mich auf Möglichkeiten, die die Freiheit der menschlichen Lebensgestaltung fördern und Zwänge und Repressionen ausschalten. Was mir vorschwebt, ist keine Utopie; die Menschen verändern sich nur im Zeitraum von Jahrtausenden, und das Gute und das Böse ist ihnen angeboren. Materieller Wohlstand und die Möglichkeit, sein Leben in Freiheit zu gestalten, verbürgen noch keine Glückseligkeit, und für viele Menschen bedeutet die Freiheit der Wahl eine echte Belastung. Obschon sich meine Studie mit der physikalischen Umwelt in einem Weltraumhabitat auseinandersetzt und psychologische Gegebenheiten nur am Rande behandelt, versuche ich doch, das Bild einer Umwelt zu entwerfen, die der Menschheit als Ganzem und dem Individuum an sich größere Freiheit der Lebensgestaltung in allen Bereichen gewährt.

Daß es nur einen einzigen Weg gibt, ein starkes Wachstum der Industrie zu ermöglichen, ohne daß unsere Umwelt in absehbarer Zukunft Schaden erleidet, wurde bereits angedeutet: Wir müssen die unerschöpfliche Sonnenenergie und die unerschöpflichen Rohstoffvorräte des Mondes und der Asteroiden miteinander kombinieren, und zwar in Erdnähe, nicht auf einem Planeten.

Wie stelle ich mir eine Weltraumkolonie «mittlerer Größe» vor? Sie ist größer als das erste Versuchshabitat, das als Modell diente, aber bei weitem nicht so groß, wie spätere Kolonien sein werden. «Insel Drei» ist materialmäßig so ausgelegt, daß sie zu Beginn des nächsten Jahrhunderts gebaut werden könnte. Die hier angegebenen Zahlen mögen erstaunlich klingen, aber sie wurden sorgfältig errechnet: Geht man von heutigen technologischen Möglichkeiten aus, so könnte der Durchmesser von «Insel Drei» rund $6\frac{1}{2}$ Kilometer und ihre Länge rund 32 Kilometer betragen. Das dürfte einer Nutzfläche im Innern von rund tausend Quadratkilometern entsprechen, auf der einige Millionen Menschen leben könnten. Aber mit den uns gegenwärtig zur Verfügung stehenden Baustoffen, wie z. B. Eisen und Aluminium, könnten durchaus auch Habitate, die viermal so lang und so breit sind, mit einer Nutzfläche halb so groß wie die Schweiz gebaut werden; der Druck ihrer Sauerstoffatmosphäre entspräche jenem, den wir auf der Erde in 1500 Meter Höhe finden. Natürlich wäre es wenig sinnvoll, mit so großen Habitaten zu beginnen, später aber wird man dank dem technischen Fortschritt vielleicht noch grössere Inseln bauen.

Gravitation, Wasser, Boden, Luft und natürlicher Sonnenschein sind die Voraussetzungen, um auf unserer Insel irdische Lebensbedingungen zu schaffen. Die Gravitation wird durch Rotation künstlich erzeugt, und glücklicherweise gibt es mindestens zwei geometrische Körper, die zugleich auch den richtigen Sonnenstand gewährleisten. Der eine besteht aus zwei miteinander verbundenen Zylindern mit parallel liegenden Achsen. Die Zylinder sind an beiden Enden durch Halbkugeln abgeschlossen und enthalten eine Sauerstoffatmosphäre. Jeder Zylinder rotiert um seine Längsachse, so daß die dadurch erzeugte Schwerkraft der auf der Erde gleicht. Der innere Zylinderumfang ist in sechs Zonen aufgeteilt: drei «Täler» und zwischen ihnen ebenso viele Fensterreihen. Durch drei über den Fenstern angeordnete Planspiegel und durch Ausrichtung der Zylinderachsen auf die Sonne erhalten die Täler natürliches Sonnenlicht, und die Sonne wird – von ihnen aus gesehen – bewegungslos am Himmel stehen, obschon die Zylinder sich drehen. Durch Änderung des Spiegelwinkels läßt sich die langsame Bewegung der Sonne über den Himmel, vom Aufgang bis zum Untergang, simulieren. Tagesdauer, Wetter, Jahreszeitenwechsel und Temperaturschwankungen lassen sich ebenfalls durch Änderung der Spiegelwinkel regeln. Ein großer Parabolspiegel am Ende eines jeden Zylinders versorgt die Kraftwerke der Kolonie rund um die Uhr mit Sonnenenergie.

Wenn man nun in der Nähe der großen Zylinder mehrere kleinere Zylinder für Pflanzungen errichtet, so wird Wirklichkeit, was auf der Erde undurchführbar ist: Auf engem Raum können gezielt die Klimabedingungen geschaffen werden, die ideale Voraussetzungen für den Anbau bestimmter Pflanzen und Früchte, für das menschliche Wohlbefinden oder für die diversen Industriezweige bieten. Die «Täler» auf «Insel Drei», 3½ Kilometer breit und 32 Kilometer lang, werden seitlich von Bergen begrenzt sein, die Höhen von rund 3000 Metern erreichen. Bei der einfachsten Form des Weltraumhabitats wird das Sonnenlicht mittels großer, durch Kabel mit den rotierenden Zylindern verbundener und deshalb mitrotierender Planspiegel eingeblendet. Blickt man nach oben, sieht man blauen Himmel über sich – ein Eindruck, der künstlich erzeugt wird: Es ist sehr einfach, die Fensterflächen so zu tönen, daß der warme Abglanz echten Sonnenscheins auf die Täler fällt. Obschon sich die Zylinder zweimal in der Minute um ihre Achse drehen, wird man die Rotation nicht verspüren. Trotzdem wird einem jederzeit bewußt sein, daß man sich in einem Weltraumhabitat befindet, denn hoch oben und von Wolken leicht verhüllt wird man stets die beiden andern Täler des Habitats sehen können. Sie gleichen in etwa einer Landschaft, wie sie sich bei uns von einem in 6500 Metern Höhe fliegenden Flugzeug aus präsentiert.

Der Winkel des einfallenden Sonnenlichtes ändert sich mit der Länge der mit den Spiegeln verbundenen Kabel. So kann der Lauf der Sonne vollkommen nachgeahmt werden – eine Sinnestäuschung, die nur mit äußerst empfindlichen Instrumenten nachzuweisen ist.

Dank der Möglichkeit, den Sonnenstand zu verändern, können die Weltraumbewohner die Tageslänge und das Durchschnittsklima selber beeinflussen und gegebenenfalls variieren. Doch ist kaum anzunehmen, daß sie diese lebenswichtigen Parameter in rascher Folge einfach beliebig verändern werden.

Heute, im Zeitalter der Düsenflugzeuge, weiß man, daß der Mensch sich zwar rasch auf Veränderungen im Tag-Nacht-Rhythmus einstellt. Für Pflanzen und Bäume jedoch gilt das nicht, und deshalb wird man vernünftigerweise für jedes Habitat einen den irdischen Verhältnissen entsprechenden Rhythmus wählen und ihn nicht kurzfristig ändern, obwohl dies durch Änderung des Sonnenstandes leicht zu bewerkstelligen wäre. Zu dem Zeitpunkt, da eine Kolonie mit den Ausmaßen von «Insel Drei» gebaut wird, werden die Weltraumhabitate vermutlich noch nicht entsprechend ihrer ökologischen Aufnahmefähigkeit besiedelt sein. Zu Beginn des kommenden Jahrhunderts wird die Erdbevölkerung zwei- bis dreimal so groß sein wie heute, und immer mehr Menschen werden in den Weltraum auswandern wollen. Eine Kolonie in der Größenordnung von «Insel Drei» wird ohne weiteres zehn Millionen Menschen aufnehmen können. Die nötigen Nahrungsmittel werden in Anbauzylindern außerhalb der Habitate erzeugt. Auf der Erde pflegt man sich den Raum für Wohnstätten, landwirtschaftliche Nutzflächen und Industrieanlagen streitig zu machen. Nicht so in den Weltraumhabitaten. Natürlich wird der Bau von Inseln mit Zylindern von mehreren Kilometer Durchmesser und – auch optisch – erdähnlichen Lebensbedingungen viel Geld kosten. Die Anbauzylinder für Pflanzen jedoch können einfacher gestaltet werden; hier ist die Sonneneinstrahlung wichtig, auf Äußerlichkeiten aber kann verzichtet werden.

Da Landwirtschafts- und Industriebetriebe außerhalb der eigentlichen Habitate angesiedelt werden, können die Bewohner die ihnen zur Verfügung stehende Wohnfläche von rund 650 Quadratkilometern als ihren Lebensraum benützen. Es ist anzunehmen, daß Kolonisten aus den verschiedensten Erdgebieten in den Weltraum kommen werden, und so werden auch die Siedlungsarten sehr verschieden sein. Die einen mögen kleine Dörfer mit Einfamilienhäusern und Wäldern zwischen den einzelnen Orten. Andere bevorzugen kleine Städte, reich an Menschen und Farben, wie wir sie von Italien her kennen. Die Einwanderer werden aus einem breiten Angebot jene Wohnbedingungen wählen können, die ihnen am meisten behagen.

Vielleicht wird «Insel Drei» einmal so aussehen: In den Tälern kleine Dörfer, Wälder und Parklandschaften, an den Ausgängen der Täler, am Fuß der Berge, Seen und auf den ufernahen Hügeln die Stadt. Das Gros der Menschen wohnt in den Dörfern, zum Besuch von Theatern, Museen oder Konzerten aber fährt man in eine nahegelegene Stadt.

Zwar wird «Insel Drei», wie sie in der ersten Hälfte des nächsten Jahrhunderts gebaut werden könnte, eine große Bevölkerungsdichte aufweisen, dennoch wird man sich nicht beengt fühlen. Um die Menschen zu ernähren, wird eine Anbaufläche von gleicher Größe wie der Lebensraum erforderlich sein – erstaunlich wenig also, wie man sieht. Auf der Erde wäre ein so ertragreicher Anbau undenkbar. Dies heißt nämlich, daß die Nahrung, die ein einzelner Mensch braucht, auf einem Fleck von 9 Meter Seitenlänge angebaut werden könnte. Diese theoretische Möglichkeit wird aber erhärtet durch eine Reihe von Experimenten einer höchst erstaunlichen Persönlichkeit: Dr. Richard Bradfield.

Nach einer großen Karriere an der Cornell University trat er 1965 in den Ruhestand. Doch schon bald darauf übernahm er im Auftrag der Rockefeller-Stiftung den verantwortungsvollen Posten eines Leiters der Internationalen Landwirtschaftlichen Versuchsanstalt auf den Philippinen. Dieses Institut, ein riesiges Freilandlaboratorium, widmet sich der Erforschung neuer, ertragreicher Anbaumethoden und gilt als Weltzentrum für das, was man in Fachkreisen als «die grüne Revolution» bezeichnet. Dr. Bradfield fand zwei Methoden, die sich besonders gut für Ertragssteigerungen eignen: den Mehrfachanbau und den Überlappungsanbau[3]. Für den Mehrfachanbau nützt man den Umstand, daß z. B. Getreide von hohem Wuchs und Kartoffeln von niedrigem Wuchs in denselben Furchen angepflanzt werden können. Solange der Boden mit genügend Kunstdünger versorgt wird, kommen die beiden Kulturen einander nicht ins Gehege. Der Überlappungsanbau macht sich eine Tatsache zunutze, die auch manchen Amateurgärtnern bekannt ist: In den ersten Wochen nach der Aussaat ist das Wachstum der jungen Pflänzchen weder vom Sonnenlicht noch von Nährstoffen, sondern einzig von Wärme und Feuchtigkeit abhängig. Bei dieser Anbautechnik läßt man deshalb zwei Wachstumsperioden einander überlappen: Die Neuaussaat von schnellwachsendem Hybridgetreide etwa, das in neunzig bis hundert Tagen erntereif ist, erfolgt zehn oder zwanzig Tage, bevor die erste Ernte geschnitten wird. Die von Dr. Bradfield erzielten Erträge waren erstaunlich hoch: Pro Hektar lieferten sie ausreichende Nahrung für 62 Menschen – und das in dem keineswegs idealen Anbauklima auf den Philippinen[3, 4].

Aufgrund der von Dr. Bradfield erarbeiteten Werte kann man errechnen, wie groß die Erträge unter den in den Weltraumpflanzungen herrschenden idealen und stets gleichbleibenden Klimabedingungen – die Temperatur entspricht derjenigen an einem heißen Sommertag in Iowa – sein werden, wobei man von vier Ernten pro Jahr ausgehen kann. In den Industrieländern der Erde ist man an einen vielfältigen und vielleicht zu reichhaltigen Speisezettel gewohnt, aber auch in einem Weltraumhabitat wird man sich nicht auf Reis oder

Getreideflocken beschränken müssen. Ernährungsfachleute haben aufgezeigt, wie viele Kalorien und wieviel Gramm Eiweiß pro Tag bei mittelschwerer körperlicher Arbeit genügen, und die Agrarkulturen in den Weltraumhabitaten sollen diesen Erkenntnissen Rechnung tragen[5]. In den ersten Weltraumhabitaten wird es nur wenig Viehzucht geben, weil die Umwandlung von Pflanzenfutter in eiweißreiches Fleisch durch Rinder unwirtschaftlich ist. Viel besser eignen sich Hühner und Truthühner, aber auch Schweine. Dr. Bradfield hat nachgewiesen, daß die Abfälle von Getreide- und Kartoffelkulturen ein sehr geeignetes Schweinefutter abgeben[6] und daß sich im Weltraumhabitat ohne weiteres Schweinemästereien einrichten lassen.

Bei der Vielfalt der zur Verfügung stehenden Lebensmittel, den vielen Getreidesorten, dem Brot und den Teigwaren, dem Geflügel und dem Schweinefleisch, werden die Weltraumbewohner ihr Erntedankfest mit Truthahn und ihre Weihnachten mit saftigen Schinken feiern können, wie ihre Altvordern es auf der Erde taten. Niemand wird Sojabohnen oder Fischmehl essen müssen, es sei denn, er habe Spaß daran. Bei vier weder durch Unwetter noch durch Frost gefährdeten Ernten wird ein Hektar ohne weiteres Nahrung für hundertdreißig Menschen erbringen.

Die einzelnen Anbaueinheiten eines Weltraumhabitats werden nicht sehr großflächig sein, sondern nur ungefähr zweieinhalb Quadratkilometer umfassen. Trotz ihrer Zylinderform kann man auf äußere, mitrotierende Flachspiegel verzichten: einfache, konische Reflektoren werden genügen, denn ob die Sonne rund oder elliptisch ist, ist dem keimenden Korn völlig einerlei. Die Sauerstoffatmosphäre in den Pflanzungen wird weniger dicht sein und ungefähr der auf mittlerer Bergeshöhe entsprechen. Diese Sauerstoffmenge bekommt den Pflanzen vorzüglich, und darüber hinaus kann der Zylinder billiger gebaut werden. Für die meisten Kulturen wird man ein feuchtwarmes Klima wählen. Die Tagesdauer wird auf einfache Weise mit Aluminiumfolien im schwerelosen Raum, die Hohlspiegel gegen die Sonneneinstrahlung abschirmen, bestimmt. Wer in einen derartigen Anbauzylinder hineinschaut, wird kaum jemals einen Menschen erblicken, wie man ja auch keiner Menschenseele begegnet, wenn man durch das landwirtschaftlich hochintensiv bewirtschaftete San-Joaquin-Tal reist. Wenn man aber gelegentlich doch jemand zu sehen kriegt, so bedient er sicherlich eine landwirtschaftliche Maschine. In den Weltraum-Pflanzungen werden solche Maschinen vermutlich mit klimatisierten Druckkabinen und Schutzschilden gegen kosmische Strahlen ausgerüstet sein.

Wenn in San Joaquin Winter ist, ruht die Vegetation; das wird im Weltraum nie der Fall sein. Hier kann man für jeden Zylinder Klima und Jahreszeit nach Belieben wählen, indem man die Luft- und Bodenfeuchtigkeit sowie die Tageslichtdauer festsetzt. Man kann also nicht nur jede Pflanzenkultur mit dem für sie geeignetsten Klima versorgen, sondern auch für verschiedene Zylinder verschiedene Jahreszeiten wählen, zum Beispiel in der Reihenfolge der irdischen Monate Januar, Februar, März usw. So wird man das ganze Jahr hindurch frisches Gemüse und frisches Obst ernten können, und auch wenn im benachbarten Habitat «Januar» ist, wird man auf frische Erdbeeren nicht verzichten müssen. Wenn man später einmal von den Asteroiden in genügender Menge Wasser beschaffen kann, wird man in Salz- und Süßwasserseen auch Austern und andere Muscheltiere, Fische aller Art und vielleicht sogar Hummer züchten.

All das wird nur dadurch möglich, daß Sonnenenergie in unbegrenzter Menge vorhanden ist und für die preisgünstige Herstellung von Kunstdünger eingesetzt werden kann. Eine Pflanzung benötigt direkte Sonnenwärme, um Sauerstoff und Stickstoff in Stickstoffoxyd umzuwandeln; um die entsprechende Menge Kunstdünger zu beschaffen, genügt, bei der hohen Intensität der Sonneneinstrahlung, ein Hohlspiegel mit einer Fläche von einem Quadratmeter pro Habitatsbewohner. Dies ist möglich, weil die Sonnenenergie jahrein, jahraus verfügbar ist, vierundzwanzig Stunden pro Tag.

Zwar glaube ich mit meinen Schätzungen richtig zu liegen, doch wird es nach Realisierung der Weltraumhabitate bestimmt für viele Dinge bessere Lösungen geben, als ich sie hier «prophezeie». Detaillierte, von der NASA in Zusammenarbeit mit Agronomingenieuren durchgeführte Studien (1975 bzw. 1977) haben gezeigt, daß ich mit meinen Einschätzungen sehr vorsichtig war. Auch die General Electric Company ist von der Treibhauskultur so überzeugt, daß sie sich 1977 zu einem Gemeinschaftsfonds für eine 20 Are umfassende Versuchsanlage verpflichtete, und sie rechnet mit einem Ertrag, der bedeutend höher ist als oben angegeben.

Selbstverständlich wird in einem Weltraumhabitat das System der Wiederverwertung – das Recycling – konsequent angewandt. Über kurze Distanzen gelangen frisches Obst und Gemüse, Fleisch, Milch, Käse usw. im Austausch gegen Frischwasser und Nährsubstanzen für die Kunstdüngeraufbereitung in die Habitate. Nichts wird weggeworfen. Alle Abfälle werden in einem Sonnenofen, dessen Betrieb praktisch nichts kostet, in ihre Elemente zerlegt. Damit wird die völlige Keimfreiheit aller in die Anbauzylinder gelangenden Stoffe gewährleistet, selbst wenn durch ein Mißgeschick irgendwelche Krankheitskeime in ein Habitat eingeschleppt werden sollten. Und würde selbst in einem Anbauzylinder eine Pflanzenkrankheit oder Tierseuche ausbrechen – die zum Wiederverwertungsverfahren gehörende Entkeimungsanlage würde eine Ausbreitung verhindern. Falls Krankheitserreger festgestellt werden, können sie im Weltraum – im Gegensatz zur Erde, wo man zu Sprays und Giftstoffen greifen muß – auf sehr einfache Art abgetötet werden: Das Wasser wird aus dem Anbauzylinder abgeleitet, in einem Tank mittels Sonnenwärme sterilisiert und dann in einem externen Tank zwischengespeichert. Sodann wird der Anbauzylinder durch entsprechende Stellung der Sonnenspiegel auf solche Temperaturen erhitzt, daß alle lebenden Organismen vernichtet werden. Nach einiger Zeit können Wasser und Bodenbakterien wieder in den Zylinder gebracht werden, und ein neuer Anbauzyklus kann beginnen.

Die Bevölkerungsdichte eines Weltraumhabitats wird von wirtschaftlichen Gegebenheiten abhängen. Jeder Quadratkilometer Nutzfläche wird eine bestimmte Summe kosten; sie ist für die erste, kleine Kolonie niedriger als für die späteren, größeren. Je größer der Durchmesser eines Habitats ist, desto dicker muß seine Schutzhülle aus Aluminium oder Stahl sein. Ich sagte schon, daß die stetige Weiterentwicklung der Industrie und das damit verbundene Wachstum des Wohlstands eine Voraussetzung für die Siedlung im Weltraum ist. Dieses Wachstum ist zeitbezogen, wenn wir die Bevölkerungsdichte in einer Weltraumgemeinschaft betrachten. Die Gestehungskosten für ein Habitat werden erst dann getilgt werden können, wenn genügend Industriegüter gefertigt und verkauft werden. Wenn mit zunehmender Automation Produktion und Wohlstand wachsen, wird genügend Geld vorhanden sein, um größere – und weniger dicht besiedelte – Habitate zu bauen. Wie wir noch sehen werden, wird diese Übergangszeit bei normaler Produktivitätssteigerung von kurzer Dauer sein – innerhalb eines Jahrhunderts etwa wird die Bevölkerungsdichte um das Zehnfache zurückgehen.

«Insel Drei» jedoch stellt ein Habitat zu Beginn der Besiedlung des Weltraums dar, die Produktivität ist etwa so groß wie in einem unserer Industrieländer, und die Einwohnerzahl beträgt rund zehn Millionen. Sehen wir nun, was dies für die Lebensbedingungen bedeutet.

Nehmen wir an, die Hälfte der Einwohner lebe in den kleinen Städten der Hügelgebiete und die Landwirtschafts- und Viehzuchtgebiete seien in Zylindern außerhalb des Habitats untergebracht. Dann können die Täler für Grünzonen und dörfliche Siedlungen verwendet werden. Weil der Lebensstil der Bewohner entsprechend ihren Herkunftsländern sehr verschieden sein wird, werden die einzelnen Dörfer durch Wälder voneinander getrennt sein. Wegen des guten Wetters und des angenehmen Klimas werden Fahrräder und kleine Elektrobahnen als Verkehrsmittel genügen – auf Autos mit ihren Verbrennungsmotoren wird man verzichten können.

Obwohl «Insel Drei» dicht besiedelt sein wird, wird man doch in den Dörfern nur wenig davon merken. So wird eine fünfköpfige Familie ein einstöckiges Einfamilienhaus mit vier oder fünf Schlafzimmern und großen Wohnräumen beziehen können. Dazu kommt ein Garten oder ein Hof. Bei einer Einwohnerzahl von ungefähr 25 000 – einer günstigen

Zahl, um eigene Schulen und Kaufläden zu errichten – dürfte der Durchmesser einer einzelnen Ansiedlung rund eineinhalb Kilometer betragen.

Die besondere geometrische Struktur des Habitats wird neue Lösungen im Hausbau ermöglichen. Auf die in vielen Ländern noch allgegenwärtigen häßlichen Fernsehantennen wird man gerne verzichten und an ihrer Stelle kleine Antennen verwenden, die auf den Mittelpunkt einer der beiden den Zylinder abschließenden Halbkugeln ausgerichtet sind. Dank der direkten Sichtverbindung und dem geringen Abstand von einigen Kilometern zur Sendezentrale wird der Empfang hervorragend sein. Auch ist die Zeit abzusehen, wo jede Familie über dieselbe Mikrowellenverbindung Zugang zu einer zentralen Bibliothek haben wird.

Die Elektrizität wird den Häusern durch unterirdisch verlegte Kabel von den draußen errichteten Sonnenkraftwerken zugeführt. Sie wird für Beleuchtung und Klimaanlagen, für die Küche und für manch andere Zwecke verwendet. Wo Wärme direkt gebraucht wird – also zum Beispiel für Heizen und Kochen –, wird man auf den Umweg über die Elektrizität sogar verzichten können. Der Grund, auf dem die Häuser erbaut sind, ist nur ungefähr sechzig Zentimeter dick. Deshalb ist es leicht möglich, direkte Anschlußkanäle von der Außenseite des Habitats zu legen. Und um es nochmals zu sagen: Auch wenn es im Habitat «Nacht» ist, können die Häuser mit Sonnenenergie versorgt werden, denn draußen, im freien Raum, scheint ja ewig die Sonne! Die Kochwärme wird von außenliegenden Hohlspiegeln durch ein kleines Fenster direkt auf die Rückseite der metallenen Kochplatten gestrahlt. Um den Stromverbrauch eines Kochelementes herkömmlicher Bauart zu decken, brauchte man einen Außenhohlspiegel von etwas über anderthalb Quadratmeter Oberfläche. Durch Schließen einer Blende schaltet man die Wärmezufuhr ab. Dasselbe gilt für die Raumheizung. Ob diese Möglichkeiten genutzt werden oder ob Elektrizität so billig sein wird, daß man sich ihrer bedient, wird die Zukunft zeigen. «Insel Drei» wird ihren Bewohnern noch etwas bieten, was sich auf der Erde nicht verwirklichen läßt: Durch ein

Fenster im Boden des Wohnraums sieht man hinaus in die unendliche Weite des Weltraums, auf den gestirnten Himmel, der sich zweimal in der Minute um die Wohnstätte zu drehen scheint.

Für den Standort der Industriebetriebe ist ihr Tätigkeitsbereich ausschlaggebend: Die Leichtindustrie ist im Habitat selber, zum Teil sogar in den Dörfern, angesiedelt, die Schwerindustrie draußen im Raum. Nichtrotierende, in unmittelbarer Nähe der Habitate errichtete Produktionsstätten sind vortrefflich geeignet, aus Rohstoffen vom Mond Fertigprodukte herzustellen. Schließlich kann in jedem Zylinderende eines Habitats eine nichtrotierende Werkstätte ohne Gravitation untergebracht werden. Hier wird es möglich sein, durch direkte Zugänge zum Weltraum Rohmaterial zu übernehmen und Fertigprodukte abzusenden. Die in diesen Werkstätten entstehende Abwärme kann direkt in den Raum abgestrahlt werden. Die hier beschäftigten Arbeitskräfte erreichen ihre Arbeitsplätze von der ebenfalls schwerelosen Zylinderachse aus innerhalb weniger Minuten. Sie bewegen sich in einem schwerelosen, aber luftgefüllten Kanal im freien Flug und lesen dabei möglicherweise sogar ihre Zeitung.

Die Erzeugnisse der schwerelosen Industrie können sehr umfangreich sein, ziemlich sicher gehören auch ganze Sonnenkraftwerke dazu, die nach ihrer Fertigstellung draußen im schwerelosen Raum mühelos in die gewünschte Position gebracht werden können.

Wegen der billigen Energie in einem Weltraumhabitat wird man Abfallprodukte am besten in ihre Elemente zerlegen und diese wiederverwenden. Wenn Rauch oder Gase entstehen, werden sie in den Weltraum abgeblasen, ohne daß auch nur die leiseste Spur von Verschmutzung zurückbleibt, denn der Sonnenwind treibt sie aus dem Sonnensystem hinaus.

In den Pflanzenkulturzylindern von «Insel Drei» wird man außer den für die Befruchtung der Blüten notwendigen Insekten keine tierischen Lebewesen ansiedeln, also zum Beispiel auch keine Vögel, die Sämlinge oder Früchte essen könnten. Im Wohnzylinder selbst wird man jedoch auch Tiere halten, die auf der Erde von der Ausrottung bedroht sind, und man wird ohne Mühe ideale Lebensbedingungen für sie schaffen können.

Jeder Schritt auf dem Weg zur Besiedlung des Weltraums erhöht zugleich die Überlebenschance der Tierwelt auf der Erde: Durch die allmähliche Verlagerung der Industrie in den Weltraum und die Abnahme der Bevölkerungsdichte verbessern sich ihre Lebensbedingungen ständig.

6
EINE NEUE ERDE

Hantiert man ein paar Stunden mit Bleistift und Papier und läßt seiner Vorstellungskraft freien Lauf, so gelangt man zu der Überzeugung, daß für ein Habitat im Weltraum viele Bauformen möglich sind. Langfristig gesehen werden die Bewohner eines solchen Habitats die neuen Freiheiten bezüglich Gravitation, Tagesdauer und Klima voll ausnützen wollen. Wenn ich persönlich mich mehr an konventionelle Lösungen halte, so deshalb, weil wir, die wir heute schon die Prioritäten für spätere Jahre setzen, von den herkömmlichen Lebensformen ausgehen und uns auf Bedingungen beschränken sollten, an die hier auf der Erde wenigstens ein Teil der Menschen gewohnt ist. Spätere Generationen, von Geburt an mit der Schwerelosigkeit vertraut, werden zweifellos neue und geeignetere Möglichkeiten finden als wir. Die ersten Menschen auf einer Weltraumstation aber werden genug damit zu tun haben, mit der neuen Lebensweise innerlich fertig zu werden und sich zu akklimatisieren.

Es ist also wichtig, eine Umwelt zu schaffen, die auch für uns Erdgeborene verlockend ist. Uns erscheint eine Tallandschaft von ungefähr 3 Kilometer Breite und 30 Kilometer Länge eher klein, und dennoch ist sie erstaunlich groß, gemessen an Landstrichen, die zu den beliebtesten auf der Erde gehören. So fände ein Großteil der Inselgruppe Bermuda auf der halben Fläche unseres Habitat-Tales Platz! Und wenn eines Tages die Bevölkerungsdichte sinkt und Wasser in praktisch unerschöpflichen Mengen von den Asteroiden verfügbar sein wird, kann auch traumhafter Luxus Wirklichkeit werden. Da gibt es z. B. einen kleinen, aber sehr reizvollen Abschnitt an der kalifornischen Küste mit der Stadt Carmel, eine von Künstlern, Schriftstellern und Touristen bevorzugte Gegend. Die Wohn- und Anbaufläche von «Insel Drei» wird mehr als zwanzigmal größer sein als jene Gegend. Wir dürfen annehmen, daß, ähnlich wie die Kolonisten «Neu-Englands», die ersten Siedler eines Habitats ihre Dörfer und Städte den schönsten Orten auf Mutter Erde nachbilden werden.

Noch vor einem Jahr hätte ich es für nötig befunden, ausführlich über die strukturellen Einzelheiten eines Habitats zu schreiben: über die Aluminium- oder Stahlkabel; über die Metallhüllen, die sie zusammenhalten und die Kräfte der Rotationsbewegungen und den Innendruck der Atmosphäre aufnehmen; über die Fenster, durch die das Sonnenlicht einstrahlen kann. Heute ist das nicht mehr nötig, denn zahlreiche Ingenieure in Regierungsämtern und in der Privatindustrie haben alle einschlägigen Berechnungen überprüft. Zusammenfassend kann man sagen, daß es grundsätzlich neuer technischer Methoden nicht bedarf, sondern daß man sich die Erfahrungen des Brücken- und Schiffsbaus zunutze machen kann. So kann man die Belastbarkeit von Aluminiumlegierungen aus den technischen Handbüchern ersehen. Bei Stahlkabeln liegen die Werte in der gleichen Größenordnung wie bei den für Hängebrücken verwendeten; das ist weniger als das Doppelte der Belastung, die schon vor über fünfzig Jahren beim herkömmlichen Brückenbau zulässig war.
Ein grundlegendes physikalisches Problem hingegen ist der Diskussion wert, weil eine der möglichen Lösungen den Bewohnern eines Habitats allerlei Unterhaltung bringen wird. Ein im Weltall rotierender Zylinder stellt einen Kreisel dar, und ein Habitat ist ein besonders großer Kreisel. Wie wir aus dem Physikunterricht wissen, hat die Achse eines rasch drehenden Kreisels das Bestreben, ihre Lage im Raum – in un-

serem Fall: zu den Sternen – möglichst beizubehalten. (Auf diesem Prinzip beruht der Kreiselkompaß.) Bei einem Weltraumhabitat könnten sich mit dem Kreiseleffekt Schwierigkeiten ergeben: Sowohl die Verwendung von Sonnenenergie als auch die natürliche Sonneneinstrahlung ins Habitat und der Tag-Nacht-Zyklus bedingen, daß das Sonnenlicht immer längs der Zylinderachse einfällt. Man könnte also die Zylinderachse senkrecht zur Umlaufbahn des Habitats um die Sonne ausrichten und das Sonnenlicht durch einen um 45° geneigten Außenspiegel einblenden.

Eine andere Möglichkeit bestünde darin, die Zylinderachse in die Ebene der Umlaufbahn zu legen. Da sich das Habitat zusammen mit der Erde um die Sonne dreht, müßte die Zylinderachse im Laufe eines Jahres eine vollständige Drehung beschreiben.

Damit diese Drehung der Zylinderachse zustande kommt – die Himmelsmechaniker nennen diese Bewegung Präzession –, müssen Kräfte wirksam sein; allerdings nicht enorme Kräfte, denn die Präzession verläuft sehr langsam und beträgt pro Tag ungefähr einen Bogengrad. Berechnungen zeigen, daß die nötigen Kräfte nur rund ein Zehnmillionstel des Gewichtes ausmachen, das der Zylinder auf der Erde haben würde. Es müssen zwei gleich große, aber in entgegengesetzter Richtung wirkende Kräfte sein. Man könnte sie an den Zylinderenden in Hohllagern einsetzen; die auf die Lager ausgeübten Kräfte wären kleiner als die Lagerdrücke an den Laufrädern einer Lokomotive oder eines landenden Flugzeugs, und deshalb wären solche Lager leicht zu konstruieren. Die Spannungs- oder Kompressionskräfte können an beiden Zylinderenden durch Türme, die etwa die Form irdischer Funktürme hätten, aufgenommen werden.

Woher aber nehmen wir die Kraft, um diese kleine Welt in Bewegung zu versetzen? Eine einfache Möglichkeit ist die, daß man zwei ungefähr massengleiche Zylinder miteinander verbindet und jeder den andern mit der nötigen Antriebskraft versorgt. Das eine Habitat liegt über, das andere unter der Ebene, in der sich die Erde um die Sonne dreht. Wir können uns von der Richtigkeit der Lösung überzeugen, wenn wir annehmen, daß die Kreiselstabilität bei entgegengesetztem Rotationssinn gleich Null wird und daher die Zylinder, einmal in die geschilderte Präzessionsbewegung versetzt, diese praktisch ewig beibehalten.

Den Gesetzen der Mechanik folgend, werden so zwei zylinderförmige Habitate zu einer Weltraumgemeinschaft zusammengeschlossen. Für diese Anordnung wird weder Energie noch Raketenschubkraft benötigt – sie ist also preisgünstig und läßt sich relativ einfach bewerkstelligen. So hat das Verbindungsglied eine Querschnittsfläche kaum größer als die einer Teetasse.

Falls man sich zu dieser Lösung entschließt, werden die Kolonisten verschiedene Vorteile genießen. Da ist zunächst der Jahreszeitenwechsel: Die Sonneneinspiegelung kann für jeden Zylinder gesondert erfolgen und so der Jahreszeitenrhythmus den Wünschen der Kolonisten angepaßt werden. Ist im einen Zylinder Januar, so kann im andern Juli sein. Oder: Im einen Habitat herrscht das gleiche Klima wie in unseren gemäßigten Zonen, mit echter weißer Weihnacht, im anderen Habitat jedoch glaubt man sich auf Hawaii.

Wenn nun aber Reisen von einem Habitat zum andern leicht und billig zu bewerkstelligen sind, eröffnen sich attraktive neue Möglichkeiten zum spontanen Besuch klimatisch unterschiedlicher Zonen. Hier ein Beispiel:

In den beiden parallel nebeneinanderliegenden Zylindern – sie sind etwa achtzig Kilometer voneinander entfernt – herrscht ungefähr dieselbe Schwerkraft wie auf der Erde. Die Umdrehungsgeschwindigkeit von «Insel Drei» beträgt etwa 650 km/h, d. h. ein Punkt auf der Zylinderoberfläche bewegt sich mit dieser Geschwindigkeit um die Rotationsachse. Man stelle sich nun ein Vehikel vor, einfacher gebaut als ein Omnibus, das komfortable Sitzplätze enthält, aber weder eines Motors noch eines Fahrers bedarf. Die Benützer gelangen, ähnlich wie in einer irdischen Untergrundbahn, durch einen Schacht zu dem Fahrzeug, das auf der Außenhülle des Habitats befestigt ist. Sobald die Eingangstür hermetisch verschlossen ist, übernimmt ein Computer im Innern des Habitats die Kontrolle über den weiteren Ablauf. Er berechnet den richtigen Zeitpunkt, in dem das Gefährt ausgeklinkt werden muß, damit es, beschleunigt durch die Rotation des Habitats, tangential wegfliegt in Richtung des benachbarten Habitats. Beim Start erhält es einen kleinen Drehimpuls, der es auf der etwa acht Minuten dauernden Reise eine halbe Rolle ausführen läßt. Bei der Ankunft «landet» das Vehikel auf der Außenhülle des Zwillingszylinders, der mit der gleichen Geschwindigkeit rotiert, d. h. die Landestelle bewegt sich mit der gleichen Geschwindigkeit, mit der das Vehikel fliegt. Nach dem Andocken an einer gleichartigen Schleuse wie beim Startzylinder finden die Passagiere nach wenigen Minuten der Schwerelosigkeit ihre normale Schwere wieder, und zwar in einer Welt, die sich von der, die sie eben verlassen haben, so weitgehend unterscheidet wie etwa Nordengland von Honolulu.

Derartige Reisen kosten, wie gesagt, praktisch nichts, weil keine Energie benötigt wird. Das mag unwahrscheinlich klingen und an das Perpetuum mobile erinnern, stimmt aber trotzdem, denn der Flug von einem Zylinder zum anderen erfordert tatsächlich keine Kraft[1]. Es ist daher durchaus denkbar, daß junge Leute an einem Nachmittag mit ihren Skiern zum Nachbarzylinder hinüberfahren, um sich dort sportlich zu betätigen, ohne daß dies mehr kosten würde als eine kurze Busfahrt in einer unserer Großstädte.

Zahlreiche Bewohner von «Insel Drei» werden Pendler sein: Sie werden jeden Tag ihren Wohnort verlassen, um in einer der Städte oder in einem Produktionsunternehmen draußen im schwerelosen Raum zu arbeiten. Und sie werden weit schneller und bequemer reisen als die Millionen Pendler auf der Erde.

In den Tälern, die natürliche Kommunikationsräume bilden, werden die Städte und ihre Vororte von den Dörfern aus in kürzester Zeit zu erreichen sein, denn kein Dorf ist mehr als anderthalb Kilometer vom nächstliegenden größeren Zentrum entfernt. Deshalb genügen Fahrräder oder kleine Elektrofahrzeuge mit Fahrradgeschwindigkeit als Transportmittel durchaus. In den Städten allerdings wird man sich schnellerer Verkehrsmittel bedienen, aber auch hier bieten sich neuartige Lösungen an. Sie werden von der Art sein, wie man sie heute bei uns schon vielerorts erprobt, nämlich «Magnetkissenfahrzeuge»: Der Fahrzeugkörper ist mit einem Dauermagneten versehen und «fliegt» über eine stromführende Leitschiene[2]. Die im Laufe der vergangenen zehn Jahre entwickelten Supraleiter können heute schon industriell hergestellt werden und ermöglichen Schwebefahrzeuge mit außerordentlich starken, permanenten Magnetfeldern bei geringen Energiekosten. Wenn ein Beförderungsmittel über einem Stück Aluminium stillsteht, fällt es herunter, sobald es losgelassen wird. Wenn es sich jedoch fortbewegt, erzeugen die Wirbelströme in seinem Magnetfeld in der Leitschiene Gegenströme, die sich als Auftrieb auswirken. Dieser dynamische Magnetauftrieb ersetzt in einem Transportsystem Wellen und Räder; es ist zuverlässig, gewährleistet eine sanfte Fahrt selbst bei hohen Geschwindigkeiten und bedarf keiner allzu genauen Leitschienenführung. Man nennt diese Transportsysteme «Maglev» oder «Magneplane»; sie ermöglichen zwar hohe Geschwindigkeiten, nämlich 320 bis 480 Stundenkilometer, aber auf der Erde sind solche Geschwindigkeiten nur schwer zu verwirklichen, weil der Luftwiderstand sehr groß und der durch die Luftverdrängung entstehende Lärm sehr stark ist.

In einem Weltraumhabitat jedoch finden Magneplane-Transportsysteme im luftleeren Raum ein sehr geeignetes Anwendungsgebiet. Habitatbewohner, die anderthalb Kilometer von ihrem Hause entfernt einem Magneplane entsteigen, werden hier ihr eigenes Elektrofahrzeug finden, das sie mit Fahrradgeschwindigkeit einer Leitspur entlang sicher nach Hause bringt. Und wenn sie mit dem Magneplane zur Arbeit fahren, so verlassen sie an dessen Station die Hülle des Habitats durch einen Schacht; sie besteigen das Transportmittel, dessen Tür sich hermetisch schließt. In ganz geringer Distanz von der Außenhülle des Habitats beschleunigt das Transportmittel geräuschlos auf fast 500 Stundenkilometer, und schon einige Minuten später hat es die städtische Station erreicht oder wird, falls es die gravitationslose Haltestelle in der Nähe des einen Zylinderpols ansteuert, auf der Leitschiene dorthin befördert. Von dort aus braucht der Passagier kein weiteres Verkehrsmittel, weil er sich im schwerelosen Raum «schwebend» aus eigener Kraft fortbewegen kann. Da die aus Sonnenenergie gewonnene elektrische Energie praktisch nichts kostet und die Steuerung der Verkehrsmittel durch Computer erfolgt, kann die Verkehrsdichte außerordentlich groß sein – die Passagiere brauchen sich also überhaupt nicht um Fahrpläne zu kümmern und können jederzeit an jeden beliebigen Punkt des Habitats reisen.

In einem früheren Kapitel war von Transportmitteln zwischen einer Wohnkolonie und einer um rund hundertsechzig Kilometer vom Habitat entfernten Industrieanlage die Rede. Diese relativ große Distanz ist notwendig, damit das Habitat vor der starken Abwärmestrahlung der energieintensiven Produktionsanlage geschützt ist. Aber es könnte auch sein, daß manche Industriearbeiter ein Klima bevorzugen, wie sie es nur in einem weiter entfernten Habitat finden.
Transporte über weite Distanzen können in folgender Art vor sich gehen: Eine Kugel mit einem größeren Durchmesser als die früher schon beschriebene, jedoch mit nur halb soviel Passagieren könnte allen erdenklichen Reisekomfort bieten. Während der Beschleunigungszeit könnte sie mit mäßiger Drehzahl rotieren, gerade schnell genug, um den Fluggästen das Essen oder den Gang zur Toilette zu erleichtern. Ich zitiere in diesem Zusammenhang gern Arthur Clarke, der über die Beschleunigung und die Bremsung mit einer dazwischenliegenden Phase der Schwerelosigkeit sehr plastisch sagte: «Zuerst kann man nicht zu den Toiletten gelangen, und nachher funktionieren sie nicht.[3]»
Wie uns die Erfahrung auf der Erde lehrt, sind Geschwindigkeiten, wie sie Düsenflugzeuge entwickeln, gut für interkontinentale Distanzen geeignet. Leider ist dabei der Reisekomfort eingeschränkt; die Gesetze der Aerodynamik, die mehrköpfige Besatzung, die trotz aller technischen Hilfsmittel nicht ungefährlichen Landemanöver zwingen die Konstruk-

teure, selbst große Flugzeuge zu engräumigen Transportbehältern zu gestalten. Bei einem Raumflug über die Distanz New York–Los Angeles beträgt die Beschleunigungszeit nur etwa eine Minute. Für die restliche Flugstrecke fallen außer der Amortisation der Baukosten, der Wartung und der eventuellen Verpflegung an Bord überhaupt keine Kosten an. Zudem kann unser Transportmittel im Weltraum völlig geräuschlos und ohne Abgase, aber dennoch mit einer wesentlich höheren Geschwindigkeit fliegen als ein Flugzeug vom Typ Concorde! Berücksichtigt man die vergleichsweise niedrigen Baukosten für ein derartiges Transportmittel, die Kapazitätsauslastung sowie eine für irdische Strahlflugzeuge übliche Amortisationsdauer, so wird der Transportkilometer pro Person im Weltraum ein Fünftel dessen kosten, was man in einem modernen Düsenflugzeug, dem Modell Lockheed L-1011 zum Beispiel, zu entrichten hätte. Es mag seltsam klingen, aber unsere Transportkugel ist um vieles einfacher gebaut als ein heutiger Jetliner. Sie benötigt weder Triebwerke noch eine komplizierte Elektronik, keine besonderen aerodynamischen Strukturen und keinen Treibstoff.

Und die Kosten für Weltraumtransporte über kürzere Distanzen? Für solche Distanzen lassen sich Kugeln verwenden, wie wir sie weiter oben beschrieben haben. Um auch hier wiederum irdische Verhältnisse zum Vergleich heranzuziehen: Wenn ein Ehepaar zum Abendessen ausgeht und dabei einen kurzen Weg zurücklegt, so geben die beiden allein für Transportkosten mehr aus, als wenn sie draußen im Weltraum ein paar Sekunden ihr Elektrogefährt benützen, anschließend fünf Minuten in einem Magneplane verbringen und dann in eine bequeme Raumtransportkugel umsteigen, die sie in einer halben Stunde in eines der umliegenden Habitate trägt; es gibt ihrer Dutzende, und alle sind in punkto Klima, Restaurants und Vergnügungsstätten vom Heimathabitat unseres Paares grundverschieden. Mit andern Worten: Es wird zu den Selbstverständlichkeiten des Lebens im Weltraum gehören, daß man nach Feierabend in weniger als einer Stunde zum Besuch einer Theateraufführung, eines Konzerts oder eines Spezialitätenrestaurants in Städte fährt, die sich in Klima und Lebensform so sehr unterscheiden wie Rom von Kansas City.

Aus gesundheitlichen Gründen sollten die Bewohner des Weltraumhabitats zumindest zeitweise unter ähnlichen Gravitationsbedingungen wie auf der Erde leben. Viele werden von einer Möglichkeit Gebrauch machen, die auf der Erde unbekannt ist: Sie können sich die Schwerkraft auswählen, die ihnen am besten paßt, indem sie ihren Abstand zur Zylinderachse verändern. Die Zylinderachse selbst ist gravitationsfrei, aber je weiter man zur Talsohle hinuntersteigt, desto «irdischer» wird die Schwerkraft. Unter solchen Umständen sind auch neue Sportarten möglich, zum Beispiel dreidimensionaler Fußball! Aber auch altgewohnte Sportarten gewinnen neuen Reiz: In einem Schwimmbad nahe der Zylinderachse kann man sich unter Wasser ganz langsam bewegen, und die Wellenspritzer sind von zeitlupenhafter Langsamkeit. Beim Tiefseetauchen auf der Erde ist man gezwungen, bei zunehmender Tiefe den Druck auszugleichen. In einem Tieftauchbecken nahe der Zylinderachse aber oder gar in einem außerhalb des Habitats befindlichen «Meeres»-Zylinder könnte die Schwerkraft z. B. tausendmal geringer als auf der Erde gehalten werden, und der Taucher könnte sich frei wie ein Fisch bewegen, ohne sich um den Druckausgleich kümmern zu müssen.
Daß man im Weltraumhabitat mit Motoren fliegen wird, ist, da man Lärm und Luftverschmutzung vermeiden will, kaum anzunehmen. Hingegen wird man sich mit Gleitern und Segelflugzeugen im dreidimensionalen Raum vergnügen. Als Segelflieger kann ich immer wieder beobachten, daß auch für Leute, die selbst nie fliegen, das bloße Zuschauen eine ganz besondere Freude ist[4].
Schon in der Antike, gewiß auch noch früher, träumten die Menschen vom Fliegen mit eigener Muskelkraft. Leonardo da Vinci war von dieser Idee besessen und füllte ganze Hefte mit Skizzen von Maschinen, die er für flugfähig hielt. In neuester Zeit gelang es, mit Muskelkraft über ganz kurze Strecken zu fliegen, aber unter normaler Erdschwerkraft

dürften echte Flüge aus eigener Kraft für den Menschen ein unerfüllbarer Traum bleiben. In einem Weltraumhabitat jedoch kann das Fliegen aus eigener Kraft zum Volkssport werden. Da in der Nähe der Zylinderachse die Gravitation praktisch gleich Null ist, werden die verschiedensten Vehikel flugtüchtig. Es wäre ohne weiteres denkbar, daß ältere Damen und Herren auf ihren Luftvelos einige Kilometer über der Talsohle gemächlich einen kleinen Abendspazierflug unternehmen. Und da die Gravitation durch die Rotation des Habitatzylinders entsteht, kann man ihre Stärke auswählen, je nachdem, ob man mit oder gegen die Drehrichtung fliegt. Wenn man sich ungefähr auf die Höhe eines Hochhauses von der Zylinderachse entfernt und sich dort zum gegenläufigen Flug entschließt, wird die Schwerkraft bei normaler Fahrradgeschwindigkeit völlig aufgehoben.

Wie an den irdischen Badestränden werden aber auch hier die Weltraumbewohner Sicherheitsmaßnahmen treffen. Dazu bieten sich u. a. zwei Möglichkeiten an: die eine besteht aus einem nahezu unsichtbaren, zylindrischen Netz, das dem ermüdeten Flieger das Vorstoßen in die Bereiche erhöhter Schwerkraft verwehrt. Die andere besteht aus einem Fallschirm, der sich automatisch öffnet, wenn die Schwerkraft zu groß wird, um durch Muskelkraft überwunden zu werden.

An den Ausgängen der Täler, dort, wo die halbkugelförmigen Zylinderenden zu den Endpunkten der Zylinderachse ansteigen, wird man vielleicht irdische Bergformationen nachbilden. Sie zu besteigen wird weniger anstrengend sein als auf der Erde, denn je höher man steigt, desto geringer wird die Schwerkraft, weil man sich ja der schwerelosen Zylinderachse nähert. So hat der «Hochtourist» nach Bewältigung von etwa zwei Dritteln des Weges über der Talsohle nur noch 30 Prozent seines Erdgewichtes. Und wenn er erst den höchsten Punkt der Kuppel in 3000 Meter Höhe erreicht hat, ist er völlig gewichtslos. In etwa 900 Meter Höhe hat er die Wolkenfelder durchquert, aber die Dichte der Atmosphäre hat sich nur wenig vermindert, so daß er nur halb so hoch zu sein glaubt wie beim Besteigen eines Berges auf der Erde.

7
RISIKEN UND GEFAHREN

Fast jede menschliche Tätigkeit ist mit Gefahren verbunden. In düsteren Stunden muß ich oft daran denken, daß selbst der Gesündeste in Sekundenschnelle dahingerafft werden kann, wenn er in eine entsprechend gefährliche Situation gerät. In meinen Vorlesungen über Weltraumhabitate kommt immer wieder das Thema möglicher Katastrophen zur Sprache. Angesichts der Verletzlichkeit des Menschenlebens ist es unerläßlich, bei der Kolonisation des Weltraums die neuen Gefahren und Risiken zu quantifizieren. Dabei wird deutlich, daß die Summe aller Gefahren eher kleiner sein wird als auf der Erde.

Die Frage, die in diesem Zusammenhang gewöhnlich als erste aufgeworfen wird, betrifft die Meteoriten. Es handelt sich hierbei vorwiegend um Staubkörner, die sich seit der Entstehung des Sonnensystems vor einigen Milliarden Jahren im Weltraum befinden. Auf ihrer Jahresreise um die Sonne bewegt sich die Erde mit einer durchschnittlichen Geschwindigkeit von ungefähr dreißig Sekundenkilometern, also schneller als irgendeine Relativgeschwindigkeit zum Start eines Satelliten und schneller als ein Raumschiff auf dem Weg zu den Asteroiden. Die meisten Staubkörner, denen wir bei der Sonnenumkreisung begegnen, haben ungefähr die gleiche Relativgeschwindigkeit wie wir. Die höchste Geschwindigkeit, mit der Meteoriten auf die Erde aufprallen können, beträgt ungefähr das Doppelte, wenn die Bahn der Meteoriten gegenläufig zur Sonne ist und sich so beide Geschwindigkeiten addieren.

Die meisten dieser Meteoriten stammen wohl eher von Kometen als von Asteroiden und sind Staubgemische, möglicherweise zusammengehalten durch gefrorene Gase[1]. Wenn die heute geltende Theorie stimmt, gleichen typische Meteoriten eher einem Schneeball als einem Stein. Wegen ihrer hohen Geschwindigkeit besitzen sie sehr viel Energie, zum Glück aber sind die meisten mikroskopisch klein, und ihr Gewicht steht im umgekehrten Verhältnis zu ihrer Häufigkeit. Weltraumsonden haben umfangreiches Datenmaterial über Meteoriten mit einem Gewicht von einem Gramm bis zu einem millionstel Gramm gesammelt[2]. Schwerere Meteoriten sind so selten, daß kaum jemals einer von Raumsonden registriert wird. Im Zuge der Apollo-Unternehmungen wurde auch über größere Meteoriten wissenschaftliches Material gesammelt: Auf dem Mond wurden äußerst empfindliche Seismometer installiert, die über viele Monate neben Mondbeben auch Meteoriteneinschläge auf der Mondoberfläche registrierten. Die Empfindlichkeit dieser Geräte war so groß, daß jeder irgendwo auf der Mondoberfläche niedergegangene Meteorit von der Größe eines Fußballes festgestellt werden konnte. Die Ergebnisse der Raumsonden und der auf dem Mond aufgestellten Geräte ergänzen einander, so daß wir die Gefahr von Meteoriteneinschlägen in ein Habitat abschätzen können. Übrigens gibt es noch eine dritte, weniger kostspielige Art der Meteoritenkontrolle: Über ein dünnbesiedeltes, mehr als zweieinhalb Millionen Quadratkilometer großes Gebiet in Amerika wurde ein Netz von Kameras mit Weitwinkelobjektiven gespannt. Diese als «Prairie Network» bezeichnete Anlage hält jede Lichtspur eines in die Erdatmosphäre eindringenden Meteoriten zeitlich und räumlich so genau im Bild fest, daß Flugbahn und Geschwindigkeit berechnet werden können. Dank «Prairie Network» steht sehr präzises Zahlenmaterial zur Verfügung[3]. Leider bietet diese Methode wenig Anhaltspunkte für die Größenbestimmung; ausgehend von der Helligkeit der fotografierten Lichtspuren ist man auf Vermutungen über die Umwandlung von Energie in Wärme und Licht angewiesen. Die von «Prairie Network» gelieferten Daten über etwa murmelgroße Meteoriten stimmen mit den durch die beiden anderen Methoden gewonnenen Erkenntnissen gut überein. Anders verhält es sich jedoch bei größeren oder kleineren Partikeln, wahrscheinlich wegen der Annahmen über die Lichtentwicklung beim Eintritt in die Erdatmosphäre. Nimmt man jedoch an, daß es sich bei den Meteoriten tatsächlich um Staubkonglomerate handelt, die beim Eintritt mehr Energie in Licht und Wärme umwandeln, so stimmen auch diese Daten recht gut mit denjenigen der beiden anderen Methoden überein.

Die Auswertung des gesamten Datenmaterials läßt nun den erfreulichen Schluß zu, daß ein Habitat wie «Insel Drei» im Laufe von einer Million Jahren ein einziges Mal durch einen großen Meteoriten mit einer Masse von einer Tonne gefährdet wäre. Aber selbst ein so großer Brocken würde das Habitat nicht zerstören, sondern nur ein Leck schlagen und somit örtlichen Schaden anrichten.

Wenn wir nun untersuchen, wie oft kleinere Meteoriten, etwa von der Größe eines Tennisballs, ein Habitat treffen, so lautet das Resultat: einmal in drei Jahren! Interessanterweise sind die Meteoriteneinschläge in einem Weltraumhabitat viel weniger häufig als auf einer gleich großen Fläche der Oberseite der Erdatmosphäre. Grund: Die Erdanziehung ist so stark, daß Meteoriten förmlich angesaugt werden. Die Weltraumhabitate jedoch lägen weit genug von der Erde entfernt und üben selbst keine nennenswerte Anziehungskraft aus; deshalb würden sie seltener von Meteoriten getroffen.

Die empfindlichsten Teile eines Habitats sind natürlich die Fenster; sie sind groß, aus Glas, also zerbrechlich. Selbstverständlich werden sie in möglichst kleine Flächen aufgeteilt, erstens, um allzu große Bruchschäden zu verhüten, und zweitens, damit das Rahmenwerk aus Aluminium, Stahl oder Titan alle tragenden Kräfte der Fensterregion aufnehmen kann. Eine Einzelscheibe wird vermutlich ungefähr zwei- oder dreimal so groß sein wie das Fenster eines Düsenflugzeugs. Entsprechend dünn werden aber auch die Metallrahmen sein, und tatsächlich wird man sie von den Wohngebieten aus mit bloßem Auge nicht erkennen können: Die Fenster werden aussehen, als wären sie aus einem Stück.

Geht eine einzelne Scheibe zu Bruch, so kann das einem Habitat nichts anhaben, und in einer Kolonie von der Größe der «Insel Drei» würde es mehrere Jahre dauern, bis die ganze Atmosphäre ausgeströmt wäre. Das Leck kann jedoch sofort geortet werden, weil der im Vakuum entstehende Wasserdampf sogleich zu einer Wolke von Eiskristallen kondensieren und vom benachbarten Habitat aus bemerkt würde. Wird die zerbrochene Scheibe binnen einer Stunde ersetzt, so hält sich der Wasserverlust in erträglichen Grenzen, und außer der Einsatzgruppe wird vermutlich niemand den Zwischenfall bemerken. Sogar für ein so kleines Habitat wie «Insel Eins» bliebe ein Scheibenbruch ohne Folgen. Übrigens wird ein Habitat dieser Größenordnung nur einmal in Jahrtausenden von einem Meteoriten getroffen, der groß genug wäre, eine Scheibe zu zerschlagen, und der innerhalb einer Stunde ausströmende Sauerstoff würde einen Druckabfall von gleicher Stärke bewirken, wie wenn wir einen sechzig Meter hohen Hügel besteigen (was nicht einmal von unserem Trommelfell im Ohr registriert wird). Aufgrund neuester Bauprojekte für «Insel Eins» soll die Gefahr von Meteoriteneinschlägen noch weiter verringert werden. Dicke Schutzschilde werden das Habitat gegen kosmische Strahlen und zugleich die Glasscheiben gegen Meteoriten abschirmen.

Auf der Erde sind wir dreierlei Strahlenquellen ausgesetzt: Strahlen, die vom Boden, von Gestein und anderen Umweltformationen ausgehen, dann der Strahlung radioaktiver Stoffe in unserem Körper selbst und schließlich den die Atmosphäre durchdringenden kosmischen Strahlen. Die Strahlungsintensität wird in Röntgeneinheiten gemessen; das Maß für die durch radioaktive Strahlung verursachten biologischen Schäden wird in *Rem* (roentgen equivalent man) ausgedrückt, und die totale Dosis, die über eine bestimmte Zeiteinheit abgestrahlt wird, wird in *Rad* (radiation dose) ermittelt. Je nach der Region, in der wir leben, sind wir sehr unterschiedlichen Strahlenmengen ausgesetzt. Die größte Belastung stellt unsere körpereigene Radioaktivität dar. Die Strahlung von äußeren Quellen hängt von Faktoren wie beispielsweise der Art des Wohnhauses ab; so ist ein Ziegelsteinbau schlechter gegen Radioaktivität isoliert als ein Holzbau. Den größten Einfluß aber übt hier die geographische Lage aus: In den Monazitgebieten Indiens beträgt der natürliche Wert ein Rad pro Jahr[4].

Die kosmische Strahlung ist auf der Erde vergleichsweise schwach, am geringsten ist sie am Äquator in Meereshöhe, und auch in den höheren Lagen der gemäßigten Zonen beträgt sie nur den Bruchteil eines Rad pro Jahr. An den Polen ist die Strahlung wesentlich höher. Grund: Das als Schutzschild gegen die energieärmeren kosmischen Strahlen wirkende Magnetfeld der Erde ist an den Polen schwächer.

Die totale natürliche Strahlenbelastung, der der Mensch auf der Erde ausgesetzt ist, beträgt durchschnittlich ein Drittel Rad im Jahr. Nach zahllosen Versuchen und jahrelangen Diskussionen kamen Physiker und Biologen der Atomenergiekommission überein, daß pro Mensch und Jahr fünf Rad zulässig sind.

Klinisch lassen sich körperliche Veränderungen bei Strahlenmengen von weniger als zwanzig Rad jährlich nur mit äußerst empfindlichen Geräten feststellen. Nur bei um ein Mehrfaches höherer Belastung wird der Mensch an sich selbst Folgeerscheinungen beobachten.

Im Weltraum, jenseits des schützenden Schildes des irdischen Magnetfeldes, beträgt die intensive und konstante Einstrahlung (die sogenannte primäre galaktische Strahlung) im Jahr ungefähr zehn Rad. Wenn man mit keinen anderen Strahlen rechnen müßte, könnte man beim Bau der ersten Habitate auf Schutzschilde verzichten.

Würde das Gros der Menschheit Jahrhunderte hindurch unter solchen Bedingungen, d. h. ohne Strahlenschutz, leben, so könnten sich – neben einer Zunahme der Krebserkrankungen – auch Veränderungen der Erbmasse, sogenannte Mutationen, ergeben. Da aber schon nach einigen Jahrzehnten an Ort und Stelle angefertigte Schutzschilde angebracht würden, ist diese Gefahr völlig auszuschließen.

Nun gibt es aber noch eine Form der kosmischen Strahlen, mit der wir uns auf der Erde nicht auseinandersetzen müssen, und zwar die sogenannte «harte Primärstrahlung». Das sind Atomkerne von Helium, Kohlenstoff, Eisen und anderen Elementen, die zwar nur einen ganz geringen Prozentsatz der kosmischen Strahlung ausmachen, jedoch viel gefährlicher sind als der ganze Rest. Wenn harte Primärstrahlen einen Stoff durchdringen, so hinterlassen sie eine dichte Spur ionisierter Atome. Diese Atome sind chemisch hochaktiv und so zahlreich, daß sie lebende Zellen abtöten. Ihr großes Ionisationsvermögen ist jedoch auch der Grund, daß sie die Erdoberfläche nicht erreichen: Durch Ionisation beim Eindringen in die Erdatmosphäre verlieren sie so viel Energie, daß sie schon in sehr hohen Luftschichten absorbiert werden und daher, wie gesagt, die Erdoberfläche überhaupt nicht erreichen können.

Einzig die Apollo-Astronauten waren ihnen bisher ausgesetzt, als sie sich außerhalb des irdischen Magnetfeldes aufhielten. Dort beobachteten sie Blitzlichter, besonders wenn ihre Augen sich an die völlige Dunkelheit gewöhnt hatten. Die meisten Wissenschaftler, die sich mit diesen Berichten beschäftigten, kamen zu dem Schluß, daß es sich hierbei um harte Primärstrahlen gehandelt haben muß. Während des Fluges von Apollo 17 wurde dieser Problemkreis systematisch untersucht. Dr. Harrison (Jack) Schmitt, der als Wissenschaftler daran teilnahm, unterrichtete mich gesprächsweise über eine bisher noch unerklärliche Beobachtung: Die erwähnten Blitzlichter waren während des ganzen Fluges im Abstand von wenigen Minuten zu sehen, doch unter bestimmten Untersuchungsbedingungen war eine Stunde lang kein einziges zu erblicken.

Während des Fluges von Apollo 12 waren die Astronauten ungefähr zwei Wochen hindurch den harten Primärstrahlen ausgesetzt. Aufgrund der gemessenen Strahlungsstärke und der ebenfalls bekannten Größe lebender menschlicher Zellen kann man vermuten, daß von einer Million Gehirnzellen nur einige wenige zerstört wurden und daß bei den größten Zellen, den Neuronen, der Verlust höchstens eine auf zehntausend beträgt[5]. Unbedeutende Zahlen zwar, doch muß man sie in Rechnung stellen, weil es sich um Nervenzellen handelt, die der Körper nicht zu ersetzen vermag. Die daraus abzuleitenden Erkenntnisse sind für den Bau von Weltraumhabitaten sehr wichtig: Die Astronauten von Apollo 12 waren eine genau bekannte Zeit einer genau bekannten Intensität harter Primärstrahlung ausgesetzt, ohne irgendwelche feststellbaren Schäden zu erleiden. Es ist also wichtig, daß Kolonisten während ihres gesamten Aufenthaltes in einem Weltraumhabitat, der mehrere Jahrzehnte dauern kann, keiner stärkeren Bestrahlung ausgesetzt werden als die Apollo-Astronauten im Laufe von vierzehn Tagen.

Beobachtungen zufolge kommt es auf der Sonne gelegentlich zu explosionsartigen Strahleneruptionen, deren Ursache noch nicht ganz geklärt ist. Fast auf Lichtgeschwindigkeit beschleunigt, erreichen diese Strahlen die Erde in wenigen Minuten und rufen in den oberen Schichten der Erdatmosphäre prachtvolle, nordlichtähnliche Erscheinungen hervor. Sehr selten – ungefähr einmal im Laufe von mehreren Jahrzehnten – sind diese solaren Strahleneruptionen so stark, daß sie unsere Funkverbindungen über große Distanzen unterbrechen und sogar das Magnetfeld der Erde beeinflussen. Zum letztenmal trat dieser Fall im Laufe der fünfziger Jahre ein, und wären damals Astronauten unterwegs gewesen, so wären sie aller Wahrscheinlichkeit nach durch die Strahlen umgekommen.

Deshalb müssen auch die ersten kleinen Weltraumhabitate gegen derartige Strahleneruptionen und gegen die harten Primärstrahlen abgeschirmt werden. So könnte man etwa aus Mondgestein oder aus Schlacken außerirdischer Industrieanlagen ungefähr fünfzig Zentimeter starke Schilde konstruieren. Damit würde allerdings «Insel Eins» merklich an Masse zunehmen.

Schilde von solcher Dicke aber würden erstaunlicherweise die harte Primärstrahlung verstärken; wenn ihre Partikeln nämlich auf dichte Materie prallen, zerbersten sie in viele kleine Partikeln von geringerer Energie und bewirken die sogenannte Sekundärstrahlung.

Man wird also versuchen müssen, alle drei Strahlenquellen auszuschließen. Genaue Berechnungen ergeben, daß die Schutzschilde rund zwei Meter dicken Erdwänden entsprechen müßten. Glücklicherweise sind die ersten Habitate so konzipiert, daß alle notwendigen Abschirmungsmaßnahmen getroffen werden können, ohne daß wesentliche Veränderungen in der Gesamtstruktur in Kauf genommen werden müssen. Spätere Habitate, so etwa «Insel Drei» oder noch größere, werden dank ihrer Atmosphäre und dank der Dicke ihres Bodens den Bewohnern ähnlichen Strahlenschutz gewähren, wie es auf der Erde der Fall ist. Vom Mond herangeschafftes Baumaterial würde sich, wie wir durch die Untersuchung von Gesteinsproben wissen, hinsichtlich der Radioaktivität ähnlich verhalten wie das Material auf der Erde[6].

Aus Gründen der Kosteneinsparung wird die Atmosphäre der ersten Habitate vor allem aus dem vom Mond in beliebigen Mengen zu beziehenden Sauerstoff bestehen. Allerdings hegt die NASA gegenüber einer reinen Sauerstoffatmosphäre nicht zu Unrecht gewisse Bedenken: Im Jahre 1967 fanden drei angehende Apollo-Astronauten auf Cape Kennedy in einer Apollo-Raumkapsel bei einer Explosion von reinem Sauerstoff den Tod.

Die atmosphärischen Bedingungen in einem Weltraumhabitat werden aber in mancherlei Hinsicht anders sein als bei jenem Unglück. Erstens ist der Sauerstoffdruck eines Habitats fünfmal geringer und zweitens der Rauminhalt um ein Millionenfaches größer als in der Apollo-Kapsel, weshalb ein Brand nicht gleich einen katastrophalen Gasdruck bewirken wird.

Aber um ganz sicherzugehen, wollen wir noch eine weitere Schutzmaßnahme einplanen. So kann man etwa der Atmosphäre einen für den Menschen harmlosen Stoff beifügen, der feuerhemmend wirkt – vielleicht ließe sich auch aus Mondmaterial ein entsprechendes Gas gewinnen. Auf der Erde wirkt der in der Luft enthaltene Stickstoff brandhemmend. Der Mondboden enthält einen geringen Prozentsatz flüchtiger Gase; aus einer Million Tonnen Mondgestein könnte man also nur einige tausend Tonnen Gas gewinnen. Die Zusammensetzung dieser Gase ist noch nicht genau bekannt, doch dürfte es sich vor allem um Kohlendioxyd, Stickstoffoxyd und – wenig – Wasser handeln. So könnte uns diese Quelle den nötigen Stickstoff liefern. Nun ist freilich Stickstoff kein sehr wirksamer Brandhemmer, und selbst wenn man sehr günstige Quellen fände, könnte man der Atmosphäre eines Habitats nicht allzu große Mengen beifügen, ohne die Schale der Insel entsprechend zu verstärken.

Es gibt jedoch Gase, die dem Menschen nicht schaden – zumindest nicht bei kurzdauernder Anwendung – und die intensiv feuerhemmend wirken, so zum Beispiel einige der Freone. Aber auf dem Mond sind die dafür erforderlichen Elemente bis jetzt nicht gefunden worden, und außerdem ist ungewiß, ob sie dem menschlichen Organismus auf lange Sicht nicht doch schaden. Es scheint, daß auch für dieses Problem die einfachste Lösung zugleich die beste sein wird: Um den Alltag in einem Weltraumhabitat schöner und dabei auch sicherer zu gestalten, muß man von der Erde genügend Wasserstoff bringen, was eine angenehme Luftfeuchtigkeit gewährleistet und die Pflanzen prächtig grünen und gedeihen läßt. Für die Bauten wird man nichtbrennbares Material, also Bausteine oder Schlacken, benützen. Bei dem geringen atmosphärischen Druck des Habitats, seinem großen Rauminhalt und der großen verfügbaren Wassermenge wird das Brandrisiko auf ein durchaus vertretbares Maß herabgesetzt. Aber um genaue Zahlen zu erhalten, müssen auf der Erde noch weitere Laborversuche durchgeführt werden.

Was die Kriegsgefahr betrifft, so sind wir auf reine Mutmaßungen angewiesen. Es sei dahingestellt, ob durch die Besiedlung des Weltraumes eine der ältesten und tödlichsten Bedrohungen der Menschheit, das Gespenst des Krieges, endgültig gebannt werden kann. Pessimisten befürchten, daß der Aggressionstrieb des Menschen auch dann nicht überwunden werden kann, wenn das Problem des Bevölkerungsüberschusses gelöst ist. Zwar waren nicht alle Kriege durch territoriale Expansionsgelüste motiviert. Als Dschingis-Khan weite Teile Asiens und Europas eroberte, sah er für diese Gebiete keinerlei verwaltungstechnische Maßnahmen vor, sondern ließ die Städte plündern und die Bewohner hinmorden. In den Jahren nach dem Zweiten Weltkrieg, seit Anbruch des Atomzeitalters, änderten sich die Dinge insofern, als das Kriegsgeschehen sich immer auf bestimmte Länder beschränkte. Vielleicht wird die Kolonisierung des Weltraums dazu führen, daß kein Staat mehr fremdes Gebiet zu erobern trachtet, weil ja dann unermeßliche Weiten erschlossen werden – keine beengenden Grenzen mehr, kein materieller Mangel, keine materielle Not. Und wenn später einmal auf den Asteroiden selbst neue Habitate gebaut werden, wird der Mensch mit Raumschiffen, die nur geringer Schubkraft bedürfen, zu noch entfernteren Gebieten im Weltraum aufbrechen, sich dort ansiedeln und neue Lebensbasen schaffen können. Angesichts der internationalen Abrüstungsbemühungen geben zwei Aspekte Grund zur Hoffnung. Erstens besteht bereits ein Abkommen, das die Lagerung von Nuklearwaffen im Weltraum verbietet, und zweitens beziehen die Weltraumhabitate ihre gesamte Energie aus Sonnenstrahlung. Mit dem Betrieb von Kernreaktoren verbundene Hoffnungen auf anfallende radioaktive Nebenprodukte sind praktisch gegenstandslos.

Den Freunden des Kriegshandwerkes bieten die Habitate im Weltraum keine großen Chancen: Sie eignen sich schlecht als Militärstützpunkte. Erstens sind sie sehr verwundbar, folglich wird niemand auf den Gedanken verfallen, sie als Angriffsbasen zu benützen. Zweitens sind sie mindestens ein oder zwei Tagesreisen von der Erde entfernt, so daß ein von hier aus geführter Krieg gegen irgendeinen irdischen Staat keinerlei Erfolg verspricht. Und ein Krieg zwischen zwei Habitaten ist, wie ich meine, viel unwahrscheinlicher als ein Krieg zwischen zwei Ländern der Erde.

In meinen Vorlesungen über Weltraumhabitate wird oft die Frage der Gefährdung durch Geistesgestörte oder durch extremistische, selbstzerstörerische Gruppen aufgeworfen. Sicherlich besteht eine solche Gefahr, aber ich glaube nicht, daß sie groß ist. Natürlich müssen in den Habitaten «Zollkontrollen» durchgeführt und die Einfuhr von Sprengstoffen oder Waffen verhindert werden, wie sich ja auch auf der Erde Flugpassagiere einer Kontrolle unterziehen müssen. Auch würde ein ernstlicher Anschlag auf ein Habitat einen ungeheuren und kaum zu verwirklichenden Aufwand erfordern; denn ähnlich wie eine Brücke, ein Flugzeug oder ein Schiff nicht als Ganzes gefährdet ist, wenn irgend etwas zu Bruch geht, so kann auch eine kleine Explosion dem Habitat wenig anhaben, sondern es wird höchstens örtlicher und leicht zu behebender Schaden entstehen. Welch geringfügige Folgen ein paar zerbrochene Fensterscheiben hätten, wurde bereits gesagt, und selbst im Falle einer größeren Katastrophe bliebe den Einwohnern genügend Zeit, um auf ein benachbartes Habitat auszuweichen. Die Versorgungs- und Steuerzentralen, die den Druck und die Rotation der Habitate überwachen und gewährleisten, sind gegen Sabotageaktionen kaum anfällig, weil sie sich außerhalb der Habitate im freien Raum befinden und deshalb nur in Raumanzügen zu erreichen sind. Sollte dennoch eine dieser Zentralen zerstört werden, bedeutete das für ein Habitat immer noch keine echte Katastrophe. Zwar käme die Präzession (die Bewegung der Rotationsachse der Zylinder gegenüber der Sonne, die pro Tag ungefähr einen Kreisbogengrad ausmacht) zum Stillstand, und die Sonnenscheibe würde vom Habitat aus gesehen ungefähr um zwei Scheibendurchmesser täglich hin- und herschwanken, die Intensität der Einstrahlung aber bliebe unverändert. Nach Schadensbehebung müßte man die Präzession so lange beschleunigen, bis der Rückstand aufgeholt ist. Ernste Folgen hätte ein solcher Zwischenfall erst dann, wenn die Wiederinstandsetzung länger als ein oder zwei Wochen dauern und die Lage der Zylinder relativ zur Sonne sich so stark verändern sollte, daß dies Auswirkungen auf die Klimabedingungen in den Anbauzylindern hätte.

Auf der Erde sind wir ständig Gefahren ausgesetzt, die man in Weltraumhabitaten nicht kennen wird; dazu gehören Erdbeben und Vulkanausbrüche. Bei derartigen Katastrophen kommen oft in wenigen Augenblicken viele Tausende von

Menschen ums Leben. Auch Wirbelstürme können über ganze Landstriche Tod und Verderben bringen, und jedes Jahr ertrinken zahlreiche Menschen, wenn ihre Boote im Sturm kentern. Eine weitere große Gefahrenquelle ist der Straßenverkehr. Dank gut ausgebauten Straßen, sicheren Automobilen und verhältnismäßig strengen Verkehrsvorschriften ist die Unfallquote in den Vereinigten Staaten kleiner als in irgendeinem andern Land der Erde. Dennoch sind – bei zweihundert Millionen Einwohnern – jährlich 50 000 Verkehrstote zu beklagen. Hier ein Vergleich: Die Gefahr, durch den Einschlag eines Meteors von einer Tonne, der ein Habitat vollkommen zerstören könnte, ums Leben zu kommen, ist für einen Habitatbewohner sechzigmal kleiner als die Gefahr, in Amerika bei einem Verkehrsunfall tödlich zu verunglücken.

Je früher man mit der Errichtung von Weltraumhabitaten beginnt, desto früher wird der Energiebedarf sämtlicher Nationen mit der in den außerirdischen Sonnenkraftwerken erzeugten Elektrizität gedeckt werden können – nämlich schon wenige Jahrzehnte nach ihrer Inbetriebnahme. Der Kernenergie würde man sich dann nur noch zu wissenschaftlichen Zwecken bedienen. Die so für unterschiedslos alle Völker bestehende Abhängigkeit von einer zwar verletzbaren, aber unerschöpflichen Energiequelle könnte die Kriegsgefahr entscheidend vermindern und selbst eine abenteuerlustige Regierung davon abhalten, ein Nachbarland anzugreifen.

Wenn wir den Ausweg ins Weltall nicht wählen, so wird uns die Energieverknappung zum Bau von Flüssigmetall-Schnellbrütern zwingen, und in wenigen Jahrzehnten werden alle Industrieländer über solche Anlagen verfügen. Dann werden gewisse Politiker der Versuchung nicht widerstehen können, aus den bei diesem Verfahren entstehenden Nebenerzeugnissen wie etwa Plutonium Atomwaffen herzustellen. Wenn solche Mengen von Spaltmaterial produziert und transportiert werden, ist mit größter Wahrscheinlichkeit auch damit zu rechnen, daß Terroristengruppen sich ihrer bemächtigen werden, und damit würde die Erde zu einer noch viel brisanteren Wohnstatt, als sie es heute schon ist[7].

Wägt man Sicherheit und Risiken gegeneinander ab, so ergeben sich folgende Alternativen: Entweder wir bauen Weltraumkolonien, in denen immer mehr Menschen relativ ge-
fahrlos und für alle Zeiten genügend Lebensraum und alle
nur denkbaren Möglichkeiten zur technischen und gesell-
schaftlichen Weiterentwicklung finden, oder aber wir bleiben
auf der Erde, wo der Raum begrenzt ist, die Übervölkerung
unerträgliche Formen annimmt und die Gefahr von Kriegen
und Terrorakten immer größer wird.

8
DIE ERSTE NEUE WELT

Um eine außerirdische Industrie zu schaffen, deren Produktion unsere Volkswirtschaft spürbar entlastet, muß das erste Habitat mindestens einige tausend Einwohner zählen – eine nur von einer Handvoll Astronauten bewohnte Raumstation könnte den Bau entsprechender Fertigungsbetriebe nicht in Angriff nehmen. Dabei müssen von Anfang an die richtigen Maßstäbe gesetzt werden. Wie die Erfahrung lehrt, werden die Entwicklungskosten für neue Transportsysteme meist unterschätzt und der größeren Wirtschaftlichkeit ausgedehnter Anlagen zuwenig Rechnung getragen. Von einer gewissen unteren Grenze an entstehen beim Transport größerer Materialmengen in den Raum nur Mehrkosten für den Abschuß, und je öfter ein bereits entwickeltes und bewährtes Transportsystem eingesetzt wird, desto wirtschaftlicher arbeitet es. Aus diesem Grund wird die Installation einer Produktionsanlage mit zehnmal größerem Ausstoß nicht zehnmal mehr kosten. Wir können nicht mit hundertprozentiger Sicherheit sagen, wie groß die Minimalzahl von Weltraumbewohnern sein muß, um jenen Grenzpunkt zu erreichen – das heißt den Schwellenwert, von dem an das Wachstum so rasch fortschreitet, daß kein weiterer Nachschub von der Erde mehr benötigt wird. Alle bisherigen Studien kommen zu dem Ergebnis, daß diese Zahl bei ungefähr zehntausend Personen liegen wird. Wenn diese Leute die gleiche Produktionsleistung erbringen wie eine gleich große Anzahl Beschäftigter unserer irdischen Schwerindustrie, dann wird die Jahresproduktion an Fertigungserzeugnissen die Masse mehrerer großer Ozeanschiffe übersteigen.

Wollen wir nun Einzelheiten des Baus von «Insel Eins» ins Auge fassen, so müssen wir klar zwischen Zukunftsromanen und Wirklichkeit unterscheiden: hier praktisch anwendbare Technologie, dort ungezügelte Phantasie. Wir stützen uns also ausschließlich auf unsere heutige Technologie, auf die Maschinen, die wir bauen können, und auf Kostenberechnungen, die sich durch höchstmöglichen Realismus auszeichnen. Ausschlaggebend aber ist der Faktor Zeit. Wird «Insel Eins» nicht rasch errichtet, so könnten wir ihre Produktionskapazität nicht so früh nutzen, wie die Kostentilgung es erfordert. Das zwingt uns zur Entwicklung rasch einsetzbarer Transportraketensysteme. Unsere Baupläne müssen dem heutigen Stand der Ingenieurkunst und den gegebenen wirtschaftlichen Möglichkeiten angepaßt sein.

Selbstverständlich sind die Lebensbedingungen zu Beginn eines so «entlegenen» Bauvorhabens eher bescheiden; Komfort kommt in solchen Fällen erst an zweiter Stelle – eine Tatsache, die man schon mehrfach beobachten konnte, so beim Bau der Transkontinentalbahn im vergangenen Jahrhundert und bei der Erschließung der arabischen Ölfelder in den letzten Jahrzehnten. Wenn aber die Weltraumbevölkerung den erwähnten «Grenzpunkt» überwunden haben wird, ist anzunehmen, daß das Bedürfnis nach Wohnungen, wie man sie von der Erde her gewohnt ist, steigen wird. Wir können bereits den Beweis dafür liefern, daß der Bau eines zehntausend Menschen Sicherheit und Komfort bietenden Weltraumhabitats schon jetzt technisch möglich ist. Niemand wird dann erstaunter sein als ich, wenn die fertiggestellte «Insel Eins» dem Bild entspricht, das wir uns heute von ihr machen. Auch Größe und Einwohnerzahl könnten durchaus verschieden sein. Wenn wir die bei fast allen Großbauten der Geschichte gewonnenen Erfahrungen zugrunde legen, so wird unser Projekt vermutlich kleiner ausfallen und teurer zu stehen kommen als ursprünglich angenommen. Wir sollten es deshalb von Anfang an so einrichten, daß die Abmessungen

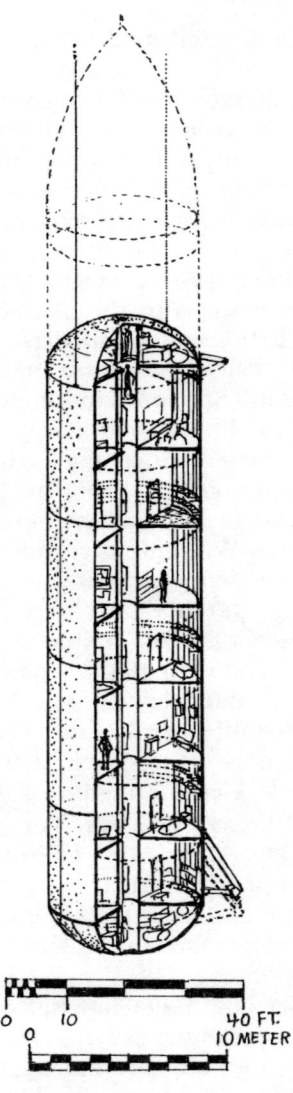

Modell eines Habitates mit außen montierten Raumfähren-Antriebs-
aggregaten, bestimmt für den schnellen Ausbau von
Weltraum-Produktionsanlagen.

noch während der Bauzeit maßstabgerecht reduziert werden können.

Wenn wir uns auf herkömmliche landwirtschaftliche Produktionsziffern stützen, so benötigen wir eine Anbaufläche, die einem Quadrat von ungefähr 0,8 Kilometer Seitenlänge entspricht. Dabei kommt es weniger auf Weiträumigkeit und landschaftliche Schönheit an als darauf, daß genügend Sonnenschein, Wasser, Erde und Stickstoff vorhanden ist. Da Pflanzen relativ unempfindlich gegen Strahlungen sind, kann man auf Schutzschilde für die Anbaugebiete verzichten. Doch bevor wir Erfahrungen auf diesem Gebiet gesammelt haben, empfiehlt es sich, die Pflanzungen in den vor kosmischer Strahlung und Sonneneruptionen geschützten Wohnkolonien anzulegen. Es hat sich gezeigt, daß radförmige, in gleicher Ebene nebeneinander angeordnete Anbaueinheiten eine für Pflanzungen geeignete Form darstellen. Man wird die größten Sä- und Erntemaschinen einsetzen können, etwa wie auf den riesigen Weizenfeldern des amerikanischen Westens, ohne daß sie sich gegenseitig behindern werden. Das Sonnenlicht dringt durch Glasfenster ein, und das Ganze wird aussehen wie ein großes Treibhaus. Im Vergleich zu anderen Lösungen benötigen diese Konstruktionen so wenig strukturelle Masse, daß sie für den Ernteertrag praktisch nicht ins Gewicht fallen wird: Eine Verdoppelung der Anbaufläche – falls dies erforderlich sein sollte – würde nur eine verschwindend kleine Zunahme der gesamten Strukturmasse von «Insel Eins» bewirken. Vor mehr als einem Jahrhundert beauftragte Albert, der Prinzgemahl von Königin Viktoria, eine Gruppe britischer Experten mit dem Entwurf für die Weltausstellung von 1852. Das Wahrzeichen dieser Ausstellung war der sogenannte Kristallpalast, eine helle, luftige Konstruktion, bestehend aus Glasscheiben in einem Eisenrahmenwerk. Die Bauelemente waren so leicht und gleichzeitig so ausgezeichnet projektiert, daß der ganze Palast innerhalb weniger Monate zusammengebaut werden konnte, und zwar durch ein verhältnismäßig kleines Arbeitsteam. Er umschloß eine ganze Straße mit Bäumen und Rasen und dazu, selbstverständlich, auch Ausstellungsflächen. Die Konstruktion unserer Ackerbauzonen erinnert stark an den Kristallpalast, vor allem hinsichtlich der mit Metall eingefaßten Glasgewölbe.

Genau wie auf der Erde, so wird man auch in den Weltraumstationen die Landwirtschaft mechanisieren, wobei Traktoren und Maschinen mit Strahlenschutzkabinen ausgerüstet sein werden. Werkbankgerechte Leichtindustriebetriebe wird man in den Wohngebieten ansiedeln, die Schwerindustrie dagegen wird sich die Vorteile der Schwerelosigkeit im freien Raum zunutze machen.

Konstruktionsmäßig werden an die baulichen Details der Wohnkolonien äußerst hohe Anforderungen gestellt. Einerseits soll die Sonne ungehinderten Zutritt haben, andererseits aber soll das Habitat sicheren Schutz gegen kosmische Strahlung gewähren. Die Bewohner sollen sich frei und unbeengt fühlen und keinerlei Komfort entbehren müssen. Sie sollen mühelos gravitationsfreie Zonen aufsuchen können, um dort im schwerelosen Raum vor gefährlichen Strahlen geschützt Sport zu treiben. Aus Sicherheitsgründen wird man auf mechanische Transportmittel verzichten, damit im Katastrophenfall sämtliche Bewohner in kürzester Zeit und aus eigener Kraft die nächstgelegene Abflugrampe für die Evakuierung erreichen können. Schließlich soll die Gesamtmasse des Habitats trotz zahlreicher Schutzeinrichtungen noch innerhalb wirtschaftlich vertretbarer Grenzen liegen.

Um den Raum für 10 000 Bewohner zu ermitteln, kann man von den Erfordernissen und Lebensgewohnheiten in unseren Kleinstädten ausgehen: Über den Daumen gepeilt braucht man etwa fünfundvierzig Quadratmeter pro Person. Das entspricht den Verhältnissen in einer wohnlichen amerikanischen Gartenstadt mit Schwimmbädern, Tennisplätzen und Grünanlagen. Zum Vergleich sei erwähnt, daß den Einwohnern von San Francisco zwar pro Kopf doppelt soviel Land zur Verfügung steht, den Bewohnern der so zauberhaften, romantischen Hügelstädte in Südfrankreich oder Italien jedoch nur ein Fünftel davon.

Als mögliche Form eines Habitats, das all diesen Anforderungen genügen könnte, bietet sich ein einfacher und strukturell sehr stabiler geometrischer Körper an: eine Kugel mit einem Umfang von rund 1,6 Kilometern und Fenstern, durch die das Sonnenlicht ins Innere fällt. Wenn diese Kugel sich zweimal in der Minute um ihre eigene Achse dreht, herrschen an ihrem Äquator irdische Gravitationsbedingungen; in seiner Nähe können die meisten Wohnhäuser erbaut werden. Am 45. Breitengrad, wie wir es nennen könnten, das heißt halbwegs zwischen Äquator und Pol, wird die Gravitation noch ungefähr ein Drittel jener auf der Erde entsprechen. Diese Abweichung von irdischen Verhältnissen könnte vorerst eine Grenze darstellen, die erst nach weiterer Erforschung unserer physiologischen Toleranzen überschritten werden kann.

In einer solchen Umwelt kann jede fünfköpfige Familie eine eigene Wohnung oder ein Einfamilienhaus besitzen; die Wohnfläche umfaßt ungefähr 230 Quadratmeter. Dazu gehört ein eigener, ungefähr ein Viertel so großer, sonniger Garten. Baut man die Häuser terrassenförmig, so wird ein

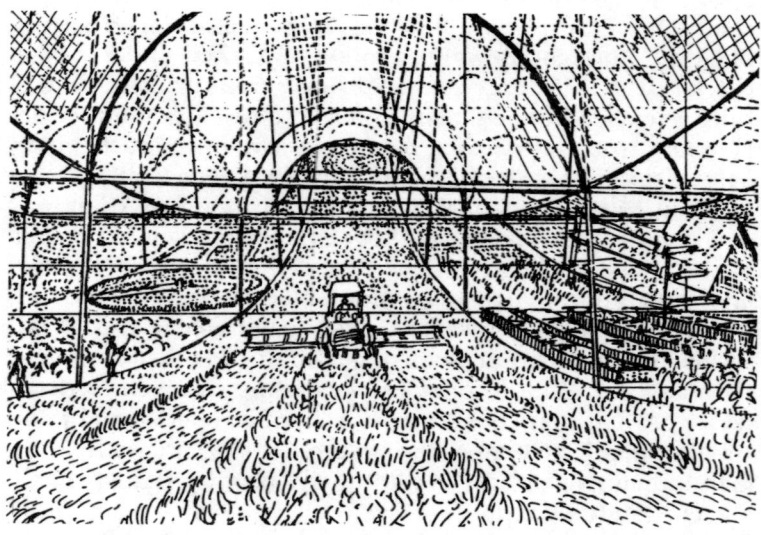

Komplexe Radgeometrie für ein Glashaus, das auf «Insel Eins» sowohl Wohnzonen als auch Ackerbaugebiete beherbergt.

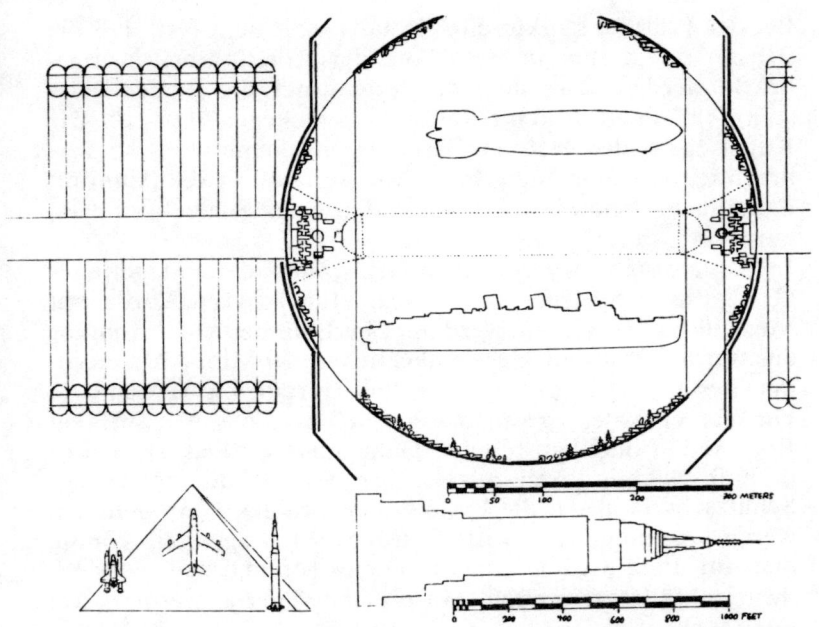

Maßstäblicher Größenvergleich zwischen «Insel Eins» und dem Ozeanriesen «Queen Mary», dem Zeppelin Hindenburg, dem Empire State Building, einer Rakete vom Typ Saturn 5 und einer der großen Pyramiden.

kleiner Teil der Kugelinnenfläche unter dem 45. Breitengrad für die Wohnungen benötigt. Der größte Teil ist Grünflächen, kleinen Baumpflanzungen, Gewässern und anderen, allen Bewohnern zugänglichen Anlagen vorbehalten.

Die tägliche Sonnenscheindauer wird von den Bewohnern bestimmt; der Einfallswinkel des Lichtes ist immer der gleiche, und deshalb haben sämtliche Räume den ganzen Tag Sonne.

Die Äquatorregion scheint für einen seichten Fluß mit tieferen Abschnitten für Schwimmbäder sehr gut geeignet zu sein. Die Ufer können aus Mondsand bestehen, und in einigem Abstand wird man einen von Büschen und Sträuchern gesäumten Weg für Radfahrer und Spaziergänger oder eine Laufpiste anlegen.

Bei der Prüfung struktureller Details stellt man fest, daß die Fenster am besten in der Nähe der Rotationsachse angebracht werden. Hier stellt der Innendruck die einzige Belastung dar, denn die Gravitation fällt nicht ins Gewicht. Die Kugelschale des Habitats ist übrigens keineswegs so zerbrechlich wie eine Eierschale. Am Äquator ist die Aluminiumhülle so dick wie die Stahlplatten eines Schlachtschiffes, nämlich bis zu 17,5 Zentimeter.

In Äquatornähe werden auch Schwimmbäder mit geringer Gravitation angelegt und Hangars für Flugzeuge, die mit Muskelkraft betrieben werden. Ein Bummel vom Äquator aus dorthin kann mit der gemächlichen, 20 Minuten dauernden Besteigung eines kleinen Hügels verglichen werden.

Die Kugel ist ein geometrischer Körper, der bei größtem Rauminhalt die kleinste Oberfläche aufweist. Das ist für uns deshalb wichtig, weil aus diesem Grund die Maße der Schutzschilde gegen die kosmischen Strahlen klein gehalten werden können. Aus wirtschaftlichen Erwägungen könnte man für diese Schilde unverarbeitetes Mondgestein oder Industrieabfälle verwenden. Mit diesem Material werden zwei dünne, ebenfalls kugelförmige Schalen gefüllt, die das Habitat in einem Abstand von wenigen Metern umschließen. Diese Geometrie ermöglicht die Einstrahlung von natürlichem Sonnenschein in das Habitat mittels im Weltraum stationär angeordneter Spiegel. Wohl erst viel später werden sich Ingenieure mit dem Problem des Baus rotierender Spiegel beschäftigen. Beim erwähnten Strahlenschutzschild sind Vorrichtungen erforderlich, die die in das Habitat eingestrahlte Sonnenwärme ableiten. Am einfachsten wäre es, längs der Rotationsachse zylindrische Kanäle anzulegen. Die in diesen Kanälen herrschende Luftströmung leitet die Wärme zu den außerhalb der Kugel angebrachten Radiatoren. Dieselben Kanäle dienen zugleich als gravitationsfreie Transportwege für die Beförderung von Menschen und Waren von und zu den Lagerhäusern, Pflanzungen und Industrieanlagen außerhalb des Habitats.

Gegebenenfalls kann man das Habitat in drei Dörfer gliedern. Durch diese Aufteilung wären die Dörfer im Hinblick auf Tageslänge und Zeiteinteilung voneinander unabhängig. So wird erreicht, was auf der Erde völlig undenkbar scheint: Damit die Maschinen, chemischen Fabriken und andere industrielle Einrichtungen voll ausgelastet werden können, müssen sie rund um die Uhr arbeiten. Auf der Erde ist das nur möglich, wenn man Nachtschichten einlegt, aber die sind allgemein unbeliebt. Auf «Insel Eins» jedoch mit ihren drei verschiedenen Dörfern und den drei verschiedenen Zeitzonen, die um je acht Stunden differieren, können drei achtstündige Tagesschichten einander ablösen.

Um die Konstruktion zu vereinfachen, verzichten wir in unseren Bauplänen auf rotierende Druckkörper; das unter Druck stehende Habitat rotiert als Einheit. Wenn wir die Geometrie des Kristallpalastes für die Ackerbauzonen mit der zentralen Kugel für die Habitatbewohner kombinieren, so gelangen wir zu dem Konzept, das wir «Insel Eins» nennen.

Die strukturelle Masse für «Insel Eins», in verschiedenen Studien errechnet, entspricht ungefähr der eines Ozeanriesen wie der «Queen Elizabeth II.», das heißt ungefähr 100 000 Tonnen. Hinzu kommt die einige Male größere Masse für Boden, Gebäude und die Atmosphäre. Weitere drei Millionen Tonnen benötigt selbst bei der günstigsten Form der Strahlenschutzschild.

Zusammenfassend kann man sagen, daß selbst diese kleine «Insel Eins» viel weniger dicht bevölkert sein wird als die meisten unserer Städte und daß man hier sehr angenehm leben wird. Der Wohnkomfort wird gegenüber dem auf der Erde im allgemeinen üblichen geradezu «hochherrschaftlich» sein. Zu jeder Wohnung gehört ein kleiner Garten, jeden Tag scheint die Sonne, ihr Licht fällt ungefähr im gleichen Winkel ein wie bei uns am späten Vormittag. Obschon «Insel Eins» nicht groß und die Wasserversorgung beschränkt ist, steht den Bewohnern ein kleiner Fluß zur Verfügung, der breit und tief genug ist zum Schwimmen und Bootfahren. Besonders vergnüglich wird es für die Bewohner im Bereich nahe der Rotationsachse sein, wo die Gravitation sehr gering ist. Dort können sie aus eigener Kraft fliegen oder sich, sozusagen schwerelos, im Wasser tummeln. Es gibt viele Grünflächen, Bäume und Blumen und dazu ein Klima, das etwa dem auf Hawaii entspricht. Die Schwerindustrieanlagen werden außerhalb, aber in unmittelbarer Nähe des Habitats gebaut. Als schnellstes Transportmittel werden Fahrräder durchaus genügen. Das Habitat dreht sich alle 31 Sekunden einmal um seine Achse, und deshalb herrscht in der Wohnzone dieselbe Schwerkraft wie auf der Erde. Zwar werden die in der Schwerindustrie Beschäftigten im schwerelosen Raum arbeiten, aber da sie täglich immer wieder in die gewohnte Gravitation zurückkehren, sind physiologische Veränderungen der Muskulatur nicht zu befürchten. Der Standort von «Insel Eins» im Weltraum ist in solcher Entfernung von Erde und Mond zu wählen, daß allzu häufige Sonnenfinsternisse vermieden werden und die Sonnenenergie uneingeschränkt genutzt werden kann. Wir plazieren «Insel Eins» so nahe der Erde, daß die Transporte keine allzu großen Schwierigkeiten bieten, und doch wieder weit genug, daß die Strahlen des Van-Allen-Gürtels, der die Erde umgibt, sich nicht störend bemerkbar machen können. Bei Berücksichtigung aller Gegebenheiten wird man zu der Folgerung gelangen, daß eine hohe, kreisförmige Umlaufbahn, etwa halbwegs zwischen Erde und Mondbahn, der geeignete Standort für «Insel Eins» wäre. Dabei wird die Umlaufzeit einige Tage betragen. Es gäbe eine mathematisch sehr attraktive Alternative, die sehr gründlich studiert wurde: Es handelt sich dabei um eine exzentrische Umlaufbahn mit einer Umlaufzeit von zwei Wochen, also halb so lang wie die des Mondes. Wir, die wir uns schon sehr früh für den Standort von «Insel Eins» interessiert haben, kamen zu dem Schluß, daß sich der geeignetste Standort in der Nähe des als L5 bezeichneten Punktes der Mondumlaufbahn befinden dürfte, jenem fünften von verschiedenen Punkten, deren Eigenschaften erstmals von dem französisch-italienischen Mathematiker und Physiker Joseph Louis Lagrange (1736–1813) beschrieben wurde. In der *Encyclopedia Britannica* von 1911 ist über ihn zu lesen: «Er bewies unerhörte Geisteskraft und errang 1764 den von der Pariser Akademie der Wissenschaf-

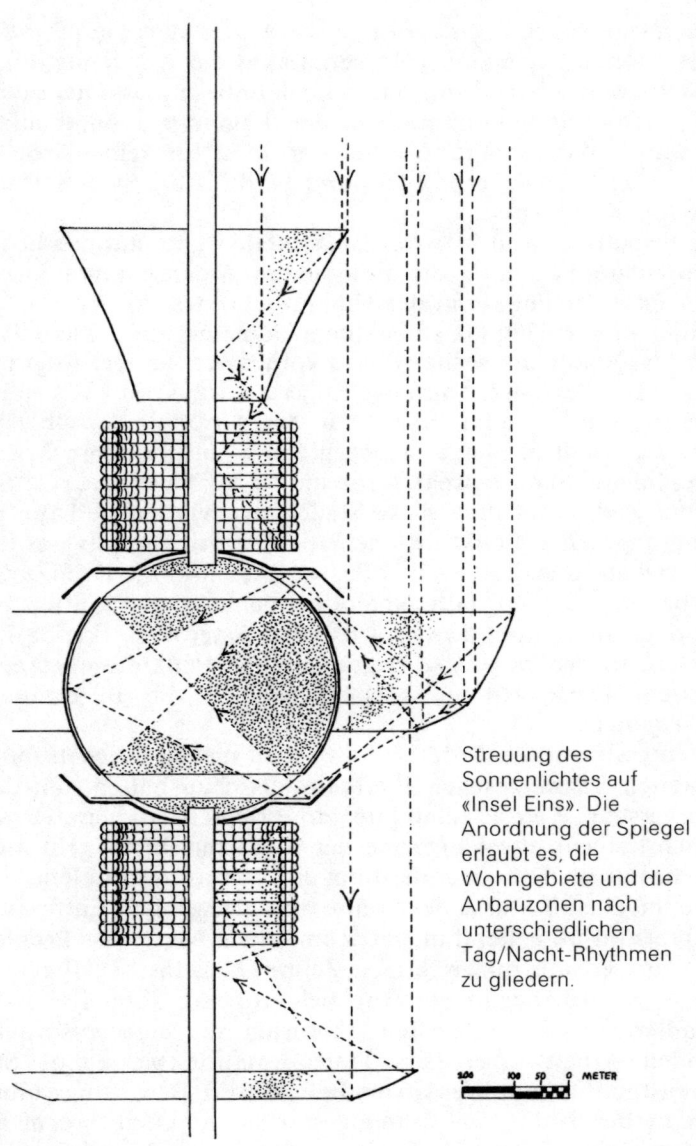

Streuung des Sonnenlichtes auf «Insel Eins». Die Anordnung der Spiegel erlaubt es, die Wohngebiete und die Anbauzonen nach unterschiedlichen Tag/Nacht-Rhythmen zu gliedern.

200   100   50   0   METER

ten ausgesetzten Preis für die beste Arbeit über die Libration des Mondes. Dieser Erfolg veranlaßte die Akademie, einen Wettbewerb über die bis dahin noch unbestätigte Theorie der Jupitermonde auszuschreiben, den Lagrange 1766 ebenfalls gewann. Weitere Preise erhielt er 1772 für seine Arbeiten über das Dreikörperproblem und 1778 für die Störungstheorie der Kometen.»

Aufgrund der von Newton entwickelten Gravitationstheorie erforschte Lagrange die besonderen Eigenschaften zweier einzigartiger Punkte in der Umlaufbahn des Jupiter.

Einer dieser «Punkte» läuft dem Planeten auf seinem Weg um die Sonne um sechzig Grad voraus, der andere folgt ihm im selben Abstand. Lagrange folgerte daraus, daß es sich dabei um stabile Punkte handle, in deren Nähe jedes Objekt – in die richtige Lage gebracht und mit entsprechender Geschwindigkeit bewegt – für immer verharren würde. Seit jener Zeit nennt man diese Stellen den vierten und fünften Lagrangeschen Punkt. Mathematisch werden sie als das umschrieben, was die Physiker das «eingeschränkte Dreikörperproblem» nennen. Jahre später beobachtete man mittels primitiver Teleskope, daß verschiedene Asteroiden (kleine Planeten) in der Nähe der Lagrangeschen Punkte eingefangen waren. Diese Himmelskörper erhielten die Bezeichnung «Trojaner».

Wenn wir nun im Erde-Mond-System nach ähnlichen raumstabilen Lagrangeschen Punkten Ausschau halten, um dort die ersten Weltraumhabitate zu errichten, so geraten wir noch tiefer in die Fangarme der Mathematik: Es geht nicht mehr um ein Drei-, sondern um ein Vierkörperproblem, weil die ungeheure Masse der Sonne trotz der großen Entfernung ihren Einfluß geltend macht. Zum Glück wurde das Problem für uns gerade zum richtigen Zeitpunkt gelöst. 1970 erwarb A. A. Kamel, der in Stanford bei Professor John Breakwell studierte, als Ingenieur den Doktorhut mit seiner anspruchsvollen Arbeit «Auf Lage-Transformation beruhende Störungstheorie und ihre Anwendung auf die Bewegungsstabilität in der Nähe von sonnengestörten, in Dreieckform angeordneten Librationspunkten im Erde-Mond-System»

(«Perturbation Theory Based on Lie Transforms and Its Application to the Stability of Motion Near Sun-Perturbed Earth-Moon Triangular Libration Points»).

Dr. Kamels Arbeit bestätigt in eindeutigen mathematischen Formeln, was Computerberechnungen bereits ergeben hatten: L4 und L5 sind nicht stabile Punkte im Erde-Mond-System, sondern ausgedehnte Weltraumregionen, die auf weitgezogenen Umlaufbahnen um L4 und L5 kreisen, und zwar in einem langsamen, 89tägigen Zyklus. Die Eigenschaften von L4 und L5 sind so einzigartig, daß eine Gesellschaft den Namen L5 erhielt, und aus Bequemlichkeit verwenden wir oft den Ausdruck «L5» als Kurzform für «irgendeine Umlaufbahn außerhalb der irdischen Strahlengürtel, die jedoch von der Erde nicht weiter entfernt ist als der Mond».

Es ist typisch für die himmelsmechanischen Probleme, daß die dafür zuständigen Experten unvermittelt in Sitzungen hereinstürzen, dicke Bündel Computerpapier unter dem Arm, und lange Vorträge halten über neuentdeckte Umlaufbahnen, die entschieden besser seien als alle vorher berechneten. Das hat sich bereits so oft ereignet, daß niemand mehr Wetten darüber abschließen würde, wo «Insel Drei» schließlich gebaut wird. Das einzige, was wir heute schon mit Sicherheit wissen, ist, daß man in hohen Umlaufbahnen ohne weiteres ein Vielfaches der heutigen Weltbevölkerung ansiedeln könnte. Dabei ist die Angst, daß der Raum zwischen Erde und Mond übervölkert werden könnte, völlig unbegründet, denn Weltraumsiedlungen könnten praktisch überall im Sonnensystem errichtet werden. Selbst in entlegenen Gebieten könnte man mittels entsprechender Spiegelsysteme ein Solarklima erzeugen wie auf der Erde.

Welche Geldbeträge für die Errichtung von «Insel Eins» nötig sind, können wir aufgrund der beim Apollo-Projekt gewonnenen Erfahrungen ungefähr errechnen. Dieses gigantische Unternehmen, dessen man noch lange Zeit gedenken wird, kostete ungefähr fünfzig Milliarden Dollar zum Kurs von 1978, der ungefähr in der Mitte zwischen jenem der «Apollo-Zeit» der sechziger Jahre und jenem der späten achtziger Jahre liegen dürfte, in denen mit dem Bau von «Insel Eins» zu rechnen ist. Als in den sechziger Jahren das Apollo-Programm in Angriff genommen wurde, war die wirtschaftliche Situation Amerikas von der heutigen völlig verschieden: Wir waren voller Selbstvertrauen, unser Lebensstandard wuchs und wuchs, die Währung war hart und stabil, und niemand dachte daran, daß dem wirtschaftlichen Wachstum Grenzen gesetzt sein könnten. Zwar zerstörten Industrie und Transportwesen unsere Umwelt mehr und mehr, aber die wenigsten Menschen waren sich dessen bewußt. Inzwischen hat sich diese positive Einstellung geändert. Die späten sechziger und dann die siebziger Jahre waren Zeiten der Ernüchterung, der abflauenden wirtschaftlichen Entwicklung, verbunden mit der Inflation, Jahre, in denen es nur sehr langsam aufwärtsging.

Kurz nach der ersten Apollo-Landung 1969 durchlebten wir eine Zeit des wachsenden Mißtrauens gegen den technischen Fortschritt, und die Unbekümmertheit, mit der wir noch um 1950 technische Probleme anpackten, ist vermutlich für immer vorbei.

Aber das hat vielleicht auch seine guten Seiten. Wir verfügen heute wieder über ein derartiges Potential von Möglichkeiten, daß wir vor Beginn jeder Unternehmung mit äußerster Vorsicht prüfen müssen, ob wir uns damit nicht in große, noch unbekannte Gefahren stürzen.

Wenn wir in dieser schweren, von wirtschaftlichen Problemen beherrschten Zeit Erfolg haben wollen, so müssen wir der Produktivität höchste Priorität einräumen. Was wir unternehmen, muß nicht nur kostendeckend sein, sondern zudem neuen Wohlstand produzieren. Der erste Gewinn, den Weltraumhabitate bringen können, ist die Versorgung der Erde mit billiger Energie aus Sonnenkraftwerken. Wir müssen die üblichen Anlagekosten in der elektrizitätserzeugenden Industrie mit den Gestehungskosten für Weltraumstationen vergleichen und sehen, ob sie sich die Waage halten.

Im Jahre 1975 war in den Vereinigten Staaten eine Gesamtgeneratorleistung von rund fünfhundert Gw – 500 000 Megawatt – installiert[1]. Nachdem es 1975 zu einem ersten kurzen Engpaß in der Energieversorgung gekommen war, wurden eine Reihe von Studien veröffentlicht, die die im Laufe der kommenden 25 Jahre wünschbare Steigerung dieser Leistung zum Gegenstand hatten. Die meisten Arbeiten kamen zu dem Schluß, daß die Zuwachsrate infolge Einsparung von Energieträgern und wegen steigender Preise weniger als 7 Prozent im Jahr betragen werde (7 Prozent waren noch im Jahr 1960 eine Selbstverständlichkeit gewesen).

Eine aus Ingenieuren des Instituts für Elektrizität und Elektronik bestehende Arbeitsgruppe prüfte zwölf dieser Prognosen und stellte fest, daß sich die installierte Generatorenleistung in den Vereinigten Staaten im Laufe der kommenden 25 Jahre vervierfachen müsse – von 500 auf 2000 Gw (das entspricht einer durchschnittlichen jährlichen Zuwachsrate von etwas über fünf Prozent in diesem Zeitraum)[2].

Um diese Generatorenleistung zu erreichen, werden die Elektrizitätswerke der Vereinigten Staaten in diesem Vierteljahrhundert rund 800 Milliarden Dollar ausgeben müssen, was einer Kapitalinvestition von ungefähr 530 Dollar pro Kilowatt entspricht[3]. Diese Zahl bezieht sich auf mit Kohle beheizte Kraftwerke – Atomkraftwerke wären bedeutend teurer. 800 Milliarden Dollar entsprechen ungefähr dem amerikanischen Bruttosozialprodukt eines Jahres und sind das Zwanzigfache dessen, was im Laufe von zehn Jahren für das Apollo-Projekt ausgegeben wurde. Wenn wir nun Weltraumfabriken errichten, die Mondmaterial verarbeiten und die die Erde mit billiger Sonnenenergie beliefern können, so müssen wir natürlich wissen, welche Investitionskosten hierbei entstehen. Hierzu gibt es einige voneinander unabhängige Berechnungen. Eine immer wieder auf den neuesten Stand gebrachte Schätzung stammt vom NASA-Marshall-Raumflugzentrum. Eine andere, die sich zwar bezüglich der Abschußkosten auf die NASA-Zahlen stützt, sonst jedoch NASA-unabhängig ist, wurde im Sommer 1975 von einer Forschungsgruppe für Weltraumkolonisation in Gemeinschaft mit der American Society for Engineering Education und der Universität Stanford erarbeitet[3]. Ein Jahr später arbeitete ein ausschließlich von der NASA finanziertes Team noch detailliertere Gutachten über Konstruktionszeit und -kosten aus.

Alle diese Schätzungen sind realistisch und gelangen sämtlich zu ähnlichen Resultaten (die durch die Fabrikation im Weltraum möglichen Einsparungen werden dabei allerdings kaum oder überhaupt nicht berücksichtigt): Die Kosten würden in der Größenordnung von 100 Milliarden liegen. Das ist nur ein Bruchteil der Summe, die von der Elektroindustrie investiert werden müßte, um den wachsenden Energiebedarf der Vereinigten Staaten zu decken.

Die Übereinstimmung der Berichte rührt daher, daß keiner von ihnen große technologische Neuerungen ins Kalkül zog. Sobald man das Gesamtgewicht des in den Weltraum zu befördernden Materials errechnet hatte, konnte man die gesamten Investitionskosten von den Startkosten der ersten Raumfahrtjahrzehnte ableiten.

Die zuvor erwähnten Kosten würden, so scheint es, ungefähr doppelt so hoch sein wie jene des Apollo-Projektes; dabei haben wir jedoch noch keinerlei Möglichkeit der Kosteneinsparung in Erwägung gezogen. Obgleich das Apollo-Unternehmen rückblickend als ungemein wichtige Erkundungsaktion gewertet werden kann, besonders im Hinblick auf die lunaren Rohstoffvorkommen, wäre die Errichtung von Industriebetrieben im Weltraum selbst ein weit lohnenderes Geschäft: statt kurzdauernder Forschungsunternehmen, an denen jeweils kaum eine Handvoll beherzter Männer teilnimmt, eine Produktionsstätte im Weltraum mit einer sich selbst erhaltenden Belegschaft von etwa zehntausend Personen. Der Grund dafür, daß letzteres ein lohnenderes Geschäft darstellt, sind die Vorzüge neuer, nach dem Apollo-Unternehmen entwickelter Transportsysteme, vor allem aber der «Selbsterneuerungsprozeß», in dem mit Hilfe von Material- und Energiequellen im Weltraum Produktionsstätten für neue, noch wirtschaftlichere Erschließungsverfahren geschaffen werden.

Wir können also den Schluß ziehen, daß der Bau von «Insel Eins» viel zu kostspielig wäre, würde man das Konstruktionsmaterial von der Erde in die Umlaufbahn transportieren. Natürlich könnte man eine Apollo-Rakete, die einige hundert Millionen Dollar kostet und die nur ein einziges Mal verwendbar ist, für den Materialtransport in die Umlaufbahn benützen, aber die Transportkosten für jedes Kilogramm würden mehrere tausend Dollar betragen. Wollte man gar mit demselben Transportsystem Material zu L5 transportieren, beliefen sich die Kosten auf ein Mehrfaches. Die seinerzeitigen Materialtransporte mit Apollo-Raketen zum Mond kosteten je Kilogramm etwa soviel wie ein exklusiver Sportwagen, nämlich ungefähr 20 000 Dollar. Selbst unter der optimistischen Annahme, daß wir im Laufe vieler Jahre und mit einem Aufwand von vielen Milliarden Dollar Transportsysteme entwickeln können, die die Transportkosten auf ein Hundertstel der von Apollo reduzieren, käme es immer noch zu teuer, das Baumaterial für ein Weltraumhabitat von der Erde heranzuschaffen. Allein der Strahlenschutzschild würde einen großen Teil des ganzen amerikanischen Sozialproduktes verschlingen. Im Klartext: Es wäre absurd, für den Bau einer Weltraumproduktionsstätte ausschließlich – oder fast ausschließlich – irdisches Material zu benützen.

Das Skylab-Unternehmen der frühen siebziger Jahre hat uns sehr viele wissenschaftliche und technische Informationen und neue Erkenntnisse über die Auswirkungen längerdauernder Schwerelosigkeit auf den menschlichen Organismus gebracht. Aber als Transportmittel dienten immer noch Apollo-Raketen, und die Transportkosten blieben unverändert hoch. Heute jedoch arbeitet die NASA an der Entwicklung der Raumfähre, einem Transportsystem, bei dem chemische Raketen am effektivsten eingesetzt werden.

Die Raumfähre ist ein mit Flügeln versehenes Raumfahrzeug, das vor allem für wissenschaftliche Missionen in erdnahen Umlaufbahnen eingesetzt werden soll. Sie wird – wenigstens zum Teil – wiederverwendbar sein und ist besonders geeignet, große wissenschaftliche Instrumente aus dem Weltraum sicher auf die Erde zurückzuholen. Die Hauptanstrengungen der NASA bei der Entwicklung der Raumfähre gelten dem Bau und der Erprobung der «SSME», der «Space-Shuttle Main Engines» (Raumfähren-Haupttriebwerke). Diese Triebwerke sind zwar kleiner als die der Saturn-Raketen, die zum Start der Apollo-Raumschiffe dienten, dafür aber um einiges leistungsfähiger. Sie arbeiten mit den höchsten Innendrücken und Temperaturen, denen modernste Baustoffe standhalten. Bis zur Entwicklung chemischer Triebwerke, die eine noch größere Leistung als die SSME besitzen, wird zweifellos noch einige Zeit vergehen. Die Raumfähre ist als zweistufiges Vehikel ausgelegt. Die erste Stufe besteht aus zwei Feststoffraketen, die nach dem Ausbrennen an Fallschirmen über einer bestimmten Meeresregion niederschweben; ob und inwieweit sie dann wiederverwendet werden können, wird später erst einmal die Erfahrung lehren müssen.

Neuerdings entwickelt die NASA auch Pläne für einen Frachttransporter, der auf den Triebwerken der Raumfähre basiert. In der Sprache der Fachleute wird er «HLV» genannt, «Shuttle-Derived *Heavy-Lift Vehicel*», also ein von der Fähre abgeleitetes Raumschiff für Schwertransporte. Der HLV, der nicht unbedingt bemannt sein muß, wird ungefähr 100 Tonnen Material auf eine erdnahe Umlaufbahn tragen können. Dabei ist er kaum halb so hoch wie eine Saturn-5-Rakete, wird aber dennoch leistungsstärker sein als diese. Für die erste Stufe werden vermutlich gleiche Feststoffraketen wie bei der Raumfähre und für die zweite Stufe SSME eingesetzt werden. Für die erste Stufe gibt es bereits Alternativlösungen. Nach dem heutigen Stand der Technologie können auch Flüssigkeitsraketen verwendet werden, die Kerosin oder Ammoniak und flüssigen Sauerstoff verbrennen. Der letztgenannte Treibstoff würde nicht nur weniger kosten als der für Feststoffraketen, sondern auch unsere Erdatmosphäre weniger verschmutzen. Wofür immer man sich auch entscheiden wird: der HLV könnte unter Auswertung der bei der SSME gewonnenen Erfahrungen schon bald gebaut werden.

Unter der Voraussetzung, daß alle Bauteile wiederverwendet werden können, schätzt die NASA die Kosten für den Abschuß einer Raumfähre heute auf 20 Millionen Dollar. Da die SSME pro Stück einige Millionen Dollar kosten werden, sollten sie auch im Falle des HLV zwecks Wiederverwendung aus der Umlaufbahn zurückgeholt werden.

Die neuesten HLV-Entwürfe zeigen, wie man SSME mit Hitzeschilden versehen kann, so daß die Triebwerke, sobald sie die Fracht auf die Umlaufbahn gebracht haben, in die Erdatmosphäre zurückkehren könnten, um dann, ähnlich wie seinerzeit die Apollo-Kapseln mit den Astronauten, an Fallschirmen auf die Erdoberfläche zurückzuschweben.

Bei einer Tagung über Weltraum-Produktionslagen, die im Mai 1975 in der Universität von Princeton stattfand, legten zwei Raketenspezialisten mit mehrjähriger NASA-Praxis ihre Entwürfe für ein Transportmittel vor, das sowohl eine erdnahe Umlaufbahn als auch L5 oder die Mondoberfläche erreichen könnte. Hubert Davis vom Johnson-Raumzentrum in Houston präsentierte Daten verschiedener HLV-Konzepte der NASA und der Raumfahrtindustrie[5]. Der langjährige, jetzt im Ruhestand lebende NASA-Mitarbeiter A. O. Tischler[6] referierte über einen chemisch angetriebenen «Schlepper», (Tug), ein mit Steuerorganen ausgerüstetes Triebwerk, klein genug, um mit einem HLV in eine niedere Umlaufbahn gebracht zu werden. Von dort aus könnte er Nutzladungen verschiedenster Form und Masse zu L5 transportieren. Um aus der Mondumlaufbahn auf die Mondoberfläche selbst zu gelangen, wird man eine Landeeinheit benützen, ein weiteres kleines, dem Tug ähnliches Vehikel. Die frühen Schätzungen über die für «Insel Eins» und die ersten Nachfolgehabitate erforderlichen Kapitalinvestitionen basierten auf diesen wenigen Transportmitteln: der Raumfähre, die 1977 ihre ersten Freiflüge absolvierte, dem von der Raumfähre abgeleiteten HLV, dem Tug und die Mondlandeeinheit, wobei die beiden letztgenannten Transportmittel mit chemischen Raketen ausgerüstet werden, wie sie technologisch heute ohne weiteres entwickelt werden können.

Auf der erwähnten Tagung in Princeton wurde bestätigt, daß der Transport einer Tonne Material auf die Mondoberfläche ungefähr doppelt so teuer wäre wie der Transport zu L5. Der Transport zu L5 seinerseits wird genausoviel kosten wie die Stationierung eines Satelliten in einer mit der Erddrehung synchronen Umlaufbahn über einem beliebigen Punkt der Erde. Spätere, noch gründlichere Studien der NASA in den

Jahren 1976 und 1977 befaßten sich eingehend mit diesen Berechnungen. Bemerkenswert ist dabei die Tatsache, daß jede folgende Studie auf noch besseren technischen Kenntnissen und noch verfeinerten Kostenrechnungen basierte und laufend zu noch niedrigeren Kosten für «Insel Eins» gelangte.

In der neuesten Studie wurde ein Programm skizziert, das vor der Errichtung von «Insel Eins» den Einsatz von kleineren Habitaten, etwa von der Größe kleinerer Raumstationen vorsieht. Diese ersten von der Raumfähre zu transportierenden Wohnstätten würden die Quartiere für die Weltraumarbeiter bilden, welche die ersten Weltraumfabriken erstellen und in Betrieb setzen, damit sie möglichst schnell Gewinne abwerfen und die Investitionsschulden getilgt werden können. Denn erst wenn das Unternehmen auf eigenen Füßen steht, kann daran gedacht werden, einen Teil der Produktionskapazität für etwas so Komfortables wie «Insel Eins» zu verwenden. Vor diesem Hintergrund ist erst in ein bis zwei Jahrzehnten mit der Inbetriebnahme von «Insel Eins» zu rechnen. Es ist klar, daß bei einem solchen Vorgehen die benötigte Anfangsinvestition bedeutend kleiner ausfällt als bei einer sofortigen Inangriffnahme der Konstruktion von «Insel Eins».

Ich glaube, daß nun die einzelnen Bausteine unseres außerirdischen Fabrikationsprogrammes Gestalt angenommen haben. Wir können sie je nach Zielsetzung verschieden zusammenfügen. Wenn es gilt, mit der kleinstmöglichen Investition die größtmögliche Rendite zu erzielen, müssen wir in der Planungsphase alle möglichen Alternativen prüfen. Darum wollen wir im folgenden alle diese Bausteine einzeln untersuchen. Jeder von ihnen wird in einer endgültigen Planung von eminenter Wichtigkeit sein.

Anläßlich der Princeton-Konferenz von 1975 und der Sommerstudie des gleichen Jahres wurden einige Treibstoffberechnungen vorgenommen. Diese ergaben, daß sowohl die Kosten wie auch die Anzahl der benötigten Starts von der Erde aus in großem Umfang gesenkt werden können, wenn aus Mondmaterial gewonnener flüssiger Sauerstoff bei L5 zur Verfügung steht. Dieser in einer Weltraumfabrik bei L5 produzierte Sauerstoff würde vor allem die laufenden Kosten für den Einsatz des Tug so entscheidend senken, wie dies sonst nur beim Einsatz eines weiterentwickelten nuklearen Triebwerks möglich wäre. Dieser Umstand könnte dazu führen, daß sich die ersten Fabrikationsprozesse auf die Gewinnung von Sauerstoff aus Mondmaterial beschränken werden. Die aus dieser Methode resultierende potentielle Einsparung von Kosten wurde bis heute noch in keiner Berechnung berücksichtigt.

Die Idee, den von chemischen Raketen benötigten Sauerstoff aus Mondmaterial zu gewinnen, ist übrigens nicht neu. Robert Goddard dachte schon vor einem halben Jahrhundert an eine solche Möglichkeit, und Arthur Clarke kam – unabhängig von ihm – einige Jahre später auf dieselbe Idee.

Wenn wir die wirtschaftlichen Aspekte der außerirdischen Fabrikation prüfen, müssen wir von der Voraussetzung ausgehen, daß innerhalb weniger Jahre einige Millionen Tonnen Mondmaterial zu verarbeiten sind. Um trotzdem die Investitionskosten nicht zu steigern und die Anzahl der benötigten Flüge von Raumfähre und HLV im Rahmen des von der NASA aufgestellten «Verkehrsmodells» zu halten, dürfen die Installationen auf dem Mond die Masse von wenigen tausend Tonnen nicht übersteigen.

Das heißt mit anderen Worten, daß die lunaren Anlagen in der Lage sein müssen, innerhalb weniger Jahre eine etwa tausendmal größere Masse als ihre eigene vom Mond wegzubefördern. Diese Leistung kann keine der heute existierenden Raketen erbringen. Wir müssen daher ein Transportmittel entwickeln, das Nutzlasten vom Mond fortschaffen kann, ohne selbst die Mondoberfläche zu verlassen.

Bevor wir nun die Details des Transportsystems genauer betrachten, sollten wir seine initialisierende Wirkung auf die Industrialisierung und damit die Besiedlung des Weltraumes untersuchen. Verständlicherweise muß ein erstes solches Transportmittel auf der Erde entwickelt, ausgetestet und vervollkommnet werden. Nachher kann es zum Mond transportiert und dort auf zweckmäßige Art und Weise installiert werden.

Nach seiner Inbetriebnahme auf dem Mond kann eine erste außerirdische Industrieanlage zu vertretbaren Kosten erstellt werden. Wenn dann auch das erste Habitat bei L5 in Betrieb genommen ist, werden weitere Transportsysteme die ersten dort erzeugten Produkte sein. Die Kosten für den Transport dieser Geräte zum Mond sind bedeutend geringer als diejenigen für die Heranschaffung weiterer Einheiten von der Erde. «Insel Eins» wird somit zur geeignetsten Produktionsstätte für lunare Transportanlagen.

Um uns von dem «planetarischen Chauvinismus», wie es Isaac Asimov genannt hat, freizumachen, müssen wir in Betracht ziehen, warum der Mond, obwohl als Rohstoffquelle wichtig, für die Industrialisierung und die Besiedlung kaum geeignet ist. Einige Gründe hierfür sind eher qualitativer Natur:

Erstens sind die Transportkosten für die Menschen und ihre Geräte und Maschinen sowie den als Energiequelle benötigten flüssigen Wasserstoff von der Erde zum Mond etwa doppelt so hoch wie für die Strecke Erde–L5. Damit wären auch die Amortisationskosten für Geräte und Anlagen auf dem Mond viel höher als bei L5, was die Preise für lunare Industrieprodukte natürlich in die Höhe treiben würde.

Zweitens müßte jedes auf dem Mond gefertigte Produkt mit Hilfe von Raketen transportiert werden. Das würde den Fächer der möglichen Produkte auf relativ kleindimensionierte Produkte reduzieren. Ganz anders bei L5, wo riesige Objekte mit Massen von einigen zehntausend Tonnen gefertigt, in ihrer endgültigen Form getestet und anschließend mit minimalem Aufwand zu jeder beliebigen Stelle im freien Weltraum befördert werden können. Es ist also um einige Male billiger, Rohmaterial vom Mond mit Hilfe von elektrodynamischen Materialschleudern fortzuschaffen als Fertigprodukte mit Hilfe von chemischen Raketen.

Drittens hängt die beschriebene hohe Produktivität bei L5 von der ständigen, unbegrenzten Verfügbarkeit von Sonnenenergie ab. Auf dem Mond würde die Sonnenenergie im Verlauf eines Monats nur 14 Tage verfügbar sein. Zwar könnte man mit Hilfe von Leitungen elektrischen Strom von Kraftwerken auf der jeweiligen Sonnenseite an jeden Punkt der Mondoberfläche bringen. Diese Energie wäre jedoch wesentlich teurer als bei L5, da man wegen des Tag- und Nachtwechsels gezwungen wäre, statt einer Anlage deren zwei oder drei zu bauen. Zudem würde auch die Versorgung der Anbauzonen mit Sonnenlicht und diejenige von chemischen Fabriken mit Prozeßwärme die Betriebskosten für eine Industrieanlage auf dem Mond weiter erhöhen.

Die Schwerkraft schließlich stellt aus verschiedenen Gründen ein Problem dar. Sie kann nicht einfach «abgeschaltet» werden. Somit sind die behälterlose Verarbeitung, die Konstruktion von großen, zerbrechlichen Strukturen, die Legierung von Metallen von unterschiedlichem spezifischem Gewicht sowie andere interessante Anwendungen der Schwerelosigkeit auf dem Mond nicht möglich.

Die lunare Gravitation ist aber auch für etwaige Arbeitskräfte nicht unproblematisch: Sie ist zu gering, um die Muskeln und Knochen der Menschen ohne hartes Training in guter Verfassung zu erhalten. Andererseits aber ist sie zu groß, um eine einfache Erhöhung auf normale Erdschwere durch Rotation zu ermöglichen. Im freien Raum betragen die Kosten, um ein Habitat in Rotation zu versetzen und damit normale Erdschwere zu simulieren, nur einen Bruchteil der Kosten, die z. B. für den Aufbau einer künstlichen Atmosphäre benötigt werden. Um das gleiche auf dem Mond zu realisieren, müßte man eine vergleichsweise schwere und komplizierte Konstruktion auf massiven Lagern entwickeln.

9
DIE ERSTEN AUFGABEN FÜR «INSEL EINS»

Wenn in etlichen Jahren die erste von Menschenhand geschaffene Welt draußen im Raum Gestalt annimmt, dann wird auch der Augenblick kommen, wo das Habitat und die dazu gehörenden Anlagen feierlich «eingeweiht» werden. Der bisher in flüssiger Form gespeicherte Sauerstoff wird in das Habitat und die Ackerbauzylinder einströmen, bis der gewünschte Druck erreicht ist. Dann werden bereits viele der Bauarbeiter in die neuen Dörfer einziehen und sich dort an den luxuriös ausgestatteten Räumen freuen, während sie in der Arbeitszeit weitere Gebäude und Wohnungen errichten. Während dieser Zeit wird ein Elektromotor, etwa von der Größe eines Automotors, das Habitat in Rotation versetzen, bis nach einigen Monaten am Äquator die normale irdische Gravitation herrschen wird. Dann wird das Tal des Habitats zu einer wahren Frühlingslandschaft werden. Wenn es überall auf «Insel Eins» grünt und blüht und die erste Ernte eingebracht wird, dann werden auch die ersten Siedler eintreffen, die zu bleiben gedenken, und gar mancher, der bisher hier harte Aufbauarbeit geleistet hat, wird sich fragen, ob er nun zur Erde zurückkehren oder hier bleiben und bei der Vollendung der ersten außerirdischen Welt mithelfen soll. Viele werden zur Erde zurückkehren wollen, um sich's dort mit ihren Ersparnissen wohl sein zu lassen. Für andere jedoch bedeutet es Anreiz und Ansporn zugleich, beim Aufbau einer weiteren Anlage bei L5 mitzuarbeiten. Rastlos, wie

Menschen es nun einmal sind, werden viele aber auch zunächst die erstgenannte Möglichkeit wählen, um nach einiger Zeit doch wieder zu ihren Freunden zu stoßen, die im Weltraum geblieben sind.

Obschon das erste Weltraumhabitat, «Insel Eins», nicht sehr groß sein wird, wird es sich dort dennoch sehr angenehm leben und arbeiten lassen. Man wird wohl kaum eine andere Gemeinschaft finden, in der so viele Menschen mit solch ungewöhnlichen Begabungen und so hochgesteckten Zielen leben. Was aber «Insel Eins» besonders attraktiv macht, ist die Tatsache, daß hier eine Reihe von Produkten gefertigt werden müssen, die dringend von der ganzen Menschheit benötigt werden.

Auf «Insel Eins» werden Güter mit einem bestimmten Verwendungszweck so wirtschaftlich wie nirgends sonst hergestellt werden können – solche nämlich, die im Habitat oder in einer Produktionsstätte auf hoher Umlaufbahn Verwendung finden. Wollten wir diese Produkte auf der Erde herstellen und sie in den Weltraum schießen, so müßten wir sehr viel Energie aufwenden, da wir auf der Erde «gravitationsbenachteiligt» sind. Wir befinden uns hier gewissermaßen am Fuße eines etwa sechseinhalbtausend Kilometer hohen «Gravitationsberges», an dessen Spitze die hohe Umlaufbahn zu denken ist.

Durch die Produktion von Gütern, die im Raum selbst gebraucht werden, werden bei L5 in hohem Maße Transportkosten eingespart, und zwar viele Dollar pro produziertes Kilogramm. Ein bei L5 eingesetzter Arbeiter mit einer für die irdische Schwerindustrie typischen Produktionsleistung von mehr als 20 Tonnen pro Jahr erwirtschaftet, allein weil die Transportkosten entfallen, einen Gewinn von einigen Millionen Dollar pro Jahr. Um den Wert von «Insel Eins» zu errechnen, wollen wir die sehr konservative Methode der Schweizer Banken anwenden. Danach würde man bei der Güterproduktion die niedrigsten, gerade noch vertretbaren Kosten für den Transport Erde–Habitat berücksichtigen, ohne in Rechnung zu ziehen, daß die Produktion unter den Bedingungen der Schwerelosigkeit wie auch die Automation

Abb. 1 So etwa könnte eine Weltraumkolonie vom Typ «Insel Drei» aussehen; sie ist etwas über 32 Kilometer lang und hat einen Durchmesser von fast 6,5 Kilometern. Trotz der nur wenige Kilometer betragenden Entfernung zwischen Wohngebieten und Industrieanlagen kann man Temperatur, Klima, Tagesdauer und Gravitation je nach Bedarf und für jeden Bereich gesondert bestimmen.

(R. Guidice, NASA)

Abb. 2   Eine Landschaft auf «Insel Drei». Der Standort des Künstlers ist eine
Anhöhe an einem Zylinderende mit Blick über eines der Täler.   (D. Davis, NASA)

Abb. 3 Eine Sonnenfinsternis, wie man sie auf «Insel Drei» erleben könnte. Weil die Erde viel größer als der Mond ist, wären in einem Weltraumhabitat Sonnenfinsternisse viel häufiger — und häufiger total — als auf der Erde.

Abb. 4   So stellt sich ein Habitat vom Typ «Insel Eins» von einem Standort unmittelbar neben der Fensterfläche während der Bauzeit, vor Errichtung des Strahlenschutzschildes und vor Beginn der Rotation dar.

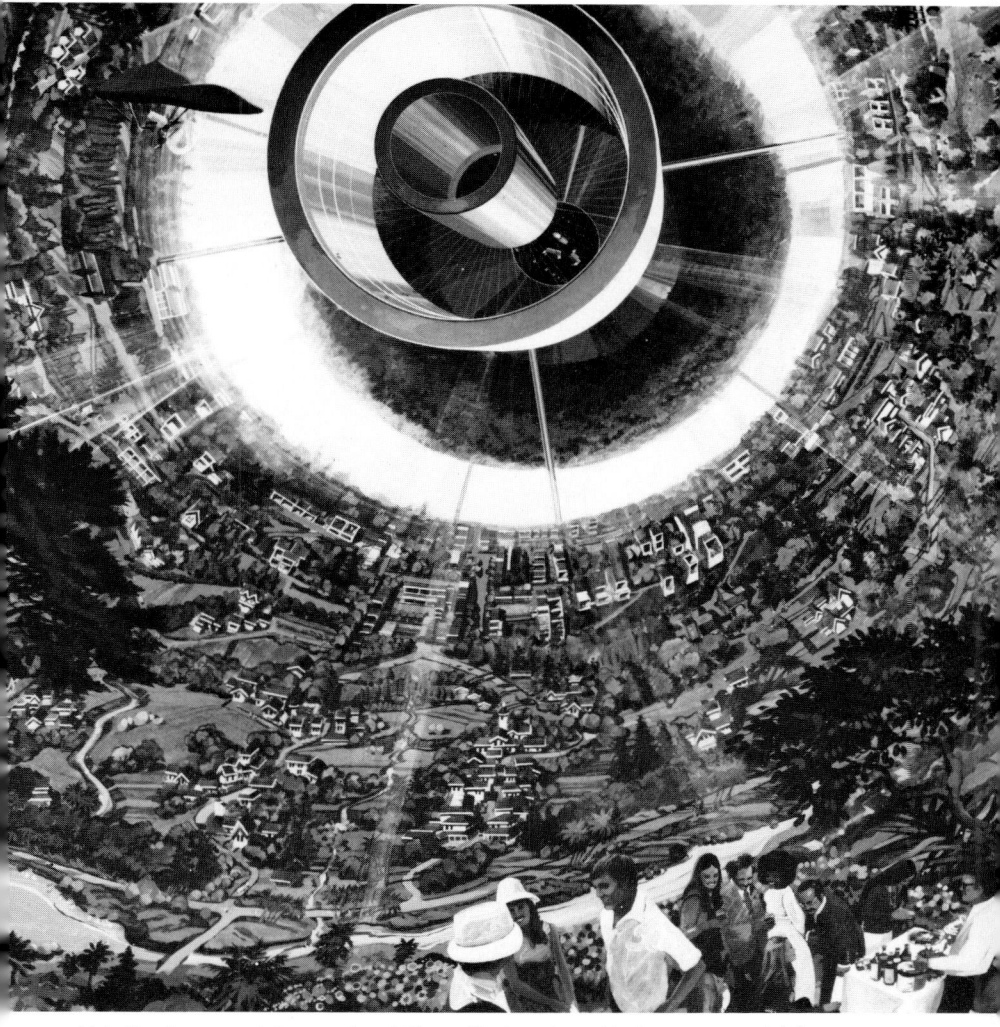

Abb. 5. Innenansicht von «Insel Eins». Sie hat einen Umfang von rund 1,6 Kilometern. Die Häuser sind der Sonne zugekehrt. Die Ackerbau- und Industriezonen werden durch den zentralen, schwerelosen Korridor (entlang der Zylinder-Längsachse) erreicht (siehe auch Abb. 23 und 24).   (R. Guidice, NASA)

Abb. 6 Freizeitanlagen auf «Insel Eins»: Schwimmbecken und Spazierwege in Zonen mit geringerer Gravitation, architektonisch der niedrigen Schwerkraft angepaßt.

(Science Year)

Abb. 7 Die NASA-Raumfähre, aus deren geöffneter Ladeluke ein Lastenschlepper in eine höhere Umlaufbahn startet. Ohne umgebaut zu werden,
könnte die Raumfähre für das Einholen von Frachttransporter-Triebwerken
und elektronischen Geräten, die sich auf Erdumlaufbahnen befinden,
verwendet werden. (Rockwell International)

Abb. 8. So sah das Kennedy-Raumflugzentrum auf Cape Canaveral, Florida, im Jahre 1976 aus. Im Hintergrund cie Landepiste für die Raumfähre. Im Vordergrund die Montagehalle, in der die Weltraumkolonie-Ausstellung untergebracht ist (siehe auch Abb. 23 und 24). (NASA)

Abb. 9. Frachtrakete (Schwertransporter) mit Triebwerken, Hilfstriebwerken und elektronischer Ausrüstung der Raumfähre. Sie trägt eine Nutzlast von 80 Tonnen in eine erdnahe Umlaufbahn. (NASA)

Abb. 10. So stellt sich ein Künstler eine Mondkolonie mit elektrodynamischer Materialschleuder und Unterkünften für das Bedienungspersonal vor.

(Science Year)

Abb. 11. Eine Bergbaubasis auf dem Mond. Transportgeräte bringen das abgebaute Gestein zur Katapultstation, wo es vor dem Abtransport verdichtet wird.
(National Geographic)

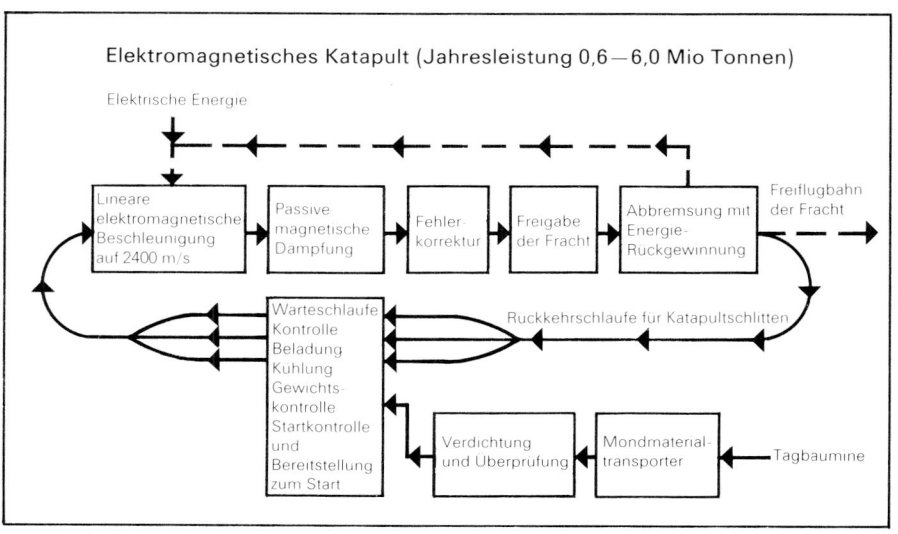

Figur B: Blockdiagramm des elektromagnetischen Katapultes zum Abtransport von Rohmaterial von der Mondoberfläche und zum Antrieb von großen Raumschiffen im erdfernen Weltraum.
(NASA)

Abb. 12.   Schnittbild von «Insel Eins» durch einen Teil des Habitats und des Strahlenschutzschildes. Mit dem Namen «Bernal-Kugel» wird das Andenken des englischen Wissenschaftspublizisten geehrt, der in den zwanziger Jahren über die Kolonisation des Weltraums schrieb. Den heutigen Plänen gemäß soll zuerst die eine Schale des Schutzschildes zusammengefügt, dann die innere Kugel fertiggestellt und eine Atmosphäre aufgebaut werden; erst dann kommen die Architekten zum Zuge.   (R. Guidice, NASA)

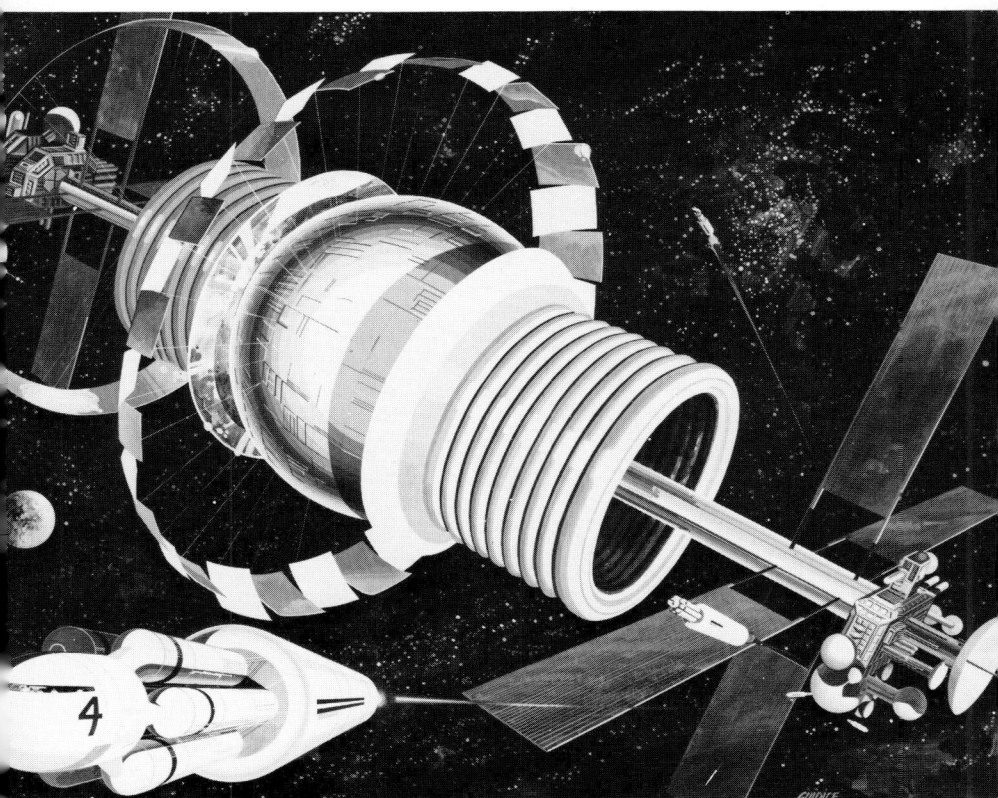

Abb. 13 Ackerbauzonen und Radiatoren zur Abschaltung der Abwärme auf «Insel Eins». Die gesamte für das Habitat, die Landwirtschaftsbetriebe und die Industrie benötigte Energie wird aus Sonnenstrahlung gewonnen.

(R. Guidice, NASA)

Abb. 14. Teilansicht von «Insel Eins»; die kleinen Dörfer sind durch Spazier-
und Radfahrwege miteinander verbunden. (R. Guidice, NASA)

Abb. 15 Auf einer Gartenterrasse hoch über einem der Täler auf «Insel Eins» ist eine kleine Feier im Gange. Es ist wirtschaftlicher, den Kolonisten möglichst angenehme Lebensbedingungen zu bieten, statt sie immer wieder gegen neue Siedler von der Erde auszutauschen.

(R. Guidice, NASA)

Abb. 16. Versuchsanlage für die Übermittlung von elektrischer Energie mittels Mikrowellenanlagen, wie sie in Goldstone, Kalifornien, 1975 über die Distanz von 1,6 Kilometern erprobt wurde. Mikrowellen, in Gleichstrom umgewandelt, brachten eine Reihe von Autoscheinwerfern auf einem Turm (im Hintergrund rechts) zum Leuchten. (NASA/JPL)

Abb. 17 Empfängerantenne für die Übertragung von elektrischer Energie durch Mikrowellen. Die definitive Version wird für Sonnenlicht durchlässig sein, damit die Antenne das darunterliegende Weideland nicht beeinträchtigt.

Abb. 18. Alternative zur Verwendung von Mondgestein für den Bau von Sonnenenergiesatelliten: Mit einer Riesenrakete eines erst noch zu entwickelnden Typs werden die Bauteile von der Erde aus in den Weltraum gebracht.

Abb. 19 Teil eines Satelliten-Sonnenkraftwerkes; unser Bild zeigt den mit Sonnenwärme beheizten Heliumerhitzer, die Elektrogeneratoren und die Radiatoren für die Abwärme. (Boeing Aircraft)

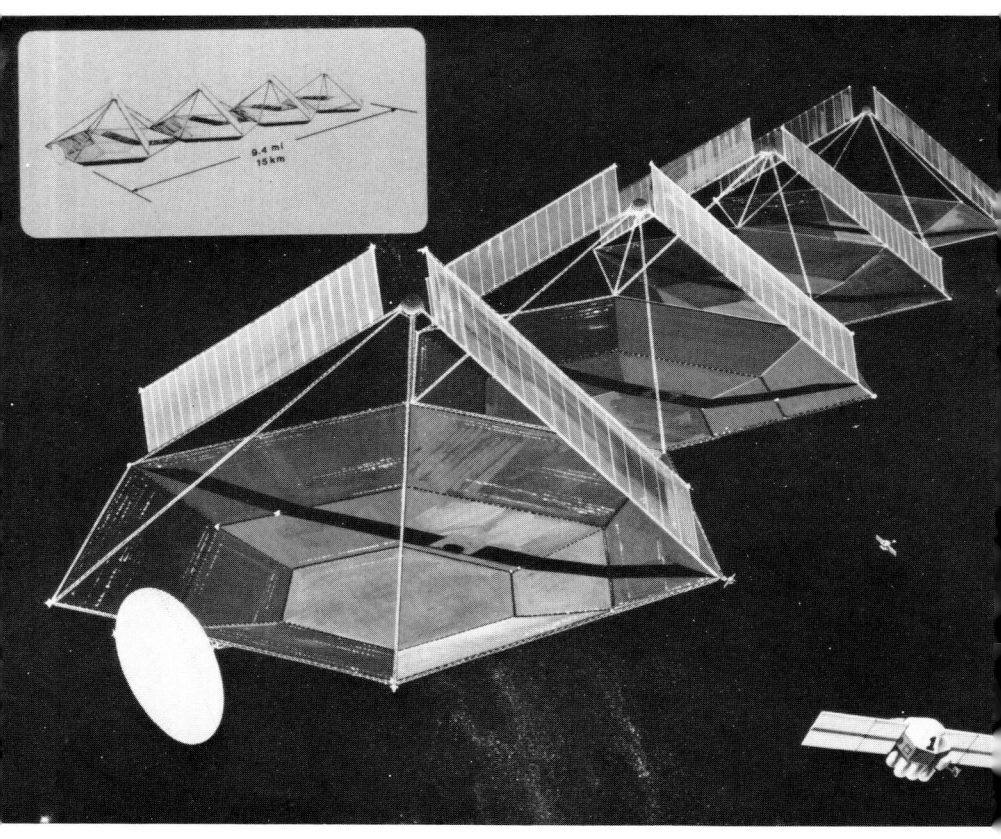

Abb. 20 So sieht ein 15 Kilometer langes, komplettes Satelliten-Sonnenkraftwerk aus. Eine Einheit dieser Art leitet 10 000 Megawatt zur Erde. Das entspricht einem Fünfzigstel der 1976 in den Vereinigten Staaten installierten Generatorleistung.   (Boeing Aircraft)

Abb. 21 Das Raumschiff «Robert H. Goddard», das für den Verkehr zwischen einer erdnahen Umlaufbahn und L5 eingesetzt werden könnte. Es wird durch ein mit Sonnenenergie gespeistes elektrisches Triebwerk angetrieben, das nach dem Prinzip der elektromagnetischen Beschleunigung arbeitet. (Science Year)

Abb. 22 Ein mittels Raketen angetriebener Lastenschlepper (im Hintergrund) verringert die Geschwindigkeit eines aus seinem Umlaufgürtel hergesandten Asteroiden und gewinnt gleichzeitig für den Bau von neuen Weltraumhabitaten und Sonnenkraftwerken benötigte Rohstoffe.

Abb. 23 In einem Sommerseminar, das die NASA 1975 zusammen mit dem AMES-Forschungszentrum durchführte, wurde ein Konzept für «Insel Eins» erarbeitet. Das Habitat ist radförmig und rotiert mit dem durch Speichen mit ihm verbundenen Strahlenschutzschild, der aussieht wie ein überdimensionierter Autoreifen.

Abb. 24 Ein Modell von «Insel Eins» wurde bei der «Dritten Amerikanischen Zweihundertjahrfeier-Ausstellung» ´976 in der großen Raketen-Montagehalle des Kennedy-Raumflugzentrums gezeigt. Auf unserer Abbildung sieht man den schwerelosen Zugangskorridor zu den Ackerbauanlagen, die Ackerbauanlagen (in Ringform) und im Hintergrund cas durch einen Strahlenschutzschild abgeschirmte Habitat. Dieses erhält mittels Spiegel sein Sonnenlicht.   (NASA)

mit größter Sicherheit eine hohe Produktionsrate ermöglichen werden. Aber auch in diesem Fall und unter der Annahme, daß nur die Hälfte der Bevölkerung von «Insel Eins» in den Produktionsprozeß eingeschaltet wäre, werden die Erzeugnisse dieses Habitats viele Milliarden Dollar pro Jahr einbringen, genug also, um die Investitionen innerhalb weniger Jahre zu tilgen.

Viel später einmal wird man möglicherweise Rohmaterial vom Mond oder Erzeugnisse der Weltraumhabitate wirtschaftlich zur Erde schaffen können. Allerdings halte ich das zurzeit noch für unwahrscheinlich, denn es würde bedeuten, daß man sich den größten Vorteil der Produktionsstätten bei L5 nicht zunutze macht – nämlich ihren Standort oberhalb jenes besagten sechseinhalbtausend Kilometer hohen Gravitationsberges, an dessen Fuß wir uns befinden.

Ebenso unvorteilhaft wäre es meiner Ansicht nach, kleine, hochwertige Erzeugnisse, deren Herstellung im schwerelosen Raum sehr kostengünstig ist, draußen bei L5 zu produzieren. In diesem Fall wird es wirtschaftlicher sein, das notwendige Rohmaterial mit einer Raumfähre in eine erdnahe Umlaufbahn zu bringen, es dort in der Schwerelosigkeit zu verarbeiten und die Endproduktion mit einer Raumfähre wiederum auf die Erde zurückzubringen. Dafür kommen beispielsweise Impfstoffe, Einzelkristalle und andere Spezialerzeugnisse mit so geringer Nachfrage auf dem irdischen Markt in Frage, daß einige wenige Raumfährentransporte jährlich genügen werden.

Bevor wir uns mit den bei L5 anzusiedelnden Industrien befassen, wollen wir untersuchen, ob «Insel Eins» uns nicht schon während ihrer Erstellung nützlich sein könnte. Wir nehmen dies als sicher an und meinen, daß wir vor allem wissenschaftliche Erkenntnisse gewinnen werden. Wenn erst einmal die Außenstation auf dem Mond und die «Baustelle» bei L5 eingerichtet sind und alle Dienstleistungen – Transportmittel und Kommunikationseinrichtungen – funktionieren, dann gibt es dort auch ideale Arbeitsbedingungen für Unternehmungen, die nicht unmittelbar mit dem Bau von «Insel Eins» zusammenhängen. So könnten von dort aus zum Beispiel die wissenschaftlichen Untersuchungen durchgeführt werden, die zurzeit noch die außerordentlich kostspieligen vollautomatischen Raumsonden ausführen. Und dem acht- bis zehnköpfigen Team auf dem Mond können sehr wohl einige Geologen angehören, die einen Teil ihrer Arbeitszeit darauf verwenden, Bodenproben zu entnehmen, Mineralien zu analysieren und geeignete Lagerstätten ausfindig zu machen. Aber auch für die reine Grundlagenforschung bliebe noch Zeit übrig. Alle Tätigkeitsbereiche gingen fugenlos ineinander über, könnten einander ergänzen, und was heute nur eine theoretische Folgerung war, könnte morgen schon mit Erfolg praktisch angewandt werden. Unter den mehreren tausend Werktätigen auf dem L5-Bauplatz werden vielleicht fünfzig oder hundert Leute sein, die sich ausschließlich mit wissenschaftlichen Aufgaben beschäftigen. Einige könnten in Observatorien tätig sein, die sich außerhalb der stark frequentierten Frachtlinien, aber immerhin noch in einem Abstand von nur wenigen Reiseminuten vom Habitat entfernt befinden.

Aluminium und andere Metalle sind schon für den Baubeginn erforderlich, und so wird man gewiß auch Material für den Bau großer optischer Teleskope und Radioteleskope zur Verfügung haben.

Auch wenn solche wissenschaftlichen Bemühungen niemals kostentragend sein werden, sollte man bei einer so großen Budgetsumme auf jeden Fall einen Posten einsetzen, der rein experimentellen Arbeiten zugute kommt.

Für jeden interessierten Wissenschaftler wird es verlockend sein, L5 für seine Forschungsarbeit zu benützen, zumal bei L5 durchgeführte Experimente um ein Mehrfaches billiger zu stehen kommen werden als vergleichbare Arbeiten auf der Erde. Raumforschungsprogramme kosten, selbst mit unbemannten Satelliten, mehrere zehn oder gar mehrere hundert Millionen Dollar. Für die Entsendung eines Wissenschaftlers nach L5 jedoch sind nur einige hunderttausend Dollar zu veranschlagen – ein Teil davon für das «Flugticket» mit einer Raumfähre. Wir gehen hierbei von den Berechnungen der NASA für Flugkosten und von der Annahme aus, daß die Beförderung von der erdnahen Umlaufbahn zu L5 durch ein mit konventionellen Raketen betriebenes Tug erfolgt, dessen schwerste Treibstoffkomponente – flüssiger Sauerstoff – als Abfall bei der bei L5 durchgeführten Aufbereitung des Mondgesteins gewonnen wird.

Wenn später leistungsfähigere Transportmittel entwickelt werden, dürften die Kosten für den Transport eines Passagiers von der Erde zu L5 nur noch einige tausend Dollar betragen.

Nach neuesten Berechnungen dürfte es während der ersten Bauphase wirtschaftlicher sein, die Nahrungsmittel von der Erde heranzuschaffen, als landwirtschaftliche Sektoren im Raum zu erstellen. Wenn aber dann die Zahl der Arbeitskräfte mehrere tausend betragen wird, könnte ihre Versorgung die Kapazität der Schwertransporter überfordern. Nahrungsmittelbeschaffung von der Erde oder Agrikultur im Raum – diese beiden Faktoren wurden in gründlichen Studien bereits gegeneinander abgewogen, und es scheint ziemlich sicher, daß die Menschen dort draußen den größten Teil ihrer Lebensmittel selbst erzeugen können, sobald «Insel Eins» voll leistungsfähig ist. Was nun die zeitliche Verpflichtung der ersten Bauarbeiter von L5 betrifft, so ist damit zu rechnen, daß sie nur eine kurze Zeitspanne, einige Monate bis zu einem Jahr, im Raum arbeiten werden. Allmählich würde man die Dienstzeit dann auf zwei oder drei Jahre ausdehnen. Selbstverständlich werden die Arbeiter von Frau und Kindern begleitet. Natürlich wird die Relation zwischen dem Rotationsrhythmus des Personals, dem Komfort der Unterkünfte und der Entlohnung Gegenstand einer sehr sorgfältigen Untersuchung sein müssen.

In den ersten Kapiteln dieses Buches wurde das Problem der raschen Erschöpfung der natürlichen Brennstoffvorräte auf der Erde ausführlich behandelt. Noch gibt es jedoch natürliche Energiequellen, die wir nicht voll ausschöpfen, die jedoch zum Strecken der konventionellen Energieträger genutzt werden könnten. Dazu gehören die Erdwärme, die Wasserkraft, der Wind, die Gezeiten und die Sonnenenergie.

Aber der Nutzung aller dieser unkonventionellen Energiequellen sind Grenzen gesetzt. Entweder sie sind für unsere
Zwecke nicht verläßlich – so z. B. der Wind –, oder ihre Ausbeute verursacht sehr hohe Kosten, wie es bei Wasserkraft-
werken der Fall ist; und bei fast jeder derartigen Energiege-
winnung sind große ökologische Opfer zu bringen und Um-
weltzerstörungen in Kauf zu nehmen.

Gegenwärtig sind über zwei zukunftsreiche Energiequellen
intensive und aufwendige Untersuchungs- und Forschungsarbeiten im Gange: die Kernspaltung in Flüssigmetall-
Schnellbrüter-Reaktoren und die Kernfusion in speziellen
Reaktoren, wo Deuterium-Tritium-Kügelchen durch Beschuß mit Laserlicht zu einem in Magnetfeldern eingeschlos-
senen Plasma erhitzt werden. Es ist noch verfrüht, voraussagen zu wollen, welche der beiden Methoden wirtschaftlicher
sein könnte. Schnelle Brüter werden zweifellos die Umwelt
entscheidend beeinflussen und könnten auch zu politischen
Spannungen von nicht voraussehbarem Ausmaß führen.
Statt Vermutungen darüber anzustellen, als wie nützlich bzw.
wirtschaftlich sich die eine oder andere dieser beiden Methoden schließlich erweisen könnte, möchte ich hier nur erwähnen, daß allein in den USA jährlich mindestens 700 Millionen Dollar Steuergelder für die Kernreaktorforschung aufgewendet werden[1]. Davon entfällt der größte Teil auf die Kernspaltung, der Rest wird für die Fusionsforschung ausgegeben. Ein Nachteil des Schnellen Brüters liegt darin, daß die
«Verdoppelungszeit» für die Umwandlung nichtspaltbarer
Elemente in Nuklearbrennstoff mindestens zehn bis zwölf
Jahre beträgt, die Menschheit aber binnen wesentlich kürzerer Zeit neue Energiequellen benötigen wird. Was nun die
Kernfusion betrifft, so zweifeln die auf diesem Gebiet füh-
renden Wissenschaftler an deren Rentabilität, selbst wenn sie
sich technisch realisieren ließe, was in weniger als fünfunddreißig Jahren der Fall sein könnte. Meiner – wohlgemerkt
ganz persönlichen – Meinung nach ist es höchst unwahrscheinlich, daß das eine oder andere Verfahren den Preis der
elektrischen Energie verringern würde, und selbst die Befürworter der beiden Kernkraftwerktypen äußern sich dahin,

daß der Energiepreis allenfalls dem der konventionellen Thermokraftwerke entsprechen wird[2].

Es mag unwahrscheinlich klingen, daß «Insel Eins» unsere Erde mit ungleich billigerer, auf einfachere und umweltfreundlichere Weise gewonnener Energie versorgen könnte, als es mit Hilfe der beiden obenerwähnten Methoden möglich wäre. Dennoch ist es so. In Produktionsanlagen auf hoher Umlaufbahn könnten Sonnenkraftwerke (in der Fachsprache kurz SSPS = Satellite Solar Power Station) gebaut werden. Ein entsprechendes Konzept wurde in den sechziger Jahren erarbeitet, wobei besonders die Pioniertätigkeit Dr. Peter Glasers von der Arthur D. Little Company in Cambridge, Massachusetts, zu erwähnen ist[3]. Der Plan sieht vor, daß ein großes Sonnenkraftwerk auf eine geostationäre Umlaufbahn über einem bestimmten Punkt der Erdoberfläche gebracht wird. Die in diesem Kraftwerk erzeugte Elektrizität aus Sonnenenergie wird in Mikrowellen umgewandelt und als schmaler Sendestrahl zu einer Antenne auf der Erdoberfläche übermittelt.

Auf den ersten Blick scheint das Ganze undurchführbar zu sein, weil man annimmt, daß die Umwandlung der Elektrizität in Mikrowellen, deren Abstrahlung zur Erde und die dortige Umwandlung in Elektrizität einen sehr geringen Wirkungsgrad haben. Doch mit diesem Problem kann man fertig werden. Experimentelle Hochspannungsmikrowellenübertragungen erbrachten den Beweis, daß sich auf diese Art Elektrizität mit einem Gesamtwirkungsgrad von mindestens 55 Prozent übertragen läßt[4, 5]. Der Leitwert bei konventioneller Stromübertragung liegt nicht viel höher und dürfte, nach einigen Verbesserungen in der Mikrowellenübertragung, erreicht werden. Natürlich werden die Umweltprobleme, die sich aus der Mikrowellenübertragung von Elektrizität ergeben können, sorgfältig untersucht werden müssen, aber nach der heute geltenden Ansicht werden sie bei weitem nicht so schwer wiegen wie die Probleme, die durch die radioaktiven Rückstände bei Schnellen Brütern oder Fusionsreaktoren entstehen. Der Mikrowellenstrahl hätte bei seinem Eintreffen auf der Erde einen Durchmesser von ungefähr sieben Kilometern. Seine Intensität wäre klein, nämlich kaum halb so groß wie die des Sonnenlichts. Aber im Gegensatz zum Sonnenlicht wird der Strahl die Erde ungebrochen erreichen, Tag und Nacht, durch Wolken und Regen, und seine Energie ist mit einem Verlust von 10 Prozent direkt in Gleichstrom konventierbar. Die Region auf der Erde, in der die Empfangsantenne liegt, wird eingezäunt, und außerhalb des Zaunes ist die Mikrowelleneinstrahlung nicht stärker als bei einem Mikrowellenbratgerät mit geschlossener Ofentüre, in einer Entfernung von einem oder zwei Kilometern sogar noch geringer. Obschon es sich keinesfalls um «Todesstrahlen» handelt, wäre zu untersuchen, ob zum Beispiel Vögel, die das Strahlenbündel durchfliegen oder im Bereich der Antenne nisten, nicht mit der Zeit Schaden nähmen. Auch die Wirkung der Mikrowellen auf die Funkanlagen von zufällig den Strahl passierenden Flugzeugen bleibt noch zu untersuchen. Abgesehen vom Wegfall des Atommülls haben Sonnenkraftwerke allen anderen in Frage kommenden Energiequellen noch etwas sehr Wesentliches voraus: Da sich die Energie der Mikrowellen mit einem sehr hohen Wirkungsgrad direkt in Gleichstrom umformen läßt, strahlt ein derartiges Übertragungssystem nur einen geringen Prozentsatz als Abwärme in die Biosphäre ab. Demgegenüber geben Elektrizitätswerke, die mit fossilen Brennstoffen oder mit Atomkraft arbeiten, etwa anderthalbmal mehr Energie in Form von Abwärme ab, als sie in Form von Elektrizität ins Versorgungsnetz einspeisen.

Mehrere Forschergruppen haben den Bedarf an neuen Elektrizitätswerken bis zur Inbetriebnahme des Sonnenkraftwerkes von «Insel Eins» errechnet. Allein in den Vereinigten Staaten werden, Sparmaßnahmen vorausgesetzt, bis 1990 zusätzlich 65 000 Megawatt pro Jahr erforderlich sein, für das nachfolgende Jahrzehnt noch wesentlich mehr. Zur Verdeutlichung sei erwähnt, daß die leistungsfähigsten Elektrizitätswerke heute pro Anlage ungefähr 1000 Megawatt liefern. Beim Neubau von kohlebetriebenen Elektrizitätswerken rechnet man mit Kosten von etwa einer halben Million Dollar pro Megawatt; Kernkraftwerke sind noch wesentlich teurer. Aus diesen Zahlen kann man ableiten, daß der Energiemarkt allein in den Vereinigten Staaten bis zum Jahr 1990 ein Volumen von etwa 33 Milliarden Dollar haben wird – vorausgesetzt, daß nur produktionsgünstige Kohlenkraftwerke gebaut werden. Ein Sonnenkraftwerk braucht keinen Brennstoff, so daß sein Marktwert dem eines Wasserkraftwerkes von gleicher Größe entspricht. Eines der größten und modernsten Wasserkraftwerke der westlichen Welt befindet sich in Churchill Falls in Kanada: «Quebec Hydro». Die Kilowattkosten dieses Werkes sind zwar dreimal größer als die eines Kohlenkraftwerkes, doch da es keine Brennstoffe benötigt, kann es Elektrizität zu einem sehr niedrigen Preis liefern. Aufgrund solcher Berechnungen kann der amerikanische Markt für Ende dieses Jahrhunderts über hundert Milliarden Dollar pro Jahr für den Bau neuer Sonnenkraftwerke veranschlagen.

Bedenkt man aber, daß die übrigen Industrienationen ebenfalls mehr Elektrizität benötigen werden – nicht zu reden von den Ländern, die die Industrialisierung erst in Angriff nehmen –, ergibt sich ein noch viel größerer Elektrizitätsbedarf.

Jede Energiequelle, deren Erschließung große finanzielle Investitionen erfordert, muß für lange Zeit mit einem kontinuierlichen Wachstum der Energieabgabe rechnen können. Auch unter diesem Gesichtspunkt schneiden die SSPS bestens ab. Sollte es möglich sein – der Gedanke ist rein utopisch –, den gesamten Energiebedarf der Vereinigten Staaten im Jahre 2000 aus Sonnenkraftwerken zu decken, dann beanspruchten die Empfangsantennen nur 0,2 Prozent des amerikanischen Festlandes, also ungefähr ein Fünftel der heute vom Straßennetz eingenommenen Fläche. Aber im Gegensatz zu den Straßen könnte man die Antennen in unwirtlichen und abgelegenen Gebieten errichten, wo sie nicht stören. Diese Antennen würden das Sonnenlicht beinahe vollständig durchlassen und die Mikrowellen ausfiltern, so daß das Gebiet als Weideland nutzbar bliebe.

Wollten wir auf der Erde selbst mit Hilfe von Sonnenzellen dieselbe Energiemenge erzeugen, so brauchten wir eine vierzigmal größere Fläche, also ungefähr 8 Prozent des amerikanischen Staatsgebietes. Solarzellen konvertieren Sonnenenergie in Elektrizität mit einem Wirkungsgrad von nur 16 Prozent. Mikrowellen werden in irdischen Antennen mit einem Wirkungsgrad von 80 Prozent in elektrische Energie verwandelt; hinzu kommt, daß die im Jahresdurchschnitt auf das Gebiet der Vereinigten Staaten einstrahlende Sonnenenergie höchstens einem Achtel der Sonnenenergie im freien Raum entspricht.

Wenn nun aber die Sonnenenergie aus dem Weltraum wirklich so viele Vorteile bringt wie hier dargelegt, weshalb geht man dann nicht energisch an die Verwirklichung des Projektes? Die Antwort läßt sich in einem Wort zusammenfassen: Transportkosten. Ich habe die Zahlen für Transporte von der Erde nach L5, mit denen wir heute rechnen müssen, und die Zahlen, die wir uns für später erhoffen, eingehend behandelt; ich bin dabei von den heute bereits vorhandenen Raketen ausgegangen und habe auch solche berücksichtigt, die mit den schon verfügbaren Triebwerken preisgünstig entwickelt werden könnten. Schätzungen der NASA veranschlagen für den aus der Raumfähre entwickelten Schwertransporter Transportkosten von 200 Dollar per Kilogramm Nutzlast. Falls wir kein Mondgestein als Rückstoßmasse verwenden, sind wir gezwungen, den zum Transfer von der erdnahen zur geosynchronen Umlaufbahn benötigten Treibstoff von der Erde zu beschaffen. In diesem Falle wären die Kosten für die endgültige Plazierung des Sonnenkraftwerksatelliten um ein Mehrfaches höher, als wenn man es in die erdnahe Umlaufbahn brächte. (Die zum Erreichen einer geosynchronen Umlaufbahn benötigte Abfluggeschwindigkeit ist ungefähr ebenso groß wie die zum Erreichen von L5. Die Kosten für den Transport zum einen oder zum andern Bestimmungsort sind also ungefähr gleich.)

Für den Bau großer Weltraumkraftwerke bestehen zwei Möglichkeiten: entweder die auf der Erde längst bewährten Turbogeneratoren oder große Sonnenzellenflächen, die das Licht direkt in Elektrizität umformen. Für die Turbogeneratoren der Kraftwerksatelliten eignet sich am besten das Brayton-System mit geschlossenem Kreislauf: In einem Endlos-kreislauf zirkuliert gasförmiges Helium zwischen Erhitzer, Turbine und Wärmeaustauscher[6]. Das System erlaubt eine leichte und kompakte Bauart. Erfreulicherweise steht in Oberhausen, in der Bundesrepublik Deutschland, eine derartige Anlage seit Anfang 1976 im Einsatz[7]. Sie ist als Prototyp mit einer Vielzahl von Meß- und Kontrollinstrumenten ausgerüstet und wird so wertvolle Meßwerte liefern und Betriebserfahrungen vermitteln. Untersuchungen der von der NASA mitfinanzierten Forschungsgruppe der Boeing Aircraft Company haben ergeben, daß bei einem mit einem Turbogenerator vom Typ Oberhausen ausgerüsteten Kraftwerksatelliten (also mit heute existierender Technologie) pro Megawatt Ausgangsleistung mit einer Masse von zehn Tonnen zu rechnen ist. Freilich besteht die Hoffnung – mehr als eine Hoffnung ist es vorläufig leider noch nicht –, daß durch Verwendung neuer Legierungen an kritischen Stellen und durch Erhöhung der Arbeitstemperatur die Masse verringert werden kann.

Wir können davon ausgehen, daß funktionsfähige, auf Siliziumzellen basierende photoelektrische Stromversorgungsanlagen für unbemannte Satelliten, wie sie im Laufe der vergangenen zehn Jahre eingesetzt wurden, bezogen auf eine gleich große Leistung ungefähr zehnmal mehr wogen als ein Turbogenerator vom Typ Oberhausen[8]. Bei dem für Mitte der achtziger Jahre vorgesehenen Probeflug eines mit einem Sonnenenergie-Triebwerk ausgerüsteten Flugkörpers hofft die NASA das Tonnen/Megawatt-Massenverhältnis ungefähr dem des Oberhausen-Generators anzugleichen[9].

Wenn man nun die Verhältniszahl des Oberhausen-Generators für ein Turbogeneratorsystem neuester Bauart, zusammen mit der Effizienz der Energieübertragung von zwei Dritteln und den Transportkosten einer HLV, als erreichbar annimmt, kostet ein auf einer geosynchronen Umlaufbahn installiertes Kraftwerk rund 13 Millionen Dollar pro Kilowatt-Leistung. Das ist ein Vielfaches dessen, was man für den Bau der teuersten Kraftwerkanlagen der Welt veranschlagen müßte.

Die Befürworter von Kraftwerksatelliten sind sich dessen bewußt und suchen diese Schwierigkeit durch die intensive Weiterentwicklung leichtgewichtiger Silizium-Sonnenzellen zu umgehen. Tatsächlich macht die Festkörperphysik rasche Fortschritte, und es ist sehr wohl möglich, daß beim Bau von Sonnenzellen schon bald erhebliche Gewichtseinsparungen zu erzielen sind. Aber selbst die zuversichtlichsten Prognosen lauten dahin, daß der Abschuß von Kraftwerksatelliten von der Erde aus nur dann wirtschaftlich vertretbar wäre, wenn zwei zusätzliche Bedingungen erfüllt werden: 1) Während die Masse der Sonnenzellen pro Megawatt-Leistung um ein Mehrfaches verringert werden muß, müssen ihre Herstellungskosten um einen noch größeren Faktor sinken. 2) Die Kosten für den Transport von der Erde in eine geosynchrone Umlaufbahn müssen auf ein Zehntel derjenigen des Schwertransporters gesenkt werden können. Um diesen Anforderungen zu genügen, wäre die Entwicklung neuartiger Raumtransportmittel unumgänglich; das aber würde nicht nur Dutzende Milliarden Dollar kosten, sondern auch viele Jahre intensiver Arbeit erfordern. Wenn ich hier all diese Fakten anführe, will ich damit nicht abstreiten, daß die nötigen Verbesserungen tatsächlich erreicht werden könnten. Nur ist es eben nicht gewiß! Ich möchte auch keinesfalls davon abraten, einen Prototyp für einen Sonnenkraftwerksatelliten zu entwickeln, denn wenn dessen Arbeitsprinzip ermittelt werden soll, ist Forschungsarbeit unerläßlich. Mein Vorschlag geht jedoch dahin, nach Alternativmethoden für wirtschaftlich wettbewerbsfähigere Sonnenkraftwerksatelliten zu suchen.

Nach dem Bau von «Insel Eins» könnte dort aus Mondmaterial ein Sonnenkraftwerksatellit konstruiert werden. Basierend auf der heutigen Technologie, würde man am besten große Turbogeneratoren bauen. Ein vollständiges Kraftwerk würde aus Sonnenspiegeln bestehen, die das Sonnenlicht auf Kollektoren konzentrieren; das so auf sehr hohe Temperaturen gebrachte Helium triebe die Bryton-Turbine an, würde auf seinem geschlossenen Kreislauf in die Wärmeaustauscher und anschließend zurück in die Kollektoren gelangen, und der Prozeß begänne von neuem. Die Turbine triebe einen Generator an, wie es auch auf der Erde üblich ist.

Ein Kraftwerk würde aus mehreren derartigen Turbogeneratorgruppen bestehen, die ihre Leistung an eine gemeinsame, scheibenförmige Sendeantenne abgeben. Die Umformung von Elektrizität niedriger Frequenz in Mikrowellen könnte in einer großen Zahl von kleineren Elektronenröhren erfolgen, wie sie in Mikrowellenkochherden verwendet werden. Da diese Röhren im luftleeren Weltraum eingesetzt werden, kann man auf Glashüllen verzichten.

Wenn wir von heute bekanntem Baumaterial ausgehen, erforderte ein Kraftwerk zur Versorgung einer irdischen Empfängerstation mit einer Leistung von 5000 Megawatt eine Masse in der Größenordnung von 80 000 Tonnen. Das ganze Kraftwerk könnte im schwerelosen Raum in unmittelbarer Nachbarschaft von «Insel Eins» zusammengebaut und erprobt werden, und die Arbeiter würden nach jedem Tagwerk in das fast irdische Milieu ihres Habitats, zu ihren Familien zurückkehren.

Untersuchungen des NASA Johnson Space Center, die von zukünftigen Technologien ausgehen, haben ergeben, daß die letztgenannten Zahlen vermutlich um die Hälfte gesenkt werden können. Das heißt also, «Insel Eins» könnte doppelt soviel Energie liefern, wie ich veranschlagt habe.

Die Produktionsstätten liegen in einiger Distanz von der geosynchronen Umlaufbahn. Nun werden aber die Transportkosten im Weltraum nicht nach Distanzen, sondern nach Geschwindigkeitsdifferenzen berechnet. So betrachtet, liegt L5, der entferntest mögliche Standort, näher bei der geosynchronen Umlaufbahn als beim Mond. Um eine so große Masse über eine derartige Distanz zu befördern, wird man einer elektrodynamischen Materialschleuder bedürfen, wie sie auf dem Mond für den Wegtransport von Gestein bereits in Betrieb ist.

Sie müßte einige Monate im Einsatz stehen, um das Elektrizitätswerk in die gewünschte Stellung im Weltraum hoch über einem festen Punkt auf der Erdoberfläche zu bringen. Als Energiequelle für die Materialschleuder diente das Kraftwerk selber. Als Rückstoßmaterial könnte man Industrieschlacke, Gesteinsmehl oder flüssigen Sauerstoff benutzen – alles steht bei L5 zur Verfügung.

Um die Materialschleuder zur Wiederverwendung nach L5 zurückzuschaffen, könnte man sich eines kleinen Sonnenkraftwerkes bedienen. Ein Kraftwerk, das nur ein Tausendstel so groß wäre wie ein SSPS, würde den Rücktransport in weniger als einem Monat bewerkstelligen, so daß die Schleuder nötigenfalls mehrere Reisen pro Jahr unternehmen könnte.

Mark Hopkins, ein junger Nationalökonom von Harvard, erklärte mir, die Wirtschaftlichkeit der Errichtung eines Sonnenkraftwerksatelliten bei L5 müsse neu überdacht werden. Für den Bau wird fast kein Material und keine Energie von der Erde benötigt. «Insel Eins» wird sich selbst versorgen können, sobald sie fertiggestellt und in Betrieb genommen ist. Die Entlohnung der Bewohner würde hauptsächlich in Form von Waren und Dienstleistungen erfolgen, die das Habitat selbst produziert bzw. bietet.

Die Investitionen für eine Kombination von Weltraum-Lebensgemeinschaft und SSPS-Programm entsprechen dem Gesamtbetrag der Ausgaben für die Entwicklung und den Bau von «Insel Eins» sowie für den Transport des auf der Erde beschafften Materials für neue Siedlungen, für die SSPS-Komponenten, die bei L5 nicht wirtschaftlich produziert werden können, und für einen Barbetrag pro Einwohner von L5, der auf der Erde einkassiert und ausgegeben werden kann (anläßlich von Reisen, oder wenn jemand die Zeit nach seiner Pensionierung auf der Erde verbringen will).

Von dem Moment an, da «Insel Eins» und deren Schwesterkolonien zur Hauptenergiequelle für die Erde werden, wird sich die Rechtsfrage stellen, wem nun eigentlich diese Weltraum-Sonnenkraftwerke gehören. Ihre Umlaufbahn ist geosynchron und liegt weit unterhalb von L5; meiner Ansicht nach wird jede Nation der Erde, die Sonnenenergie aus einem dieser Kraftwerke bezieht, klare rechtliche Abmachungen treffen. Es liegt auch auf der Hand, daß dann die betreffende Besitzernation «ihr» Sonnenkraftwerk über einem be-

stimmten Punkt ihres Territoriums, nämlich dort, wo sich die Empfangsantenne befindet, in die Umlaufbahn bringt und sich um seinen Unterhalt kümmert.
Wollte «Insel Eins» von der Erde unabhängig sein, so wären die Weltraumbewohner aus wirtschaftlichen Gründen daran interessiert, statt Energie komplette Kraftwerke zu verkaufen, weil auf diese Weise die Investitionskosten rascher getilgt werden könnten. Aber vom Standpunkt jener Nation oder jener Konsortien von Nationen oder andern Kapitalgebern, die den Bau von «Insel Eins» finanzierten, ist es finanziell zweckmäßiger, sich die Kredite durch Energielieferung zurückzahlen zu lassen. Aus verschiedenen Gründen, darunter der Verträge wegen, wie sie zwischen verschiedenen Nationen bereits abgeschlossen wurden, dürfte es ratsam sein, «Insel Eins» – wenigstens am Anfang ihres Bestehens – verwaltungsrechtlich noch irdischen Gremien zu unterstellen. Die Wirtschaftlichkeit des Baues von Sonnenkraftwerksatelliten wurde bis heute in einem technischen Beitrag[10], vor dem vom Kongressabgeordneten Donald Fuqua geleiteten Unterausschuß des amerikanischen Repräsentantenhauses[11], vor dem von Senator Wendell Ford geleiteten Unterausschuß des amerikanischen Senates[12], vor der Energiekommission des Bundesstaates Kalifornien und vor der «ERDA»*, der «Energy Research and Development Administration» der Bundesregierung, erörtert. Die hierbei angestellten wirtschaftlichen Überlegungen waren immer äußerst vorsichtig: Für die Ausrüstung der Weltraumfertigungsstätten wurden sehr hohe Transportkosten angesetzt; man rechnete mit großen Materialmassen für die Weltraum-Sonnenkraftwerke, mit einer relativ kleinen Produktivität im Weltraum, mit sehr hoher Verzinsung der investierten Kapitalien und mit einer geringen Energiezufuhr zur Erde. Inzwischen aber hat es sich aufgrund sorgfältigster Berechnungen erwiesen, daß aus außerirdischem Material konstruierte Weltraum-Sonnen-

---

*ERDA: entspricht der deutschen Energieentwicklungskommission (Anm. d. Übers.)

kraftwerke kostengünstiger arbeiten werden als jeder andere Energieerzeuger auf der Erde.

Die neuesten Studien, die sich auf eine langsame, schrittweise Realisierung der Weltraumindustrie stützen, sind sogar noch bestechender, weil danach lange vor dem Bau von «Insel Eins» mit einer intensiven Fertigung im Weltraum begonnen werden kann, und zwar beträchtlich unter den für «Insel Eins» errechneten Investitionskosten von ungefähr 100 Milliarden Dollar.

Neuerdings kann sich unsere Planungsgruppe auf die Ratschläge von Direktoren von Elektrizitätswerken und Investitionsunternehmen stützen. Diese haben uns viele nützliche Tips gegeben, die uns bei unserer Forschungsarbeit leiten. Vor allem ist es uns jetzt klar, daß wir nicht mit privaten Investitionen rechnen dürfen, bevor die Weltraumindustrie praktisch risikofrei sein wird. So wird also das Programm aus Regierungsgeldern – sie können aus verschiedenen Ländern stammen – finanziert werden müssen, zumindest bis ein Pilot-Weltraum-Sonnenkraftwerk, das nicht unbedingt aus Mondmaterial bestehen muß, Energie auf die Erde liefern kann. Inzwischen werden wir den Beweis erbringen, daß Mondmaterial auf die Baustellen im Weltraum gebracht werden kann, um Weltraum-Sonnenkraftwerke zu errichten. Gleichzeitig werden Wirtschaftlichkeitsberechnungen belegen, daß für die Erde keine andere Energieform so billig ist wie Weltraum-Sonnenenergie. Unter diesen Bedingungen wird es auch nicht mehr schwierig sein, genügend Privatkapital für die Durchführung unseres weiteren Programmes zu finden.

Gegenwärtig betragen die Gestehungskosten für eine Kilowattstunde Elektrizität in den USA ungefähr zwei Cents. Unser Ziel ist es, diesen Preis zu unterbieten, ohne Rücksicht darauf, ob die Tendenz in späteren Jahren steigend oder sinkend sein wird.

Sobald die Konstruktionsmöglichkeiten für «Insel Eins» genauer untersucht sein werden und entsprechend mehr detaillierte Unterlagen zur Verfügung stehen, kann jeder einzelne der erwähnten Punkte noch wesentlich präziser auf die technischen und wirtschaftlichen Gegebenheiten hin analysiert werden. Immerhin läßt auch das bisher erarbeitete Zahlenmaterial ganz eindeutig den Schluß zu, daß es heute schon sowohl technisch als auch wirtschaftlich möglich ist, Weltraumhabitate zu verwirklichen, ohne daß neue Technologien oder physikalische Erkenntnisse abzuwarten sind.

Einem Ausschuß des amerikanischen Senates für die Beurteilung von Weltraum-Sonnenkraftwerken wurde zur besseren Orientierung eine Graphik vorgelegt (siehe Anhang II). Danach könnte schon dreizehn Jahre nach Beginn massiver Investitionen in «Insel Eins» der Zuwachs an Generatorkapazität im Weltraum ausreichen, um mehr als die jährliche Zuwachsrate der Vereinigten Staaten zu decken. Und schon kurze Zeit danach könnte aus dem Weltraum mehr Elektrizität auf die Erde geliefert werden, als sich aus den gesamten Ölreserven Alaskas gewinnen ließe[13]. Der Unterschied ist augenfällig: Wenn von der Alaska-Pipeline nichts mehr übrig sein wird als ein paar Öllachen auf dem Wasser, werden die Kraftwerksatelliten weiterhin saubere elektrische Energie liefern, und zwar noch weitere fünf Milliarden Jahre, nämlich solange es unsere Sonne gibt.

Bei Unternehmungen, bei deren Ausführungsbeginn Kapital investiert werden muß und die dafür später Gewinne abwerfen sollen, sprechen die Volkswirtschaftler von der «Kosten/Gewinn-Relation». Unter gleichzeitiger Berücksichtigung der Zinssätze wie auch der Inflationsrate errechnet man, ob die Kosten/Gewinn-Relation eine Investition lohnt oder nicht. Selbst wenn man die kostensparende, schrittweise Realisierung nicht in Erwägung zieht, wird die Relation zwischen Gewinn und Kosten für die Fabrikation im Weltraum sehr günstig sein und auch bei hohen Zinsen und niedrigem Energieabgabepreis den Bau von «Insel Eins» immer noch rechtfertigen. Zweifellos muß das Wachstum der Weltraumindustrie exponentiell und nicht linear erfolgen; ein lineares Wachstum würde die Kosten auf lange Sicht nicht decken.

Sobald die Kraftwerke vollständig amortisiert sind, können die Elektrizitätspreise gesenkt werden, denn die Satellitenkraftwerke erfordern wenig Unterhalt und arbeiten mit kostenloser Energie; sie wird geliefert von einem wirkungsvollen, sauberen thermonuklearen Reaktor, der in einer Distanz von 150 Millionen Kilometern für uns installiert wurde – der Sonne.

Sind wir erst einmal soweit, so steht uns auf der Erde endlich eine saubere Energiequelle zur Verfügung. Dann werden wir unsere Umwelt Schritt für Schritt verbessern können, denn die Milliarde Tonnen fossiler Brennstoffe, die wir heute Jahr für Jahr zu unserer Energieversorgung in Hitze und Rauch aufgehen lassen, wird nicht mehr verbrannt werden müssen. Nehmen wir an, daß im Jahr 2000 weltweit Energie für mehrere hundert Milliarden Dollar benötigt wird, so werden die Siedlungen und Produktionsstätten bei L5 an Umfang und Leistung sehr rasch zunehmen, um den Bedarf zu decken.

Wenn künftig Elektrizitätswerke bei L5 anstatt auf der Erde gebaut werden, wird das weittragende Folgen für unsere Umwelt haben. Wollte man die Weltraum-Sonnenkraftwerke auf der Erde bauen, das heißt die Bestandteile auf der Erde herstellen, um sie dann in den Raum zu schießen, so würde ein Mehrfaches von deren Gewicht in Form von Raketenabgasen in die Atmosphäre verpuffen. Sollte die SSPS-Technik wirklich zur Hauptenergiequelle für die Erde werden, so wären dies Hunderte Millionen Tonnen. Niemand weiß, welche Folgen das für unsere Umwelt hätte, aber mit Sicherheit darf angenommen werden, daß damit gegen alle bestehenden Umweltschutzvorschriften verstoßen würde. Wenn man jedoch diese Anlagen draußen im Raum herstellt, wird nicht nur bloß ein Hundertstel des Transportgewichtes von der Erde zur Baustelle zu befördern sein, sondern dieser Transport könnte auch mit der bereits entwickelten bewährten Raumfähre geschehen.

Offen bleibt die Frage, welcher Materialanteil eines Weltraum-Sonnenkraftwerkes nicht an Ort und Stelle hergestellt werden könnte, sondern von der Erde beschafft werden müßte. Sobald wir Material von den Asteroiden verwenden können, dürfen wir sicher sein, daß uns alle Elemente, die auf der Erde vorkommen, zur Verfügung stehen werden. Der Mond jedoch ist arm an Wasserstoff, Stickstoff und Kohlenstoff und auch arm an einigen schweren Metallen. Zum Glück ist die NASA bereits im Begriff, diese Frage gründlich zu untersuchen, und schon in den nächsten Jahren werden vermutlich Pläne für Satelliten-Sonnenstationen vorliegen, für deren Bau tatsächlich außerirdisches Material verwendet werden kann.

So nimmt der Plan des Baues von Weltraum-Sonnenkraftwerken allmählich Gestalt an. In der gegenwärtigen Phase tut man wohl am besten daran, sich nicht auf ein bestimmtes Schema festzulegen, sondern neuen Ideen gegenüber offen zu bleiben: kleine Pilotanlagen bauen, die Sonnenzellen verbessern, aber gleichzeitig die Forschungsarbeiten auf dem Gebiet von elektrodynamischen Materialschleudern und Mondgestein-Bearbeitungsmaschinen vorantreiben. In einigen Jahren werden die Forschungsergebnisse darüber Aufschluß geben können, ob man eine so mächtige Transportrakete entwickeln sollte, daß ein auf der Erde gebautes Sonnenkraftwerk auf eine Erdumlaufbahn gebracht werden kann, oder ob man nicht lieber einen ähnlich hohen Betrag für die Entwicklung einer «außerirdischen Alternative» aufwendet.
Wenn sich die Produktivität der Weltraumindustrie so verbessert, wie einige Kenner der Materie dies errechnet haben, so könnte der Preis der aus den Sonnenkraftwerksatelliten auf die Erde gelieferten Elektrizität auf weniger als einen Cent pro Kilowattstunde sinken (ich möchte mich zu diesen Zahlen nicht äußern, da noch zu wenig Material vorliegt), und das hätte weitreichende politische Folgen: Bei derartig niedrigen Strompreisen wird es durchaus möglich sein, saubere synthetische Brennstoffe herzustellen, die gegenüber den fossilen Brennstoffen wie Öl wettbewerbsfähig sind und damit die Vereinigten Staaten und andere Länder von den Ölproduzenten unabhängig machen.

Auf «Insel Eins» könnte auch ein aus einer großen Anzahl von Einzelspiegeln bestehendes Riesenteleskop gebaut werden. Dabei könnten die Einzelspiegel in einer bestimmten

Anordnung, über einen weiten Raum verteilt, angebracht werden[14]. An sich wäre es naheliegend, diese einzelnen Spiegel durch ein Gerüst miteinander zu verbinden. In unserem Fall jedoch wäre dies unklug, denn die Teile dieses Gerüstes würden infolge der Temperaturschwankungen ihre Form und damit auch die Spiegeleinstellungen verändern. Es wird sich deshalb empfehlen, die Schwerelosigkeit auszunützen und viele Einzelspiegel aus Glas – vielleicht einige tausend – im freien Raum anzuordnen. Jeder könnte einen Durchmesser von etwa einem Meter haben und wäre mit einem mit Gasdüsen arbeitenden Positionsstabilisator ausgerüstet. Die schweren Bestandteile eines solchen Teleskops könnten im Habitat, das heißt in den zum Habitat gehörenden Fertigungsstätten, gebaut, die leichten, arbeitsintensiven Präzisionsinstrumente von der Erde beschafft werden. Würden die Spiegelelemente nur durch Lichtstrahlen miteinander verbunden, so könnte ihr gegenseitiger Abstand durch bestimmte Wellenlängen unveränderlich fixiert werden. Dieses nichtphysische Spiegel-Verbindungssystem brächte den weiteren Vorteil mit sich, daß die Einzelspiegel aufgrund von Computersteuerungen sich – ähnlich den Tänzern eines Balletts – zu verschiedenen Figuren anordnen ließen, ganz so, wie sie für einzelne astronomische Experimente am besten geeignet wären.

Bei kreuzweiser Spiegelanordnung und einem Abstand der einzelnen Elemente von zehn Metern hätte ein derartiges Teleskop ein Auflösungsvermögen, das Wolkenfelder von 1000 Kilometer Länge auf dem Planeten eines zehn Lichtjahre entfernten Sterns erkennen ließe.

Sobald Produktionsanlagen auf «Insel Eins» voll in Betrieb sind, werden die Wissenschaftler alles daransetzen, Produktionskapazitäten zum Bau von Raumschiffen zu gewinnen. Wenn nur ein einziges Prozent der bei L5 produzierten Metalle Aluminium, Magnesium, Titan und Eisen zwei oder drei Jahre lang für den Bau eines Forschungsraumschiffes abgezweigt wird, könnte sehr wohl ein Darwins «Beagle» gleichwertiges Forschungsschiff – diesmal jedoch für den Weltraum bestimmt – gebaut werden. Dieses Raumfahrzeug wäre mit einer abgeänderten lunaren elektrodynamischen Materialschleuder als Antriebsaggregat versehen, und als Rückstoßmaterial würde man Gesteinsmehl verwenden. Man könnte dem Raumschiff eine Besatzung mitgeben, die zahlreicher wäre als die der «H. M. S. Beagle» (50 Mann) und die ein selbständiges «Laboratoriumsdorf» bilden könnte. Der Start dieses Schiffes brächte weder den Höllenlärm noch die Flammen oder die Abgase eines Raketenstartes auf der Erde mit sich. Das Raumfahrzeug schlösse, sobald die Passagiere an Bord sind, hermetisch die Einstiegsluken und höbe lautlos von «Insel Eins» ab.

Stellen wir uns einmal eine solche Reise zu einem Asteroiden vor: Sobald die Schleuder unter Strom gesetzt wird, setzt sich das Raumschiff allmählich in Bewegung – in der ersten halben Minute bewegt es sich vielleicht um eine Armeslänge. Doch nach vierundzwanzig Stunden ist es nur noch als kleiner Lichtpunkt im Fernglas zu erkennen, und nach einem Monat ist es zehnmal so weit entfernt wie der Mond.

Wenn dann nach einigen Monaten ein Asteroid erreicht ist, nehmen sich die Wissenschaftler genügend Zeit, um dessen Bodenbeschaffenheit zu untersuchen und zu studieren; sie werden die Zusammensetzung des Gesteins in allen Einzelheiten analysieren, die Vorräte an Kohlenstoff, Stickstoff und Wasserstoff erforschen und Tonnen von Bodenproben einsammeln. Was sie da tun, indem sie Rohstofflager für den künftigen Abbau suchen, ist «angewandte Geologie», und was sie dabei entdecken, ist allein schon die Reise wert. Aber ein bißchen Zeit wird auch der reinen Forschung gehören, und was sich da herauskristallisiert, wird vielleicht in späteren Jahren reiche Früchte tragen. Während die Wissenschaftler ihrer Arbeit nachgehen, werden die Ingenieure tonnenweise Staub und Gestein als Rückstoßmasse für die nächste Etappe ihrer Reise einsammeln. Wenn die Reisenden ihr erstes Forschungsterritorium – einen Asteroiden – verlassen und mit Hilfe von Sonnenenergie entweder die Rückkehr oder eine weitere Reise antreten, werden viele wissenschaftliche Forschungsergebnisse bereits vorliegen und entweder nach L5 oder auf die Erde gemeldet worden sein. Während der folgenden Monate der Reise wird man in den Bordlaboratorien weiterhin Bodenproben analysieren, Informationen verarbeiten und wissenschaftliche Ergebnisse aufzeichnen. Ein Funkspruch aus dem Raum wird dann vielleicht folgendermaßen lauten: «Kohlenstoff 12/Kohlenstoff 13 Analyse für Asteroid 2655; von Beagle-II-Forschungslaboratorium unterwegs nach Ceres.»

Während der Reise wird eine an Bord installierte Gesteinsbrechanlage Rückstoßmasse für die Materialschleuder aufbereiten. Falls die Passagiere in einem eher kleinen, engen Labordorf durchhalten, könnte man damit viele Jahre hindurch die Asteroiden erforschen.

Sicher werden ganze Familien an Bord sein, die Kinder werden dort die Schule besuchen und die Freizeit mit ihren Eltern verbringen. Später, wenn «Insel Zwei» oder «Insel Drei» bereits «stehen», wird man ähnliche, aber viel größere Raumschiffe bauen, um mit ihnen die Außenbezirke unseres Sonnensystems zu erforschen; dann freilich werden bereits ganze Forschungsinstitute an Bord sein.

Es ist durchaus denkbar, daß «Insel Eins» zu einem beliebten Forschungsplatz für Wissenschaftler wird. Besonders jüngere Leute, die noch nicht an Heirat und Familiengründung denken, werden hier ein hochinteressantes Betätigungsfeld im Bereich der optischen und der Radioastronomie finden. Vielleicht wird man Schulungsjahre organisieren; ein Wissenschaftler wird ein Jahr lang auf «Insel Eins» Daten sammeln und dann von einem Kollegen abgelöst, während er selbst auf die Erde zurückkehrt und dort sein Material verarbeitet und auswertet. Für die radioastronomische Forschung werden Antennen mit geometrischen Formen – Kreuze oder Kreise – eingesetzt werden. Eine besondere Antenne wird man vermutlich als sehr großen Parabolspiegel gestalten. Ich gestehe, daß ich persönlich an dessen Verwendungszweck etwas zweifle, aber ich muß zugeben, daß «Insel Eins» ideal als Stand- und Einsatzort für ein solches Instrument sein wird: Diese Antenne könnte im Rahmen des «Projektes Zyklop» – «das große Auge» – für die Suche nach außerirdischen Zivilisationen eingesetzt werden.

Seit über fünfzehn Jahren wird darüber diskutiert, daß es in unserer Milchstraße außerirdische Intelligenzen geben könnte, die einem «galaktischen Netzwerk» angehören[15].

Aufgrund bloßer Theorien ist es schwer zu ermessen, wie groß die Wahrscheinlichkeit der Existenz derartiger Intelligenzen ist. Immerhin ist es absurd zu glauben, daß es außer uns keine intelligenten Geschöpfe im Weltall gebe. Je mehr wir über das Entstehen von Leben auf der Erde wissen, desto klarer müssen wir erkennen, daß ähnliche Bedingungen innerhalb unserer Milchstraße vielfach bestehen können. Die entscheidende Frage aber, deren Beantwortung uns beim gegenwärtigen Stand unserer Wissenschaft noch völlig versagt ist, lautet: Welches ist die Lebensdauer einer kommunikationsfähigen Zivilisation?

Unsere Milchstraße ist scheibenförmig und hat ein Volumen von 1000 Milliarden Lichtjahren. Viele ihrer Sterne bleiben einige Milliarden Jahre in stabilem, unverändertem Zustand. Nach neuesten Erkenntnissen hat vielleicht eine unter zehn der 100 Milliarden Sonnen unserer Milchstraße Planeten, auf denen Leben entstehen könnte. Im Jahre 1959 erwogen Phillip Morrison und Giuseppe Cocconi die Möglichkeit, außerirdisches Leben mit hochempfindlichen, radioastronomischen Geräten festzustellen[16]. Kurz danach erarbeitete Franz Drake erstmals eine Suchmethode für Signale – das sog. «Projekt Ozma»; aber er konnte nur nahegelegene Sterne «belauschen» und fing nur natürliche Signale auf[17].

Die Wissenschaftler, die sich eingehend mit der Suche nach intelligenten außerirdischen Wesen beschäftigen, haben schon seit längerer Zeit die Wichtigkeit zweier Faktoren erkannt. Es sind die Fragen: Wie viele Planeten in anderen Sonnensystemen bieten oder boten die Voraussetzungen für das Entstehen intelligenten Lebens, und über welchen Zeitraum kann eine derartige «Intelligenz» aktiv Radiokommunikation betreiben? Man kann die Bedeutung dieser beiden Faktoren an Beispielen veranschaulichen: Falls die Bedingungen zur Bildung von Leben innerhalb unserer Milchstraße in reichem Maße vorhanden sind, könnte in einem unter zehn Sonnensystemen mit Planeten irgendwann einmal eine Zivilisation entstehen oder entstanden sein. So könnte sich innerhalb eines Abstandes von 1000 Lichtjahren von unserer Sonne auf mindestens 100 000 Planeten einmal Leben bilden oder gebildet haben. Wie groß ist nun die Wahrscheinlichkeit, daß wir beim Absuchen der einen Million planetenumkreister Sonnen einen einzigen Planeten finden, der Radiosignale aussendet? Das ist weitgehend abhängig von dem zweiten Faktor, nämlich von dem Zeitraum, innerhalb dessen intelligente Wesen die Fähigkeit haben, Radiosignale auszusenden. Selbst wenn wir annehmen, daß eine Durchschnittszivilisation über 100 000 Jahre aktiv kommunizieren kann und ihre Mitglieder innerhalb der erwähnten Kugel von 1000 Lichtjahren Durchmesser zu jedem Stern, auf dem Leben möglich wäre, Signale aussenden, ist die Wahrscheinlichkeit, daß sie uns genau im richtigen Zeitpunkt erreichen, genauso gering wie die Wahrscheinlichkeit, daß wir sie erreichen. Und die Kommunikationsperiode einer Planetenbevölkerung – sei es unsere oder die eines andern Sterns – entspricht nur einem Hunderttausendstel der Geschichte des entsprechenden Himmelskörpers[18].

Die Unsicherheitsfaktoren, die sich aus diesen Zahlen ergeben, sind so groß, daß zwei extreme Möglichkeiten offenbleiben: die erste ist die, daß kommunikatives Leben sehr spärlich und die Dauer der Kommunikationsmöglichkeit einer Zivilisation, gemessen an galaktischen Zeiträumen, sehr kurz ist (ich denke dabei an 100 000 oder weniger Jahre); dann sind wir innerhalb besagter Kugel von einem Durchmesser von 1000 Lichjahren *in diesem Zeitpunkt* die einzigen intelligenten Wesen, die Radiosignale aussenden. Die andere extreme Möglichkeit: In unserer Milchstraße wimmelt es von kommunizierenden Intelligenzen, und über viele Milliarden Jahre hin finden Kommunikationsversuche statt; wir brauchen uns also nur auf den Boden zu legen und zu lauschen, um in der Ferne die Trommeln zu hören.

Angesichts eines so breiten Vorstellungsspektrums erlaube ich mir, den vielen Gedanken zu diesem Thema auch meine eigenen anzufügen. Meine Vermutung – denn mehr als eine solche ist eben nicht möglich – ist folgende:

Erstens glaube ich, daß eine Zivilisation, die den bescheidenen Stand unseres technischen Könnens erreicht hat, physisch nicht mehr auszurotten ist, weil sie nämlich – ganz im Sinne dieses Buches – in den Weltraum ausweicht, um zu überleben. R. N. Bracewell schrieb dazu:
«Wenn wir erst im interplanetaren Raum Kolonien errichtet haben werden – was nach dem vom Physiker O'Neill von der Universität Princeton zu Beginn des 21. Jahrhunderts unserer Zeitrechnung möglich wäre –, dann können uns irdische Katastrophen nichts mehr anhaben. Das Überleben der Tüchtigsten im Zusammenhang mit einer geologischen Katastrophe kann sich auf jene Gemeinschaften beziehen, deren Kolonisten den Weltraum besiedelten[19].»
Ich möchte Professor Bracewells Worten noch etwas hinzufügen: Freeman Dyson hat darauf hingewiesen, daß man sich sehr wohl hochintelligente Zivilisationen vorstellen kann, die sich überhaupt nicht für technologische Fragen interessieren. Ich stimme dem bei, möchte aber annehmen, daß jede Zivilisation, die so weit mit den Naturwissenschaften vertraut ist, daß sie die Radioastronomie praktiziert, ungefähr in dieser Entwicklungsphase in der Lage ist, ihren Mutterplaneten zu verlassen. Und daraus kann man folgern, daß Kriege oder irgendwelche Naturkatastrophen kaum eine kommunikationsfähige Zivilisation zerstören können.
Ich hege jedoch ernstliche Zweifel daran, daß eine Zivilisation, die kommunikationsfähig und für eine Existenzdauer in galaktischem Maßstab stabil genug strukturiert ist, auch unbedingt kommunizieren will. Möglicherweise denke ich zu menschheitsbezogen. Aber meine Zweifel hinsichtlich des «Projektes Zyklop» gehen in derselben Richtung.
Auf unserer Erde ist immer wieder der Einfluß einer höheren Kultur auf eine niedrigere zu beobachten. Meist ist es die primitivere, die erlischt; dieses Erlöschen muß nicht unbedingt beabsichtigt oder gar physischer Natur sein. Es kann einfach deshalb geschehen, weil die Werte und das Wissen, das die Vertreter primitiver Kulturen sich im Laufe der Jahrhunderte erworben haben, unvermittelt und sozusagen über Nacht verblassen im Vergleich zu dem, was Hochkulturen bieten.

Wenn ich davon spreche, daß wir eines Tages Signale von Zivilisationen erhalten könnten (es würde sich dabei mit größter Wahrscheinlichkeit um Zivilisationen handeln, die der unseren um große Zeiträume voraus sind, denn wir stehen ja erst an der Schwelle des Kommunikationsvermögens), halte ich es für höchst wahrscheinlich, daß damit sehr bald – wenn der erste Schock vorüber und die Begeisterung abgeklungen ist – das Ende unserer Wissenschaften und vielleicht auch unserer Kunst kommen würde. Was hätte es für einen Sinn, sich weiterhin den Naturwissenschaften zu widmen? Wir wissen doch, daß ihre Gesetze universell gültig sind. Wenn wir also mit einer Zivilisation in Verbindung treten, die der unsrigen etwa um ebenso viele Jahrtausende voraus ist wie wir dem Neandertaler – was hätten dann unsere tastenden wissenschaftlichen Versuche noch für einen Sinn? Dies würde mit einem Schlag unser Streben nach neuen Entdeckungen und vor allem jeglichen Stolz auf neue Errungenschaften zunichte machen und könnte die Wissenschaftler zu Fernsehzuschauern degradieren, die auf jede eigene Bemühung verzichten oder verzichten müssen.

Auf dem Gebiet der schönen Künste, der Musik, der Literatur usw., lägen die Verhältnisse vielleicht etwas anders; immerhin aber lehrt uns die Erfahrung, daß auch in diesem Bereich bei der Begegnung einer höheren mit einer primitiveren Kultur die letztere ihre Eigenständigkeit meist aufgibt und höchstens noch eine Touristenattraktion darstellt.

Was im kleinen gilt, wird auch für den Fall zutreffen, daß unsere Zivilisation mit einer wesentlich fortgeschritteneren in Kontakt kommt. Und noch etwas: Jene Merkmale, die eine Zivilisation gegen geistigen Stillstand und Zerfall feien – wenn man von solchen Merkmalen überhaupt sprechen kann –, gehen einher mit dem sittlichen Gebot, andern, das heißt in unserem Fall anderen aufstrebenden Zivilisationen, keinen Schaden zuzufügen. Im Klartext: Möglicherweise gibt es die da draußen, aber sie sind moralisch so hochstehend, daß sie sich ruhig verhalten!

Wenn es tatsächlich Zivilisationen gibt, die nicht nur sehr, sehr alt, sondern sozial auch äußerst festgefügt und geistig rege sind und wenn diese Eigenschaften verbunden sind mit der Sorge um die Weiterentwicklung primitiver Zivilisationen wie der unseren – was könnte man da für Zeichen aussenden, die uns Gutes brächten, ohne uns zu schaden? Vielleicht einen Lichtstrahl – ein immer und immer wiederkehrendes Signal, das uns anzeigt, daß es willentlich, von einer Intelligenz gesteuert, erfolgt; der einfache Hinweis: Ihr seid nicht allein! Das könnte für uns in dunklen Stunden eine große Hilfe sein und uns ermutigen in unseren Bemühungen; denn wenn ein solcher Kontakt wirklich zustande käme, wollten wir nicht als Trottel dastehen! Und wenn wir dasselbe Signal zehntausendmal aufgefangen hätten, würden wir begreifen, daß wir unser Wissen über das Universum Schritt für Schritt und unter größten Anstrengungen erweitern müssen, damit uns Reisen über weiteste Distanzen hin möglich werden und wir Antwort auf die Frage finden: Gibt es sie noch, die da draußen, oder hören wir nur das Echo einer längst untergegangenen Zivilisation?

Und nun zur spekulativsten Behauptung: Ich meine, daß unsere Naturwissenschaften, gemessen an der langen Menschheitsgeschichte, einen relativ kurzen Zeitraum einnehmen. Wir befinden uns mitten in einer Erkenntnisexplosion, und wenn unser Wissen weiterhin in immer rascherem Tempo zunimmt – wie es gegenwärtig ohne Zweifel der Fall ist –, so werden wir in weit weniger als tausend Jahren so viel vom Naturgeschehen begreifen, daß die Naturwissenschaften nicht länger interessant sein werden und nicht mehr zu neuen Entdeckungen herausfordern. Dann werden sich die Talentiertesten, die sich heute mit Naturwissenschaft abgeben, vermutlich den Künsten verschreiben oder aber der – wie ich meine – bedeutendsten aller intellektuellen Aufgaben: dem Versuch, das Rätsel unseres Bewußtseins zu lösen. In jener fortgeschrittenen Zivilisation wird die Wissenschaft – mit Hilfe von Computern eines viel höheren Intelligenzgrades, als ihn irgendein Mensch heute besitzt – alle rein physikalischen Probleme gelöst haben. Es wird Wissenschaftler geben, die sich der Erforschung und Auswertung neuer Sternsysteme widmen und die Kultur ihrer Gattung von ihrem Heimatstern aus weiterverbreiten. Vermutlich wird diese fortgeschrittene Zivilisation die Gegebenheiten der physikalischen Welt als hinreichend bekannt und bewältigt betrachten und ihr Interesse intellektuellen, künstlerischen und sozialen Fragen zuwenden.

Nach soviel Spekulation mag es wie eine brüske Kehrtwendung wirken, wenn wir uns nun wieder mit unserem eigenen «kleinen» Sonnensystem und den unmittelbar vor uns liegenden Jahrzehnten befassen. Wir tun es, um den praktischen Wert des «Projektes Zyklop» zu prüfen: Denn wenn man es realisieren will, sollte man die wirtschaftlichste Lösung finden.

Sie liegt, so meine ich, auf der Hand: Das Projekt wurde im Sommer 1971 im NASA-Ames-Laboratorium, in Zusammenarbeit mit der Stanford University, von einem vierundzwanzigköpfigen Forscherteam erarbeitet. Leiter der Gruppe war Dr. Bernard Oliver von der Hewlett-Packard Corporation, und das Ergebnis war eine hervorragend abgefaßte, 243 Seiten starke Publikation mit dem Titel «Projekt Zyklop»[20]. Die Experten kommen darin zu dem Schluß, die beste Lösung liege darin, in einer nur spärlich bevölkerten Wüstenregion ungefähr tausend sehr große Radioteleskopantennen zu errichten; alle sollten so steuerbar sein, daß sie trotz der Erdrotation täglich eine maximale Zeitdauer auf einen gemeinsamen Punkt ausgerichtet blieben, alle müßten wind- und sturmsicher verankert sein und elektronisch so miteinander verbunden, daß sie wie ein einziger gigantischer Empfänger wirkten[21]. Die Kosten für den Bau dieser tausend Antennen – immer vorausgesetzt, daß nicht schon vorher ein Signal aus dem Weltraum aufgefangen wird – wurden ursprünglich auf fünfzehn Milliarden Dollar geschätzt; falls es jedoch gelänge, rechtzeitig empfindlichere Empfänger zu bauen, könnten mit einer kleineren Anlage gleichwertige Resultate erzielt werden.

Gleichsam probeweise möchte ich die Konstruktion eines «Zyklop»-ähnlichen Radioantennensystems als eines der ersten Bauvorhaben «Insel Eins» übertragen. Dieser im Weltraum errichtete «Zyklop» wäre entscheidend einfacher konstruiert, bestünde wahrscheinlich aus einer gigantischen Parabolantenne von fünf Kilometer Durchmesser und hätte seinen Standort in geringer Entfernung vom Habitat. Die Antenne wäre mit einem einzigen Empfangssystem ausgerüstet, das laufend auf den neuesten Entwicklungsstand gebracht werden könnte. Das Problem der Empfangsstörung durch die zahlreichen irdischen Sendeanlagen sowie der Erdstrahlungen könnte man mit einer Abschirmung, doppelt so groß wie der Parabolspiegel und in einer kurzen Distanz von diesem entfernt, lösen.

Dank seines Standortes im schwerelosen, windfreien Weltraum und der einfachen Abschirmvorrichtung gegen Empfangsstörungen durch fremde Sender könnte der Parabolspiegel aus dünner Aluminiumfolie auf einem leichten Rahmenwerk hergestellt werden. Die Gesamtmasse der Anlage, der Schild inbegriffen, betrüge knapp ein Zehntel soviel wie die eines SSPS. Selbst wenn alle komplizierten elektronischen Instrumente, die Motoren, Antriebsaggregate usw., für teures Geld von der Erde nach «Insel Eins» gebracht werden müßten, kostete die ganze «Zyklop»-Anlage auf «Insel Eins» ein Zwanzigstel, höchstens ein Zehntel soviel wie eine Anlage gleicher Leistung auf der Erde.

Der «L5-Zyklop» bringt noch weitere Vorteile: Nehmen wir an, daß unter der einen Million Sterne, die die Antennen innerhalb von dreißig Jahren anpeilen, sich tatsächlich einer befindet, der Signale aussendet, und nehmen wir ferner an, die Anlage sei für eine Frist von vielen Jahren programmiert – dann können wir den «L5-Zyklopen» dauernd, das heißt Stunde für Stunde, solange das Programm läuft, genau auf diesen einen Punkt hin ausrichten. Eine «Zyklop»-Anlage auf der Erde, auf dem Mond oder auf einer erdnahen Umlaufbahn jedoch würde die halbe Zeit im Funkschatten stehen.

Eine Untersuchung vor der zuständigen Kongreßbehörde nähme dann ungefähr folgenden Verlauf:

Senator X.: «Wenn ich Sie richtig verstehe, Herr Professor, empfangen wir nur die Hälfte des von den Arkturiern gesen-

deten Programms, und Sie schlagen deshalb vor, das Antennensystem in Nevada durch ein System bei L5 zu ersetzen?»
Professor Z.: «Ja, Senator, so ist es. Wir konnten ja bei der Einrichtung des ‹Zyklop›-Systems nicht damit rechnen, daß wir ein Programm von dieser Sendezeitstruktur auffangen würden.»
Senator X.: «Wollen Sie damit sagen, Sie hätten, als Sie vor fünfzehn Jahren um einen Kredit in Höhe von zehn Milliarden Dollar nachsuchten, nicht mit der Möglichkeit gerechnet, Ihre Versuche könnten einen Erfolg zeitigen?»
Aber wir wollen unsern in die Zange genommenen Professor lieber seinem Schicksal überlassen und uns anderen Produktionsmöglichkeiten bei L5 zuwenden.

Wenn ich mit meinen Berechnungen nicht gewaltig danebenhaue, so wird sich «Insel Eins» als Bauplatz für die Errichtung der verschiedensten Industrien so ausgezeichnet bewähren, daß sich sehr bald die Notwendigkeit ergeben wird, diesen «Brückenkopf» im Raum durch die Schaffung weiterer Habitate zu vergrößern. Was für eine Bevölkerungs- oder Spezialistengruppe auch immer die erste Gemeinschaft bilden mag – der Erfolg von «Insel Eins» wird sogleich andere Kolonisten und Geldgeber veranlassen, die Vorzüge von L5 zu nutzen. Selbst wenn wir mit einem Dreischichtenbetrieb rechnen und annehmen, daß der Großteil der ersten Weltraumsiedler arbeiten wird, wird die erste «Insel Eins» den Energiehunger der Erde niemals zu stillen vermögen. Schon während die ersten Habitate errichtet werden, werden deren Planer – oder völlig andere Interessengruppen – den nächsten Schritt ins Auge fassen: den Bau von «Insel Zwei».
Dabei wird man der Wahl der geeignetsten Größe dieses neuen Inseltyps höchste Aufmerksamkeit widmen, denn um möglichst kostengünstig bauen zu können, wird man eine beliebig oft kopierbare Insel projektieren; so könnte man dann genormte Bauelemente auf Automaten in großen Serien herstellen. «Insel Zwei» soll sich flächenmäßig für den Bau großer, sehr produktionsintensiver Industrieanlagen eignen, aber dennoch nicht zu ausgedehnt sein, damit ihre Täler be-

quem für den Verkehr erschlossen werden können und die Verwaltung ohne großen Aufwand überblickbar bleibt. Vermutlich werden die Weltraumbewohner einen Bau in der Größenordnung von «Insel Zwei» in Angriff nehmen, sobald ungefähr ein Dutzend Kolonien von der Größe der «Insel Eins» bestehen.

Aus Kostengründen wird man sich für einen atmosphärischen Druck entscheiden, der ungefähr jenem von Denver oder Mexico City entspricht. Bevor die genaue Größe von «Insel Zwei» festgelegt werden kann, sind noch viele sehr sorgfältige Berechnungen nötig, aber meiner Schätzung nach wird ihr Durchmesser ungefähr 1,8 Kilometer und ihr Äquatorumfang etwas weniger als 6,5 Kilometer betragen. Sie böte etwa 140 000 Bewohnern angenehme Lebensbedingungen, zum Beispiel in einer Reihe von Dörfern, die durch Parkanlagen und Wälder voneinander getrennt wären. Jedes dieser Dörfer könnte an Größe und Bevölkerungsdichte etwa einer kleinen italienischen Hügelstadt entsprechen. Als ehemaliger Bewohner eines derartigen Ortes kann ich bezeugen, daß es auf der Erde kaum angenehmere Wohn- und Lebensbedingungen gibt.

Was ich über die Architektur und die geographische Gestaltung einer Weltraumkolonie sage, ist natürlich reine Vermutung. Möglicherweise werden ganz andere und unterschiedliche Wohnstätten und Dörfer entworfen und ausgeführt, möglicherweise sogar innerhalb eines einzigen Habitats; die Bewohner hätten dann die Möglichkeit zu einem «Tapetenwechsel», ohne das Habitat verlassen zu müssen.

Ähnlich wie bei den Inseln vom Typ «Eins» werden auch bei «Insel Zwei» die Produktionsanlagen in einer Distanz von einigen hundert Metern draußen im schwerelosen Raum eingerichtet werden.

Schon während des Baues der ersten Weltrauminseln wird man darangehen, auf dem Mond die Anlagen der elektrodynamischen Massenschleuder zu verbessern, um der wachsenden Nachfrage nach Rohmaterial für den Bau zusätzlicher Habitate zu genügen. Wir könnten uns vorstellen, daß auf

einem Berg am Nord- oder Südpol des Mondes ein Sonnenkraftwerk errichtet wird, weil dort vierundzwanzig Stunden
pro Tag Sonnenlicht zur Verfügung steht. Mit Hilfe einer
Leitung könnte man das Mondbergwerk mit genügend Energie versorgen, um die Schleuder mit doppelter Transportkapazität einzusetzen, ohne die Anlage selbst zu verändern.
Sobald der Bau der «Insel Zwei» beginnt, wird man auf dem
Mond mehrere Minen benötigen. Möglicherweise gibt es
dann dort bereits kleine Industriebetriebe, in denen elektrodynamische Massenschleudern und deren auf Sonnenenergie
basierende Stromversorgungseinheiten hergestellt werden
können. Im Laufe der Zeit werden dadurch die Transportkosten auf wenige Cents pro Kilogramm gesenkt werden.
Gleichzeitig jedoch wird es dann bereits möglich sein, die ungeheuren Materialreserven der Asteroiden zu nutzen, und
vielleicht wird man schon wenig später die Minen auf dem
Mond schließen können.
Die sehr vorsichtigen wirtschaftlichen Berechnungen, von
denen wir am Anfang unseres Buches in unseren Ausführungen über die Weltraumindustrie ausgingen, basierten auf der
Annahme, daß sich die Zahl der Bewohner der «Insel Eins»-
Habitate ungefähr innert vier Jahren verdoppeln würde.
Das könnte dazu führen, daß nach fünfzehn Jahren die Bevölkerung im Weltraum ungefähr hunderttausend Personen
zählt – genug, um den gesamten Energiebedarf der Vereinigten Staaten kurz nach der Jahrtausendwende zu decken. Nun
ist es aber wahrscheinlich, daß zu diesem Zeitpunkt nicht nur
die Vereinigten Staaten, sondern auch alle anderen Nationen
auf Weltraum-Sonnenkraftwerke angewiesen sein werden.
Man kann damit rechnen, daß eine einzige «Insel Eins», die
ausschließlich auf Schwerindustrie ausgerichtet ist, jährlich
etwa 200 000 Tonnen Fertigprodukte liefern kann. Das ist
mehr, als für zwei Kraftwerke benötigt wird. Aber unser
Energiebedarf wird um die Jahrtausendwende so groß sein,
daß jährlich mindestens fünfzig neue Weltraum-Sonnenkraftwerke in Betrieb genommen werden müßten. Das bedeutet, daß schon in wenigen Jahrzehnten die Zahl der Weltraumbewohner eine Million übersteigen wird.

Wird die Automation vorangetrieben, so daß genormte Erzeugnisse wenig Arbeitskräfte erfordern, dann könnten Habitate von der Größe der «Insel Zwei» innerhalb von zwei Jahren nachgebaut werden. Die Bedingungen bei L5 sind dafür in vieler Hinsicht denkbar günstig: Fertigungsstätten für große Objekte im schwerelosen Raum, so daß leichte Bearbeitungsmaschinen eingesetzt werden können; kein Wetterwechsel, so daß bei programmgesteuerten Produktionsanlagen jahreszeitlich bedingte Klimaschwankungen nicht berücksichtigt werden müssen; unbegrenzte Energieversorgung und schließlich ständig wiederkehrende Fertigungsoperationen an einfachen, identischen Konstruktionen.

Wenn der kürzestmögliche Zeitplan für die Ausführung des Projektes L5 eingehalten werden kann, dann könnten schon fünfzehn Jahre nach Baubeginn zahlreiche Habitate fertiggestellt sein und etliche hunterttausend Menschen, darunter auch Kinder und ältere Leute, dort leben und arbeiten. Zu diesem Zeitpunkt scheint mir auch der Verkauf, die Vermietung oder sogar die kostenlose Abgabe von schlüsselfertigen «Insel Zwei»-Industrieanlagen durchaus denkbar. Die Kosten eines Habitats von diesen Ausmaßen würden diejenigen der Original-«Insel Eins» kaum wesentlich übersteigen, denn die Fertigungsstätten der ersten Insel bei L5 wären bis dahin schon genügend leistungsfähig, um alle Arten von Bestandteilen und Maschinen selbst herzustellen; höchstens flüssiger Wasserstoff und – möglicherweise – Stickstoff oder Kohlenstoff müßten weiterhin von der Erde herangeschafft werden.

Für ein Entwicklungsland oder eine Gemeinschaft von Entwicklungsländern wird die Zeit des Baus der «Insel Zwei» außerordentlich anspornend und nutzbringend sein. Für ein Land mit einer Milliarde Einwohner (in zwei oder drei Jahrzehnten wird es mindestens zwei Staaten mit einer so großen Bevölkerung geben) böte sich die Gelegenheit, eine Insel für ungefähr 140 000 Einwohner zu kaufen, und zwar zu Kosten, die pro Person und Jahr nur einige Dollar ausmachten. Diese Kolonie würde als Brückenkopf für eine weitere, rasche Expansion dienen, und ohne zusätzliches fremdes Kapital würde eine derartige erste «Insel Zwei» zu einer höchst attraktiven Kapitalanlage werden. Es ist reine Spekulation und vielleicht gar unsinnig, folgende Behauptung aufzustellen: Wenn sich die Habitate alle zwei Jahre zahlenmäßig verdoppeln, so kann ein Ein-Milliarden-Volk, das eine «Insel Zwei» erworben hat, genug Neuland im Weltraum erarbeiten, um selbst eine Zunahmequote der Bevölkerung von jährlich 4 Prozent zu verkraften. Ich werde später auf diesen Punkt noch zu sprechen kommen. Im nächsten Kapitel aber wollen wir uns mit den Problemen beschäftigen, denen sich die Pionierbesiedler von Lagrangia gegenübersehen werden.

10
ERSTE ERFAHRUNGEN

Zur Zeit, als unsere eigene Neue Welt in der westlichen Hemisphäre besiedelt wurde, war der briefliche Kontakt zwischen den Daheimgebliebenen und den Kolonisten von größter Bedeutung. Nicht selten zerstreute ein Schreiben «von drüben» die Befürchtungen der Verwandten und Bekannten und gab ihnen Mut, es ihren Angehörigen gleichzutun und ebenfalls nach Amerika zu gehen. Wenn damals ein Brief monatelang unterwegs war – in den Weltraumhabitaten von L5 wird man sich bedeutend rascherer Kommunikationsmittel bedienen können. Fernseh-Telefonverbindungen werden mit einer Zeitverzögerung von weniger als zwei Sekunden zwischen Ausstrahlung und Empfang funktionieren. Es wäre denkbar, daß schon die allerersten Kolonien mit elektronischen Postübermittlungsanlagen versehen sein werden. Ich bin überzeugt, daß die zwischen den Kolonisten bei L5 und ihren Angehörigen auf der Erde ausgetauschten Briefe für die Besiedlung des Weltraumes nicht weniger wichtig sein werden als seinerzeit die Korrespondenz zwischen Amerika und Europa. Für Fälle, wo die Zeit nicht drängt und der Empfänger gern das Originalschreiben des Absenders in Händen halten möchte, wird natürlich die normale Briefpost zweckmäßiger sein.

Hier ein Brief, wie L5-Auswanderer ihn möglicherweise schon einige Jahre nach Ansiedlung der ersten Pioniere nach Hause schreiben könnten. Wir denken an ein Ehepaar, dessen Kinder auf der Erde aufwuchsen, dort heirateten und Familien gründeten. Übrigens werden nicht nur die Erfahrungen der frühen Siedler, sondern auch die guten Beziehungen zu den Angehörigen auf der Erde die zuständigen Behörden bei der Wahl neuer Auswandererkontingente entscheidend beeinflussen. Doch wird in späteren Jahren draußen bei L5 genügend Siedlungsraum für alle Auswanderungswilligen zur Verfügung stehen.

«Liebe Peggy, lieber Arthur,   15. Januar 20...
Jenny und ich sind nun schon vierundzwanzig Stunden auf Station Eins, und ich will Euch diesen Brief mit Videopost senden, solange unsere Eindrücke noch ganz frisch sind. Wir waren froh, dem Schneetreiben und dem Wind oben im Norden der Staaten zu entkommen, aber selbst auf Cape Canaveral war es recht kühl, und wie wir hörten, macht man sich in Florida um die Orangenpflanzungen Sorgen. Als wir dann schließlich im Weltraum-Terminal ankamen, fühlten wir uns gleich recht heimisch und wurden an unseren sechsmonatigen Ausbildungskurs erinnert. Einige ehemalige Mitschüler sollten in derselben Raumfähre wie wir reisen. Nach Erledigung des ganzen Papierkrams, einer letzten ärztlichen Kontrolle und nachdem unsere persönlichen Effekten gewogen worden waren, führte man uns in die Schleusen, wo wir von unseren Kleidern Abschied nahmen. Dann folgte Duschen und Haarewaschen, und schon ging's hinüber in den andern Gebäudeflügel, in die ‹sauberen Räume› – schließlich möchte niemand irgendwelche Pflanzenschädlinge nach L5 einschleppen! Unsere Raumanzüge lagen sauber und gebügelt bereit. Wir hatten sie bereits im Ausbildungskurs getragen, und Jenny hatte damals mehrmals Änderungen verlangt, bis ihr Anzug so saß, wie sie es sich wünschte.
Die Fähre stand, als wir den Wartesaal betraten, bereits auf der Startrampe und wurde von der Bodenmannschaft aufgetankt. Wir mußten ungefähr eine Stunde warten, riefen Euch aber nicht an, weil es nichts Neues zu melden gab. Schließlich nahmen die 150 Passagiere – darunter wir – ihre Plätze ein. Die Sitzkissen waren nicht eben dick, aber die Reise

sollte ja nur eine halbe Stunde dauern. Auf dem Fernseh-schirm sahen wir unseren eigenen Start, und es war ein selt-sames Gefühl zu wissen, daß wir uns in der Spitze dieses Feuerwerkkörpers befanden! Da wir lagen, spürten wir die Beschleunigungskräfte kaum; es war ähnlich wie damals beim Kurs in der Zentrifuge. Der höchste Wert lag bei etwa 3 g, und ich konnte zum Beispiel meine Beine noch mühelos heben. Die Schwerelosigkeit löste anfänglich recht seltsame Gefühle aus, aber wir verhielten uns den Vorschriften ent-sprechend ruhig und wurden auch nicht raumkrank. Auf dem Fernsehschirm sahen wir, wie die Raumfähre sich der Station Eins näherte, und als sie anlegte, spürten wir einen leichten Ruck. Die Stationshostessen schwebten herein und halfen uns beim Umsteigen in die Station. Das dauerte unge-fähr weitere zwanzig Minuten, und die ganze Reise, vom Start bis zur Station, währte weniger als eine Stunde.

In der Station führte eine Rampe ‹hinunter›, so daß wir nach und nach unser Gewicht ‹wiedergewannen›. Die Aufenthalts-räume und die Restaurants von Station Eins wurden so oft im Fernsehen gezeigt, daß ich Euch nichts Neues darüber be-richten kann; aber von den Leuten möchte ich Euch erzäh-len. Wir hatten Glück; die Raumschiffe verkehren in einem dreitägigen Zyklus, und uns blieb bis zum Start eine Warte-zeit von nur 24 Stunden – aber aus ebendiesem Grund war die Station auch ziemlich bevölkert. Vor uns waren sieben Raumfährenkurse eingetroffen und hatten Passagiere aus al-ler Welt gebracht: Chinesen, Russen, ziemlich viele Inder und eine Gruppe aus Nigeria. Von meinem Schreibplatz aus sehe ich Jenny: Sie ist in einem der Gartenräume und plau-dert mit einem Mädchen, das irgendwoher aus Südasien kommt und – wie Jenny – eine Blumennärrin zu sein scheint.

17. Januar.

Inzwischen ist unsere Zahl hier auf zweitausend gewachsen, und das Hotel war fast ausgebucht. Zum Glück gibt es sehr viele Aussichtsfenster, und wir verbrachten den größten Teil der Zeit damit, die Erde zu beobachten – vielleicht sehen wir sie erst in zwei oder drei Jahren wieder. So hübsch unser Zimmer auch war, wir benützten es nur wenig; es gab viel zuviel zu sehen, nicht nur die Erde, sondern auch zahlreiche Filmvorführungen – und dann all die verschiedenen Menschen! Hingegen beobachteten wir von den Fenstern unseres Zimmers aus die Ankunft des Raumschiffes ‹Konstantin Ziolkowski›: Zuerst erblickten wir das Ende des Triebwerks mit den hellen Suchscheinwerfern, welche die aus den Düsen schießenden Dampfwolken grell beleuchteten. Das Schiff selber gleicht einem überdimensionierten Ball und hat kein einziges Fenster; es sieht aus wie der Kopf einer Kaulquappe, dahinter die riesige Scheibe des Reflektors für die Sonnenenergie. Es dauerte ungefähr drei Stunden, bis wir alle mit unserem Gepäck in den Kabinen untergebracht waren, denn wir hatten uns noch nicht an die Schwerelosigkeit gewöhnt.

Als unsere Reise begann, sprach der Kapitän über die Videoanlage zu uns Passagieren. Er sagte, für die Besatzung und die Reisenden des Raumschiffes gebe es drei Zeitzonen und damit einen Dreischichtenbetrieb; die Uhrzeit differiere um je acht Stunden und entspreche jener von Moskau, Cape Canaveral und dem westlichen Pazifik. Die Restaurants seien rund um die Uhr in Betrieb. Fenster gab es nicht, weil uns ein Schild vor kosmischen Strahlen schützte. Aber dafür vermittelte die Videoanlage gute Sicht, und die Kameras waren so gesteuert, daß man das Rotieren des Raumschiffes nicht gewahr wurde.

18. Januar.

Wir werden in Trab gehalten, und ich verstehe, weshalb der Kapitän die ‹Ziolkowski› und die ‹Goddard› als fliegende Schulhäuser bezeichnet. Jenny und ich nehmen Kurse, um unsere Grundkenntnisse in Russisch und Japanisch – je 800 Wörter – aufzufrischen. Eine nette Idee, die bei den Mahlzeiten praktiziert wird, dient dem gleichen Zweck. Wir sitzen an Vierertischen, und unsere Tischgenossen sind immer entweder ein japanisches oder ein russisches Paar. Für die Mahlzeiten werden nämlich Platzkarten verteilt, und so lernt man immer wieder andere Leute kennen. Das japanische Ehepaar von heute morgen arbeitet, wie wir, beim Kraftwerkbau, und er ist Spezialist für den Guß von Turbinenschaufeln aus Titan. Da Jenny zur Turbinenschaufel-Prüferin ausgebildet wurde, hatten die beiden allerlei zu fachsimpeln! Seine Frau ist Ackerbauexpertin, und ich erfuhr eine ganze Menge darüber, wie man in Japan von kleinen Bodenflächen hohe Ernteerträge einbringt. Wobei ich allerdings gestehen muß, daß ihr Englisch wesentlich besser ist als mein Japanisch – aber mir scheint, sie war nicht ganz ehrlich, denn· sie lernen sicherlich mehr als 800 Wörter!

Heute früh gab es einige Aufregung an Bord, als wir die Bahn der ‹Robert H. Goddard› auf ihrem Flug nach Station Eins kreuzten. Sie war eine gute Stunde lang im Blickfeld der Videoanlage, und die Mannschaft unseres Schiffes sorgte für gute Gelegenheiten zum Fotografieren. Beim Abendessen saßen wir heute mit einem indischen Ehepaar zusammen. Er ist der Bauindustrie zugeteilt – vermutlich deshalb, weil Indien vor allem an der Errichtung weiterer Habitate interessiert ist, viel mehr als an Sonnenkraftwerken wie die meisten andern. Übrigens vergaß ich zu berichten, daß wir am ersten Tag die Umlaufbahn der Sonnenkraftwerke kreuzten. Selbst heute können wir immer wieder eines entdecken, weit weg von uns, in der Nähe der Erde.

Seit einigen Stunden sieht man die Habitate von L5, und wir sind begreiflicherweise alle recht aufgeregt. Offengestanden, manchmal kriege ich etwas kalte Füße: Fast alle Passagiere sind jüngere Leute, und so frage ich mich, ob Jenny und ich, die wir in den Fünfzigern stehen, überhaupt fähig sein werden, hier ein neues Leben zu beginnen. Immerhin muß ich gestehen, daß wir bis jetzt von all dem Gesehenen und Erlebten begeistert sind. Die täglichen kurzen Ansprachen des Kapitäns tragen dazu bei, uns aufzuheitern; er hat mancherlei Erfahrungen mit seinen Passagieren gesammelt, denn er fliegt die Strecke seit zwei Jahren einmal in zwölf Tagen. Daß er sich mit viel Humor für die Qualität der Küche entschuldigt, ist eigentlich überflüssig, denn wir essen ungleich besser, als wir es von irdischen Fluglinien her gewohnt sind. Heute bestellte Jenny Curry von der indischen Speisenkarte; ich war ein wenig skeptisch und hielt mich lieber an ein Steak. Aber dann kostete ich ein wenig vom Curry und kann nur sagen: vorzüglich.

20. Januar.

Das lange Videogespräch mit Euch heute morgen war wirklich großartig! Diese halbe Stunde gebührenfreie Videoverbindung pro Woche bedeutet uns sehr viel. Wir hatten den Eindruck, als seien die Enkelkinder seit unserer Abreise tatsächlich schon wieder gewachsen. Natürlich vergaßen wir in der Aufregung die Hälfte dessen, was wir Euch sagen wollten, aber um alles zu erzählen, hätte die Zeit ohnehin nicht gereicht. Wir sagten Euch, daß wir an ‹Insel Eins› andockten. Es scheint, daß die Insel von der ‹Ziolkowski› und der ‹Goddard› als Umschlagplatz verwendet wird und Auswanderer hier nach den von ihnen gewählten Habitaten umsteigen können. Wir tauschten mit verschiedenen Reisebekanntschaften die Adressen aus und versprachen, uns gegenseitig zu besuchen. ‹Insel Eins› ist natürlich sehr klein und hat einen Durchmesser von nur knapp 500 Metern. Hier gilt Canaveral-Zeit, die zwei benachbarten, gleichartigen Inseln dagegen gehören zu den beiden andern Zeitzonen. Die Zeit der Insel, auf der man aussteigt, stimmt mit jener auf dem Raumschiff überein.

Ich frage mich, wie die ersten Auswanderer sich hier fühlten, als es die ersten ‹Inseln Zwei› noch nicht gab. Ich glaube, es war dennoch schon recht bequem – jedenfalls wurde Jenny und mir eine, wie sie sagen, kleine Wohnung zugeteilt, die immerhin zwei große Zimmer, Küche, Bad und einen hübschen Garten umfaßt. Das Klima hier entspricht dem auf Hawaii, denn anfangs befürchtete man, daß ein anderes Klima unliebsame Veränderungen im Baugerüst des Habitats hervorrufen könnte. Leute, die längere Zeit hier leben, meinen zwar, das Klima sei langweilig, aber wir haben eben den Januarbeginn in Michigan hinter uns und wissen die Sonne zu genießen. Im Garten blühen große tropische Blumen, und die Leute, die vor uns hier lebten, hatten offenbar eine Schwäche für Avocados; einer der Bäume trug gerade eine reife Frucht. Wir fühlen uns wie im Urlaub. Natürlich ließen wir uns einige der uns bisher unbekannten Attraktionen nicht entgehen: Fliegen mit eigener Muskelkraft und langsames Schwimmen unter der Wasseroberfläche.

Als wir uns nach dem Auspacken in unsere Liegestühle legten – ‹auspacken› ist vielleicht etwas übertrieben bei einer
Begrenzung des Gepäcks auf fünfzig Kilogramm! –, sahen
wir über uns den großen Korridor, der zu den mechanisch
bearbeiteten Pflanzungen führt. Die gewölbte Innenfläche
des Habitats ist terrassenförmig angelegt und bepflanzt –
Grün und bunte Farben in Überfülle. Die Sonne steht ungefähr so wie bei Euch um elf Uhr vormittags, und zwar den
ganzen Tag über, bis dann am Abend die Sonnenblenden ge-
schlossen werden und es Nacht wird. Jeden Morgen gegen
sieben Uhr fällt ein leichter Regen, und wenn wir aufwachen,
duftet es köstlich frisch und riecht nach feuchter Erde. ‹Insel
Eins› ist freilich zu klein für ein ‹echtes› Wettergeschehen,
und der ‹Regen› kommt aus Sprinklerdüsen, die wir, wenn
wir uns anstrengen, ungefähr 200 Meter über uns erspähen
können. Genau über uns sehen wir die Gärten der Wohnungen auf der gegenüberliegenden Seite. Merkwürdigerweise
mutet es gar nicht so sonderbar an, Bäume senkrecht hinab-
wachsen zu sehen, viel seltsamer wirken die horizontalen
Bäume, wie man sie in den um einen Viertelkreisbogen von
uns entfernten Gärten sieht.
Die meisten Gärten sind nach oben zu offen. Aber man hat
uns erzählt, daß verschiedene Bewohner, denen die Kleinheit
von ‹Insel Eins› besonders zusagt und die gar nicht in ein
größeres Habitat möchten, ihre Rasenflächen teilweise überdacht haben; so können sie nackt sonnenbaden, ohne von
oben gesehen zu werden. Wenn wir genau hinschauen, sehen
wir ungefähr 300 Meter über uns schwebende Menschenge-
stalten. Die Wohnungen sind hier in Terrassen angelegt, und
damit besitzt jede einen kleinen Garten. Die Wohnbauten
sind zu kleinen Dörfern zusammengefaßt, und diese wiederum sind durch Parkanlagen und Wälder voneinander getrennt. Auf unseren Spaziergängen – es gibt keine Straßen,
dafür aber Fußwege – lernen wir unsere Umwelt kennen,
und ein großer Teil der Dörfer liegt an dem Hang, der zum
Äquator hinaufführt. Die Leute hier lieben offenbar Blumen,
denn alle Pfade sind mit Blumenbeeten gesäumt. Das An-
pflanzen ist natürlich sehr einfach – es gibt ja weder Unkraut

noch Schädlinge, und Sonnenschein und Regen sind genau richtig dosiert. Ich verstehe nun, daß in den Habitaten die Gartenklubs eine so große Rolle spielen und daß manche Kolonisten freiwillig und ohne Entgelt bestimmte Abschnitte zur Betreuung der Pflege übernehmen. Unten, in der Nähe des Flusses, liegt unsere ‹Fifth Avenue›, und dort sind auch die meisten Ladengeschäfte. Die Straße selbst ist zweigeschossig, mit zahlreichen Seitenwegen und vielen Grünanlagen. Sie besteht ungefähr zur Hälfte aus kleinen Restaurants, denn als ‹Insel Eins› gebaut wurde, hatten alle Siedler so viel Arbeit, daß ihnen kaum Zeit zum Kochen blieb. Es gibt auch eine ganze Anzahl von Buchhandlungen, eine Bibliothek und mehrere kleine Kinos.

Noch weiter unten, von der Ladenstraße durch einen Baumgürtel getrennt, liegen die Tennis- und Spielplätze, und dann, am Äquator, am Fluß selber, die Parkanlagen und Badestrände. Auf unserem ersten Entdeckungsspaziergang mußten wir immer und immer wieder hinaufschauen, um die ‹fliegenden› Menschen zu sehen, bis wir der Versuchung, dorthin zu gehen, nicht widerstehen konnten. So stiegen wir auf einem immer steiler werdenden Weg bergan. Das Gefühl war einzigartig: Je höher wir stiegen, desto leichter wurden wir. Die Grünzone blieb zurück, und auf einer Brücke überquerten wir die Fensterflächen. Obgleich der Pfad in einem Winkel von über 45 Grad ansteigt, läßt er sich mühelos erklimmen, weil man mit jedem Schritt an Gewicht verliert. Als auch die Fenster hinter uns lagen, passierten wir auf einem sehr steilen, gewundenen Weg einen wahren Dschungel aus Efeu und Büschen, der an eine Hügellandschaft auf Hawaii erinnerte. Oben auf dem Gipfel hatten sich bereits zahlreiche Spaziergänger eingefunden, Neuankömmlinge wie wir auf Entdeckungsreise. Bei meinem ersten Versuch, mich im schwerelosen Klubraum (der nicht rotiert) zu bewegen, fühlte ich mich nicht gerade in meinem Element. Aber Jenny war begeistert, und als ein Luftvelo frei wurde, probierte sie es gleich aus. Ich schaute ihr vom Klubraum aus zu. Das Luftvelo benützt man in fast liegender Stellung, in Bauchhöhe ist eine Stange angebracht, kein eigentlicher Sitz; drei Paar

schmale Flügel machen das Luftgefährt zu einem Dreidek-
ker; die beiden Propeller sind fast so groß wie die Flügel,
und wenn man die Pedale tritt, bewegen sie sich gegenläufig.
Im Bereich der Zylinderachse des Habitats hatte Jenny ein
wenig Mühe, denn es gab kein ‹Unten›, und das Luftvelo ist
eigentlich für eine Minimalgravitation gebaut. Aber etwas
außerhalb des Zentrums gelang ihr alles bestens, und sie ra-
delte davon. Dann schwebte sie, ohne die Propeller zu betätigen, bis ans Netz hinaus, das den Flugraum begrenzt, flog
nochmals ungefähr einen halben Kilometer mit eigener Kraft
und wendete schließlich; aber da sie nun schon müde war,
ruhte sie sich in dem Netz aus, das dort an den Regensprü-
hern verankert ist, und startete erst dann zur Rückfahrt. Als
sie wieder bei mir war, hatte ich mich so weit an die Schwerelosigkeit gewöhnt, daß auch ich einen kurzen Flug unter-
nahm. Aber bis zum ‹Südpol› war es mir denn doch zu weit.
Übrigens sagte uns jemand, daß man auf ‹Insel Drei› ungefähr einen Kilometer vom Ende entfernt im 5-Prozent-Gravi-
tationsraum eine Cocktailbar eingerichtet habe. Der Flug
dorthin wird die Leute wohl recht durstig machen!
2. Februar.
Papa hat seine Arbeit aufgenommen und ist wie üblich mit
großem Eifer bei der Sache. Für eine gute Weile hat er nun
keine Ferien, und da ist es wohl besser, wenn ich Euch
schreibe. Es war wirklich lieb von Euch, so nette Vorberei-
tungen für unser wöchentliches Videogespräch zu treffen.
Die Kinder sehen prächtig aus, und ich stelle mit Freuden
fest, daß sie sich an unsere Anrufe gewöhnt haben und nicht
mehr so scheu sind wie am Anfang.
Bei unserer Überfahrt nach ‹Insel Zwei› begegneten wir im
Dock einer Gruppe, die einen recht betrübten Eindruck
machte: Es waren einige Kollegen aus unserem Einführungskurs, die sich hier nicht einleben konnten und sich zur Rückkehr auf die Erde entschlossen hatten. Dabei ging es keineswegs um physische Probleme, denn in einem Habitat von der
Größe der ‹Insel Zwei› leidet niemand an Schwindel; aber es
gibt wohl Menschen, für die alles hier draußen so neu und
überwältigend ist, daß sie es nicht verkraften können. Wer

schon längere Zeit hier lebt, nennt die Erscheinung das ‹Weltraumsyndrom›.

Nach ‹Insel Eins› wirkt ‹Insel Zwei› sehr groß. Bauprinzip und Raumaufteilung sind kaum verschieden, aber es ist hier weniger warm; das richtige Klima für Tannen und Kaminfeuer. Ihr wißt doch, wie sehr ich Rhododendron liebe – nun, an unserer Gartenmauer gibt es eine ganze Menge davon.

Meines Wissens hat Papa nie sehr ausführlich über unsere Wohnung geschrieben, aber im Video habt Ihr etwas von ihr zu sehen bekommten. Man hat hier eine sehr glückliche Lösung gefunden: Weil die Sonne praktisch senkrecht über uns steht, ließ man zwischen den Wohnungen einen ungefähr dreißig Zentimeter breiten Spalt; hier fällt nun der Sonnenschein ein, direkt auf eine Pflanzfläche außerhalb des Wohnzimmerfensters. Dadurch ist der Raum nicht nur sehr hell und sonnig, sondern der Spalt wirkt zugleich auch als Lärmschutz, und tatsächlich hören wir von unseren Nachbarn nicht einen Ton. Dafür sind die Vögel recht laut und lebhaft, besonders nach dem morgendlichen Regen, wenn die Schmetterlinge unterwegs sind.

Wir essen ziemlich oft auswärts, probieren die Restaurants aus und lernen viele Leute kennen. Die Bewohner hier sind nett und aufgeschlossen, und wir fühlen uns sicher und geborgen. Vielleicht weil wir alle so wenig an Besitz mitgebracht haben und der größte Teil unseres Einkommens auf die Bank überwiesen wird, denkt hier kaum jemand daran, die Haustür abzuschließen.

Eine besondere Freude ist für mich das Einkaufen im Supermarkt. Ihr würdet staunen: Das Gemüse und die Früchte sind geradezu sensationell, besonders die tropischen Sorten. Zuerst war es mir, als müßte ich alle Erdbeeren und Guajavafrüchte für mich ganz allein aufkaufen! Aber ich gewöhnte mich bald daran, daß sie hier jederzeit zu haben sind. Papa trauert seinen Steaks nach, aber ich tröste ihn damit, daß uns auf der Erde womöglich das Geld fehlen würde, welche zu kaufen. Ich bin Mitglied eines Kochklubs und eines Gartenklubs geworden, und im Augenblick versuche ich das Rezept einer Speise, die man uns neulich in einem Restaurant servierte: ein Hähnchen, das aber ganz wie Hummer schmeckt. Nächstens will ich einen glasierten Schinken zubereiten, der für uns zwei wohl eine Woche reichen wird. Wir haben beide viel Freude am Schwimmen und Tauchen bei geringer Gravitation. Man nähert sich dem Wasser so langsam, daß man mit Leichtigkeit zwei oder drei Saltos vollführen kann, bevor man darin untertaucht.

Die Sechstagewoche mit nur vier Arbeitstagen finden wir sehr angenehm. Ich sage vier Arbeitstage – aber es gibt so viele Klubs und so viele Möglichkeiten für freiwilligen Einsatz, daß wir an den Wochenenden fast mehr arbeiten als in der Fabrik! Selbstverständlich ist alles so arrangiert, daß Parks, Restaurants, Kirchen und so weiter trotz großen Zuspruchs nicht überlaufen sind. Da das Wochenende immer nur für ein Drittel der Einwohner auf die gleichen Tage fällt, sind die Parks nicht einmal leer und dann wieder überfüllt, sondern stets gleichmäßig besucht.

15. Februar.

Auf der Erde brachte ich Papa nie in eine Ballettvorführung. Aber als letzthin die Russen von einem ihrer Habitate herüberkamen, gingen wir beide hin. Die Aufführung fand natürlich in einem Bereich statt, wo nur ein Zehntel Schwerkraft herrscht. Wir beide begriffen, daß ein Ballett eigentlich nur auf diese Weise getanzt werden sollte. Ich verstehe zwar nicht allzuviel davon, aber man konnte sehr gut sehen, mit welcher traumhaften Leichtigkeit die Bewegungen ohne Schwerkraft abliefen. Wir waren einfach überwältigt.

Soviel für heute. Ich umarme Euch in Liebe   Jenny»

Reisen, wie Edward und Jenny sie beschrieben, könnten ungefähr zwölf bis fünfzehn Jahre nach Vollendung der «Insel Eins» Wirklichkeit werden. Falls der kürzestmögliche Zeitplan eingehalten wird, könnte die Bevölkerung im Weltraum innerhalb von zwei Jahren von 500 000 auf 1 Million anwachsen. Das bedeutet, daß täglich ungefähr 700 Auswanderer von der Erde nach L5 gebracht werden müssen – nicht viel, gemessen an den Passagieren, die normalerweise auf jedem unserer Flughäfen täglich abgefertigt werden, aber mehr, als die Raumfähre bewältigen kann; es sei denn, die Flotte und die Startanlagen würden gewaltig ausgebaut. Studien der NASA und ihrer Lieferfirmen ist zu entnehmen, daß bis dahin Raumfähren mit chemischen Raketen einsatzfähig sein werden, die den heutigen wesentlich überlegen sind und ohne den Abwurf bestimmter Bauteile auskommen. Schon in den frühen achtziger Jahren dürfte unsere Technik in der Lage sein, derartige einstufige Raumschiffe zu bauen, die dann in den neunziger Jahren eingesetzt werden könnten. Mit ihnen werden Transporte auf erdnahe Umlaufbahnen weit billiger sein als heute. Hier sei – sinngemäß – eine oft zitierte Bemerkung von Theodore Taylor über die Kosten der heutigen Weltraum-Transportsysteme wiedergegeben[1]: «Die Kosten für Frachttransporte in die Erdumlaufbahn sind heute hoch, doch wäre der irdische Düsenflugverkehr nicht weniger kostspielig, wenn er nach denselben Regeln ausgeführt werden müßte wie die Raumfahrt. Es sind dies folgende Regeln:

1. Monatlich darf nur ein einziger Flug stattfinden.
2. Jedes Flugzeug wird nur ein einziges Mal benützt und dann weggeworfen.
3. Die internationalen Flughäfen am Start- und Landepunkt einer Fluglinie müssen ihre gesamten Unkosten aus den Einnahmen für den Gütertransport decken.»

Dieses Zitat zeigt sehr deutlich, auf welche Weise der Weltraumtransport verbilligt werden könnte: Die Raumschiffe müssen wiederverwendbar sein und die Nachfrage nach Transporten so groß, daß die Flüge in kurzen Zeitabständen erfolgen können.

Nun hat die Geschichte jedoch nicht nur einen, sondern gleich zwei Haken: Erstens geht aus allen bisherigen Studien hervor, daß es äußerst schwierig, wenn nicht gar unmöglich ist, mit Hilfe von chemischen Raketen, ohne aufzutanken, von der Erde nach L5 zu fliegen. Zweitens wären die Entwicklungskosten für ein derartiges Raumfahrzeug, das weit außerhalb unserer gegenwärtigen technischen Möglichkeiten liegt, sehr hoch. Die NASA schätzt die Entwicklungskosten für eine Super-Raumfähre, die unter Wiederverwendung aller Bestandteile umfangreiche Ladungen auf eine Umlaufbahn bringen und zur Erde zurückkehren könnte, auf 40 bis 60 Milliarden Dollar. Die Fähre, von der Edward und Jenny in ihrem «Brief» berichten, ist wesentlich bescheidener, trägt jedoch auch viel weniger Fracht in den Raum.

In dem Zeitabschnitt, auf den sich meine Überlegungen hier beziehen, wird die Beschaffung von Kohlenstoff, Stickstoff und Wasserstoff von den Asteroiden noch nicht zu verwirklichen sein. Vernünftigerweise muß man deshalb annehmen, daß pro Auswanderer je eine Tonne dieser Elemente von der Erde herangeschafft werden müßte, und zwar mit Raumschiffen, die in bezug auf Sicherheit nicht den gleichen Standard aufweisen müssen wie diejenigen für Personentransporte.

Um 700 Personen pro Tag mittels Einstufenraketen zu befördern, deren Nutzlastkapazität nur zwei- bis dreimal so groß ist wie dasjenige der existierenden Raumfähre, sind nicht mehr als fünf Flüge notwendig. Diese Frequenz ist nicht hoch, wenn man bedenkt, daß das Transportmittel komplett wiederverwendbar ist und so nicht vor jedem Flug neu zusammengebaut, sondern lediglich betankt werden muß. Somit werden auch dann noch die beiden Raumhäfen in den USA und in der Sowjetunion ausreichen. Dafür werden aber die Frachtbedürfnisse, ausgedrückt in Tonnage und nicht in Anzahl Flüge, höher sein. Ein ungefähr alle drei Stunden erfolgender Start eines von der Raumfähre abgeleiteten Schwertransportsystems (HLV) würde ausreichen, um den benötigten Nachschub für die Ansiedlungen bei L5, selbst in der Periode des raschen Bevölkerungszuwachses, sicherzustellen. Abgesehen davon dürfte dieses Vehikel um einiges reinere Treibstoffe verbrennen als die existierende Raumfähre.

Ganz anders liegen die Dinge, wenn es darum geht, weiter als bis zu einer erdnahen Umlaufbahn zu fliegen: Die Vorteile der Verfügbarkeit von Sonnenenergie rund um die Uhr und der mühelosen Beschaffung von lunaren Rohstoffen können nur draußen im freien Weltraum genutzt werden. Aber die Reise dorthin dauert viel länger, und wenn die Rohstoffe weiterhin von der Erde herangeschafft werden müssen, wird die Versorgungskette länger und somit entsprechend dünner. Das Problem ist ähnlich gelagert wie bei sehr langen Flugstrecken auf der Erde, wenn das Flugzeug seinen Bestimmungsort anfliegt und dann zu seinem Ausgangspunkt zurückkehrt, ohne aufzutanken.

Die Reise aus einer erdnahen Umlaufbahn nach L5 bringt für die Passagiere gewisse Probleme mit sich, denn sie dauert, selbst beim Einsatz von Hochleistungstriebwerken, ungefähr drei Tage. Hier sind ganz andere Komfortbedingungen zu erfüllen als für den nur halbstündigen Flug von der Erde in die Umlaufbahn. Daß die Besiedlung des Weltraumes nicht mit Reisen beginnen darf, die an Sklaventransporte vergangener Jahrhunderte erinnern, braucht wohl nicht ausdrücklich betont zu werden. Bei genauer Untersuchung der gegebenen Verhältnisse stellen wir nun aber verschiedene Vorteile fest: Für Raumschiffe, die für Reisen von der erdnahen Umlaufbahn weiter hinaus in den Weltraum eingesetzt werden, muß der Schub der Triebwerke das Gesamtgewicht des Raumschiffes nicht übersteigen. Wenn wir uns für relativ niedrige Reisegeschwindigkeiten entscheiden, genügen auch relativ geringe Schubkräfte und damit geringere Beschleunigungswerte. Ein weiterer Vorteil liegt darin, daß bei L5 Rückstoßmasse preiswert zur Verfügung stehen wird. Anstatt monströse Raketen für den Start von der Erde aus zu konstruieren, lösen wir das Problem, indem wir die Raumschiffe bei L5 bauen. Da diese auf ihren Flügen nie in den Bereich der Erdatmosphäre gelangen werden, entfallen auch alle aerodynamischen Konstruktionen. Als Rückstoßmasse für die elektromagnetische Materialschleuder steht bei L5 Industrieschlacke oder flüssiger Wasserstoff zur Verfügung.

Für die Raumschiffe «Konstantin Ziolkowsky» und «Robert H. Goddard» rechnet man mit einem trockenen Gewicht von ungefähr 3000 Tonnen; davon entfallen etwa zwei Drittel auf die elektrodynamischen Triebwerke und ihre Sonnenkraftwerke. Diese Triebwerke werden eine etwa doppelt so große

Rückstoßgeschwindigkeit wie die besten chemischen Triebwerke erreichen. Zwar werden sie mit ihren Sonnenzellen-Auslegern mehrere Kilometer lang sein, doch ist dies ohne Belang, weil sie nie in einer planetarischen Atmosphäre operieren werden.

Um die Gesamtleistung der «Goddard» abzuschätzen, muß das Gewicht der Sonnenzellen samt Auslegern ermittelt werden. Meiner Schätzung nach wird es bei rund dreieinhalb Tonnen pro Megawatt liegen. In einer detaillierten Studie kommt das NASA-Johnson-Space-Center zu dem Schluß, daß dies bereits um 1980 im Zusammenhang mit einem Sonnenkraftwerksatelliten realisierbar wäre. Somit sollte dies – Jahre später – auch für die «Goddard» möglich sein, zumal die Kosten für ein Raumschifftriebwerk nicht gleichermaßen tief gehalten werden müssen wie bei einer wirtschaftlichen zentralen Kraftwerksanlage. Für die «Ziolkowsky», die «Goddard» und ihre Schwesterschiffe wird der Rückflug von L5 in eine erdnahe Umlaufbahn einundzwanzig Tage dauern, der Hinflug aus der Erdumlaufbahn nach L5 etwas mehr als eine Woche. Letzteres entspricht etwa der Zeit, die ein mittelgroßes Schiff für die Überquerung des Atlantiks benötigt. Der Unterschied erklärt sich aus dem Umstand, daß die Raumschiffe beim Abflug von L5 schwer mit Rückstoßmasse für die ständig arbeitenden Triebwerke beladen sind. Etwa zwei Jahrzehnte später, wenn die Transportbedürfnisse noch viel größer sind, werden die Ingenieure sicher auch in der Lage sein, leichtere Sonnenzellen-Ausleger zu konstruieren. Bei einem Verhältnis von ungefähr einer Tonne pro Megawatt kann die Reisezeit auf etwas mehr als drei Tage reduziert werden. Andere, etwa mit Lasern oder Mikrowellenstrahlen arbeitende Triebwerke stehen ebenfalls zur Diskussion. Nukleare Energie ziehe ich hingegen nicht in Betracht. Der Grund hierfür ist einleuchtend: Wenn sich die Entwicklung von Raumkolonien über eine sehr lange Zeit erstrecken soll, ist es wenig sinnvoll, Technologien einzusetzen, die sich auf begrenzte Rohstoffquellen auf der Erde stützen.

Wir können heute schon die untere und die obere Preisgrenze für eine Fahrkarte nach L5 in den Jahren 1990–2000 abschätzen. Die untere Grenze ist bestimmt durch die Reisezeit von einem Monat und die Raumschiffkosten pro Tonne, die etwa dreimal so hoch wie diejenigen eines heutigen kommerziellen Flugzeuges sind. Sie liegt bei etwa 6000 Dollar. Die Kosten für die Rückstoßmasse machen hiervon nur einen Bruchteil aus, weil diese Materialien im Überfluß bei L5 vorhanden sind. Der Flugpreis könnte noch weiter gesenkt werden, wenn die Raumschiffe auf beiden Strecken, dem Hin- und dem Rückflug, voll mit Fracht oder Passagieren beladen sind.

Die obere Preisgrenze liegt bei etwa 30 000 Dollar, und zwar unter der Voraussetzung, daß jedes Raumschiff binnen 18 Monaten seine Kosten decken muß. Dies entspricht der Praxis im amerikanischen kommerziellen Flugverkehr, allerdings bei einem wesentlich höheren Anteil der Treibstoffkosten an den gesamten Kapitalkosten. Sowohl 6000 als auch 30 000 Dollar wären nur ein Bruchteil dessen, was eine Arbeitskraft unter den idealen industriellen Bedingungen bei L5 jährlich produziert, und entsprächen etwa dem Einkommen weniger Monate.

Wir haben angenommen, Edward, Jenny und ihre Mitreisenden seien etwa zwölf bis fünzehn Jahre nach den ersten Siedlern nach Lagrangia ausgewandert. Die ersten Kolonisten sahen sich natürlich schwierigeren Bedingungen und einer beschränkteren Umwelt gegenüber, lebten aber dennoch viel komfortabler als die ersten Einwanderer auf dem nordamerikanischen Kontinent. Es gab keine «feindlichen Indianer» und Lebensmittel im Überfluß.

Wie bereits erwähnt, wird der Ackerbau bei L5 sehr intensiv und voll mechanisiert sein. Natürlich wirken die Kulturen dort eintönig – aber ein Getreidefeld braucht nun einmal nicht abwechslungsreich zu sein. Durch Öffnen und Schließen von Sonnenblenden, die in mehreren Kilometern Entfernung in Richtung zur Sonne angebracht sind, können in den Anbaugebieten lange Sommertage ohne Wind und Sturm geschaffen, also optimale Wachstumsbedingungen erzielt werden.

Die Lufttemperatur wird ständig sehr warm sein, so daß Getreide, Süßkartoffeln, Sorghum (Mohrenhirse) und andere schnellwachsende Nutzpflanzen viermal im Jahr geerntet werden können[2]. Die Abfälle wie auch gewisse Körner- und Hülsenfrüchte dienen als Futter für Hühner, Truthähne und Schweine, so daß den Einwohnern eine große Auswahl an Lebensmitteln, darunter auch proteinhaltiges Fleisch, zur Verfügung steht[3]. Insekten- und Unkrautvertilgungsmittel erübrigen sich, denn das von der Erde importierte erste Saatgut ist absolut frei von Schädlingen jeder Art. Auch der vom Mond gebrachte Anbaugrund ist steril – ihm werden nur Wasser, Kunstdünger und wachstumsfördernde Bodenbakterien beigemengt.

Obschon Rinder viel Raum beanspruchen und für die Umwandlung von Grünfutter in Fleisch unwirtschaftlich sind, wird man Kühe halten, damit für die Kinder ausreichend Milch zur Verfügung steht. In den Dörfern der Insel wird es gewisse Insektenarten, etwa Schmetterlinge, geben, die den Vögeln als Futter dienen, aber auf Stechmücken, Küchenschaben und Ratten wird man gern verzichten. Die Anzüge der Habitatbewohner können sehr leicht sein, wie Edward und Jenny sie beschrieben, denn extreme Klimaschwankungen sind hier unbekannt. Zwar gibt es keine weiträumigen Landschaften; aber auf die müssen auch die Bewohner der irdischen Nordregionen verzichten, wenn sie die langen Wintermonate in ihren vier Wänden verbringen. Wenn wir uns vorzustellen versuchen, wie sich das Leben der ersten Weltraumbewohner gestaltet, müssen wir uns eines der am tiefsten in der menschlichen Natur verwurzelten Bedürfnisse erinnern: des Bedürfnisses, unseren Daseinszweck bestätigt zu sehen und zu wissen, daß das, was wir tun, wichtig und sinnvoll ist. Auf «Insel Eins» wird das jedermann so empfinden, und niemand wird arbeitslos sein. Möglicherweise bilden die ersten Einwohner eigene kleine Lebensgemeinschaften, und jedes Dorf entwickelt eigenständige Merkmale, auch wenn die Nachbardörfer nur wenige Minuten entfernt sind. Viele Vergnügungen der ersten Siedler entsprechen denen, die wir in einem schmucken, wohlhabenden Kurort erwarten: gute Restaurants, Kinos, Bibliotheken und vielleicht kleine Diskotheken. Eines wird gänzlich anders sein als auf unserer Erde: Es gibt weder Autos noch Abgase, denn man geht entweder zu Fuß oder fährt Fahrrad. «Insel Zwei» wird vielleicht nicht nur einen kleinen Fluß besitzen, wie wir ihn auf «Insel Eins» sahen, sondern einen richtigen See. Und weil Sonnenenergie in beliebiger Menge zur Verfügung steht, kann man Wellenmaschinen einbauen, die vielleicht sogar das Wellenreiten erlauben.

Ziehen wir weiter in Betracht, daß jeder Mondarbeiter rund 14 Tage pro Monat ohne oder aber mit künstlichem Sonnenlicht werken muß, sein Transport zur Mondoberfläche etwa doppelt so hoch zu stehen kommt und er schließlich einen beträchtlichen Teil seiner Zeit mit Training verbringen muß, um dem Muskelschwund vorzubeugen, so wird es klar, daß die lunare Industrie nur schwer mit derjenigen bei L5 konkurrieren kann.

Einzig für spezifische Produkte, wie etwa die elektrodynamische Materialschleuder und die dazugehörenden Sonnenkraftwerke, bietet der Mond gewisse Vorteile. So wird er wohl eher eine Art «Außenstation im Weltraum» bleiben, ähnlich den wissenschaftlichen Stationen in der Antarktis.

Auf lange Sicht, wenn Zahl und Größe der Weltraumgemeinschaften weiter wachsen, wird allerdings auch die Mondstation weiter expandieren. Sie wird zwar keine konkurrenzfähigen Produkte fertigen können (vor allem wegen der nicht konstanten Versorgung mit Sonnenenergie, der vorhandenen Schwerkraft und des benötigten größeren Raketenschubs), erlangt aber große Bedeutung für Produkte, die auf dem Mond selbst gebraucht werden. Wahrscheinlich werden die ersten dieser Produkte Transportanlagen sein, gefolgt von Sonnenkraftwerken für den Einsatz auf dem Mond. Auf lange Sicht scheint es ferner auch logisch, Sonnenkraftwerke an verschiedenen Orten rund um den Mond zu errichten, die durch Übertragungsleitungen miteinander verbunden sind, um den Mond pausenlos mit solarelektrischer Energie zu versorgen. Ferner könnte man Kraftwerke auf hohen Bergen in der Nähe der Pole errichten, wo die Sonne fast ununterbrochen scheint. Doch alle diese Möglichkeiten werden wohl erst viel später realisiert werden. Fürs erste wird sich die Erschließung des Mondes auf eine einzige Station beschränken, von der sich die Ingenieure kaum weit entfernen werden.

Je mehr sich das Bild der Wirtschaftlichkeit zusammenfügt, um so klarer wird es, daß Erfolg oder Mißerfolg der Weltraumindustrie völlig vom Selbsterneuerungsprinzip abhängt und demzufolge von dem Transportmittel, mit dem lunare Rohmaterialien zu den Industrieanlagen bei L5 befördert werden können.

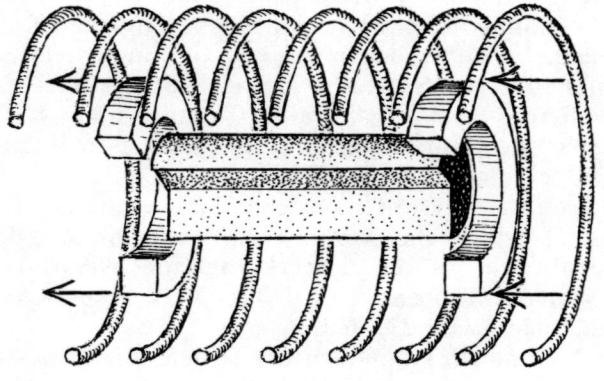

Massenschleuder: Die unter Strom stehende Spule erzeugt ein magnetisches Feld, das die Masse — im konkreten Fall den Transportbehälter — «katapultiert».

Der Einfachheit halber möchte ich dieses Transportsystem «elektrodynamische Materialschleuder» nennen. Es handelt sich um eine Art von umlaufendem Förderband. Mittels magnetischer, durch elektrische Energie erzeugter Impulse wird ein kleiner Behälter, in dem die Nutzlast in Form von verdichtetem Mondmaterial festgehalten wird, auf Mondentweichgeschwindigkeit von rund 2,4 km/s beschleunigt. Ist diese Geschwindigkeit erreicht, so wird nach einer letzten Richtungs- und Geschwindigkeitskorrektur die Nutzlast freigegeben und der Behälter auf einer Auslaufstrecke auf eine relativ niedrige Geschwindigkeit abgebremst, zur Ausgangsposition zurückgeführt und mit einer anderen Nutzlast beladen. Der hauptsächliche Vorteil dieses Systems besteht darin, daß nichts Kostspieliges weggeworfen wird. Der Transportbehälter beispielsweise könnte sogar extrem teuer sein; er würde aber die Startkosten kaum erhöhen, denn er wird innerhalb von Minuten wiederverwendet. Selbst wenn er pro Stück eine Million Dollar kostete, würde er das Kilogramm Nutzlast mit kaum mehr als ein paar Cents Startkosten belasten.

Die elektrodynamische Materialschleuder hätte gut und gern schon vor hundert Jahren erfunden werden können, als die Physiker zu verstehen begannen, was ein Magnetfeld ist. Ein Vorläufer unserer Schleuder wurde vom Altmeister des Science-fiction-Romans, Arthur C. Clarke, schon vor 25 Jahren beschrieben. Im «Journal of the British Interplanetary Society» schilderte Clarke damals die grundlegende Funktionsweise einer elektrodynamischen Lancierung von Nutzlasten zum Mond. Dabei stützte er sich auf militärische Forschungsarbeiten, die die Entwicklung einer elektrodynamischen Schleuder zum Start von Flugzeugen vom Deck eines Flugzeugträgers zum Ziel hatten.

Drei Fakten haben schließlich das System aus dem Science-fiction-Bereich in den Bereich des Realisierbaren gerückt. Da ist zunächst die Idee der umlaufenden Startbehälter – sie hätte zu jeder Zeit konzipiert werden können. (Ich bin in diesem Zusammenhang immer noch darauf gefaßt, eines Tages in einer früheren Publikation einen entsprechenden Hinweis zu finden.) Das zweite Faktum ist die Entwicklung von supraleitfähigen Materialien. Jetzt ist es möglich, Magnete aus solchem Material zu bauen, die kontinuierlich ein starkes Magnetfeld entwickeln. Beim Nutzlastbehälter stellt eine Magnetspule eine Art Griff oder Henkel dar, der von externen Magnetfeldern «gepackt» werden kann.

Das dritte Faktum schließlich ist recht interessant: Zwar wäre es bereits vor einigen Jahren möglich gewesen, ein Objekt mittels Magnetfeldern zu beschleunigen, doch das spezielle Problem beim Mondkatapult liegt in der Steuerung des zu beschleunigenden Objektes. Räder würden bei einer so hohen Geschwindigkeit wegfliegen, und zudem würde der Reibungswiderstand zuviel Energie verschlingen und eine unerwünschte Reibungshitze erzeugen. Der Lösung liegt eine Idee zugrunde, die vor mehr als sechzig Jahren von einem französischen Ingenieur, Emil Bachelet, publiziert wurde. Das Prinzip des «elektrodynamischen Schwebens» besteht darin, daß ein rasch über eine Leitschiene, z. B. ein einfaches Aluminiumprofil, bewegter Dauermagnet Induktionsströme in der Leitschiene erzeugt. Diese Induktionsströme erzeugen ihrerseits ein abstoßendes Magnetfeld, das den Dauermagneten anhebt, d. h. in einer gewissen Minimaldistanz von der Leitschiene hält. Je höher dabei die Geschwindigkeit des Dauermagneten ist, desto größer wird die Distanz und desto kleiner damit der Reibungswiderstand. In den letzten paar Jahren wurden bei entsprechenden Testinstallationen solcher «Magnetfeld»–Schienen in verschiedenen Ländern beachtliche Fortschritte erzielt, gerade rechtzeitig, um für die lunare Materialschleuder genützt zu werden.

Wenn wir die mögliche Konstruktion einer solchen Anlage in Gedanken weiterverfolgen, so müßte als erstes eine Testanlage auf der Erde erstellt werden. Diese würde aus einer dünnen, aus Leichtmetall geformten, von Spulen umgebenen Röhre bestehen, im Durchmesser kaum größer als ein Speiseteller, aber viele Kilometer lang. In gewissen Abständen wären kleinere Kondensatoren zur Speicherung von elektrischer Energie angebracht. Die Spulen schließlich wären mit einem elektronischen Steuergerät verbunden, das dafür sorgen würde, daß ein Stromstoß die Spulen erregt, jedesmal wenn der Transportbehälter vorbeijagt.

Man wird die Schleuder nur durch Fenster beobachten können, denn weil sie für den Einsatz im Vakuum auf dem Mond bestimmt ist, kann sie auf der Erde nur im fast vollkommenen Vakuum getestet werden. Am Ende der Beschleunigungsstrecke wird der Transportbehälter abgebremst und automatisch auf einer Nebenstrecke überprüft, mit neuer Nutzlast beladen und gewogen, auf die Beschleunigungsstrecke zurückgeleitet und bei der ersten Beschleunigungsspule in Bewegung gesetzt. Bei jeder weiteren Spule erfolgt, gesteuert durch eine Fotozelle, die weitere Beschleunigung durch einen Stromstoß. Wenn der Behälter die nötige Endgeschwindigkeit erreicht hat, wird er leicht abgebremst, und die Nutzlast wird freigegeben. Anschließend erfolgt die weitere Abbremsung mittels Bremsspulen, und in einer Kurve wird der Behälter zum Startpunkt zurückgeführt.

Für die Versorgung der Anlage auf dem Mond mit elektrischer Energie bieten sich Sonnenzellen oder kleine Kernkraftwerke an. Der Energiebedarf ist nicht sehr groß; er entspricht etwa einem Zehntel dessen, was ein durchschnittlicher Generator auf der Erde heute erzeugt. Neueste Studien zeigen deutlich, daß ein Sonnenkraftwerk gewichtsmäßig um so viel leichter ist als ein Kernkraftwerk, daß es selbst in Anbetracht der 14tägigen Mondnacht immer noch vorzuziehen ist. So weit heute überblickbar, ist dies übrigens der einzige Ort im gesamten Weltraumindustriekonzept, wo Kernenergie überhaupt in die Nähe einer gewissen Wirtschaftlichkeit rückt.

Ähnlich einem Artverwandten, dem in der Hochenergiephysik verwendeten Linearteilchenbeschleuniger, ist die elektrodynamische Materialschleuder auch dann noch funktionstüchtig, wenn ein paar Spulen ausfallen. Zur Erhöhung der Sicherheit planen wir, längs der ganzen Strecke zusätzliche Spulen anzubringen, die im Normalbetrieb ausgeschaltet sind. Im Falle des Versagens einer oder mehrerer Spulen können diese Ersatzspulen zugeschaltet werden, so daß die Anlage weiterarbeiten kann. Während der Wartungsperiode,

z. B. während der Mondnacht, können dann die defekten Einheiten vom Unterhaltsdienst ausgewechselt werden.

Das gesamte Weltraumindustriekonzept zeichnet sich dadurch aus, daß mit Ausnahme der Materialschleuder alle Geräte und Verfahren eine Variante dessen darstellen, was wir bereits kennen und anwenden. Die Raketen sind konventionell, und die Produktionsverfahren sind nur in bezug auf ihren Einsatzort im Weltraum neu. Die Habitate sind zwar einzigartig in Form und Aussehen, weil sie ja im Vakuum und in der Schwerelosigkeit gebaut werden, bieten aber grundsätzlich keine anderen Probleme als etwa der Haus- oder Schiffsbau auf der Erde. Niemand hat allerdings bis heute eine elektrodynamische Schleuder gebaut, und so gilt es erst die gesamte Theorie zu erarbeiten und anschließend in verschiedenen Modellen auszutesten, um sicherzugehen, daß wir mit unseren Plänen richtig liegen.

Nachdem ich 1974 einen Artikel u. a. auch über die Materialschleuder veröffentlicht hatte, geschah wenig, um den ganzen Komplex näher zu erforschen. Erst 1976, als ich eine NASA-Studie über mögliche Konkurrenzvorhaben zum Weltraumindustriekonzept leitete, erhielt das Projekt neue Impulse. Bei dieser Studie hatte ich das Glück, mit Dr. Henry Kolm vom Massachusetts Institute of Technology und Dr. Frank Chilton von Science Applications in Kalifornien zusammenarbeiten zu können. Kolm und Chilton waren Leiter von Arbeitsgruppen, die die Ideen des magnetischen Schwebens und der elektrischen Linearmotoren für neuartige Hochgeschwindigkeitsbodentransportsysteme weiter untersuchten. Ihre Arbeitsgruppen hatten beachtliche Arbeitsmodelle und eine ganze Menge von Theorien in zahlreichen Veröffentlichungen erarbeitet. Es ist traurig und bezeichnend für Amerikas Abkehr vom alten Pioniergeist, daß beide Projekte in den frühen siebziger Jahren vom nationalen Office of Management gestrichen wurden. In jenen Jahren übernahmen denn auch Deutschland und Japan die Führung auf diesem Gebiet. Mit einem Aufwand von mehr als hundert Millionen Dollar pro Jahr in jedem der beiden Länder wurden bis 1977 operationelle 1 : 1-Modelle von Magnetfeldvehikeln entwickelt.

Wenn wir dann, von der Entwicklung überrascht, doch eines Tages entdecken, daß wir zur Lösung unserer Schnelltransportprobleme diese Technologie benötigen, müssen wir sie für Dollars im Ausland kaufen, was u. a. einen negativen Einfluß auf unsere Zahlungsbilanz hat. Mit anderen Worten: Amerika kauft ein Verfahren, das es, wenn es nur ein bißchen weiser gehandelt hätte, selbst hätte entwickeln können. 1976 waren wir dank der Erfahrung von Chilton und Kolm in der Lage, die wohl wichtigste Frage bezüglich der elektrodynamischen Materialschleuder zu beantworten: die Frage nach der Durchführbarkeit des Projektes. Beide Experten waren überzeugt, daß die Antwort nur ein Ja sein konnte. Kolm schlug zudem eine «axiale» Geometrie vor, was den Einsatz von runden Spulen und damit eine noch bessere Führung des zu beschleunigenden «Magnetfeldschlittens» bedeutet. Beide Forscher waren überzeugt, daß meine früheren Berechnungen für die Beschleunigung des Mondkatapults zu vorsichtig waren, und errechneten Möglichkeiten einer Beschleunigung von mehreren hundert g, was natürlich die Länge der Beschleunigungsstrecke stark reduziert.

Ende 1976, Anfang 1977 konnte ich unter nahezu optimalen Bedingungen viel Zeit der weiteren Erforschung der elektrodynamischen Beschleunigung widmen. Als «Hunsaker Professor of Aerospace» war ich während des ganzen Jahres am M.I.T. tätig und hatte, nur einen Block von Henry Kolm getrennt, Gelegenheit, eng mit diesem hervorragenden Wissenschaftler zusammenzuarbeiten.

Meine Anstrengungen galten vor allem der Theorie der elektrodynamischen Beschleunigung. Beim Versuch, die zu beschleunigenden Massen zu optimieren, gelang es mir auch, die effektivste Anlage mit kleinstem Gewicht zu entwerfen. Im ersten Semester des Jahres 1977 führte ich auf Einladung von Professor Rene Miller, Leiter der Aerospace-Abteilung am M.I.T. und Präsident des American Institute of Aeronautics and Astronautics, mehrere Seminare über Probleme der Beschleunigung, der Lenkung sowie die Konstruktion von Anlagen für die elektrodynamische Beschleunigung durch. Aus diesen Seminaren ging eine von der NASA unterstützte

«Sommer-Studiengruppe» hervor, in der Henry Kolm, Stewart Bowen, einige ausgezeichnete Studenten und ich die Seminar-Resultate in brauchbare Computerprogramme umsetzten und so unsere Kenntnisse soweit als möglich vertieften.

Unterdessen erreichten wir eine weitere, aufsehenerregende Etappe auf dem Gebiet der elektrodynamischen Beschleunigung: die Konstruktion des ersten Arbeitsmodells. Im Winter 1976/77 entwarfen Kolm und ich einen axialen Beschleuniger mit einer Länge von knapp zwei Metern, also etwa der Länge eines Skis. Der Vergleich ist gar nicht so abwegig, denn dieser Winter erwies sich als einer der härtesten seit Menschengedenken. Wir verfügten über keinerlei Budget und waren im Januar 1977 auf die unbezahlte Mithilfe von einigen Studenten und eines jungen Doktoranden, Bill Wheaton, angewiesen. Das Material stammte vom Abfallhaufen in Kolms Labor und wurde ergänzt durch Gegenstände wie Bruchstücke von Kupferleitungen, der Bürste eines Autoanlassermotors und Kondensatoren, wie sie Fotoamateure in ihren Blitzlichtern verwenden.

Versuchsmodell einer Massenschleuder für hohe Geschwindigkeiten.

Anfang Mai war das Modell fertig, und wir demonstrierten es während des letzten Seminars. Dann wurde es nach Princeton gebracht, von wo es überall herumgereicht wurde. In Princeton war es der Star einer Veranstaltung und wurde in voller Aktion von einer Reihe von Fernsehstationen im Bild festgehalten. Danach wurde es nach Kalifornien gesandt, wo es den Höhepunkt einer Pressekonferenz bildete, die die NASA-Studie über Weltraumindustrie am Ames Research Center zum Thema hatte. Von dort gelangte es nach Los Angeles, wo es vor tausend Gästen, die der Gouverneur Jerry Brown anläßlich des ersten Freifluges des Space Shuttle eingeladen hatte, tadellos funktionierte.

Im Modell beschleunigte der Transportbehälter von Null auf 120 km/h in einer Zehntelsekunde. Bezeichnenderweise war die Beschleunigung bei diesem ersten Modell bereits größer als noch vor einigen Jahren beim «letzten» Modell berechnet. Bei all diesen Demonstrationen kümmerten sich zwei Studenten, Kevin Fine und Bill Snow, um die Aufstellung und den Betrieb des Modells. Später, gegen Ende 1977, führte Kevin die Arbeiten weiter und entwickelte in einer Doktorarbeit weitere Theorien über die elektrodynamische Materialschleuder.

Dann wurde uns von der NASA eine bescheidene Summe für die weitere Forschungsarbeit zur Verfügung gestellt, und wir – Princeton und M.I.T. – begannen eine gemeinsame Studie mit dem Zweck der Schaffung eines Hochleistungsmodells. Zu Beginn des Jahres 1977 war ich überzeugt, daß wir die Theorie der elektrodynamischen Beschleunigung so weit beherrschten, daß wir daran denken konnten, nicht nur ein Mondkatapult zu bauen, sondern dieses Transportsystem in irgendeiner fortgeschrittenen außerirdischen Industrieanlage zum Einsatz zu bringen – doch davon etwas später. Zunächst wollen wir gemeinsam die Bahn von Mondmaterial vom Mond zu einer und durch eine Weltraumproduktionsstätte verfolgen.

Der lunare Bergbau erfolgt auf relativ einfache Weise. Die chemische Weiterverarbeitung des Rohmaterials wird bei L5 vorgenommen. Die dabei anfallenden Abfallprodukte dienen als Nährboden für den Getreideanbau, als Strahlenschutzschild gegen kosmische Strahlen oder als Reaktionsmasse für elektrodynamische Triebwerke beim Einsatz im freien Weltraum. Somit ist es nicht notwendig, gleich an Ort und Stelle, also auf dem Mond, eine erste Verarbeitung des lunaren Materials vorzunehmen. Experten der Metallverarbeitung, die das Problem studiert haben, sind der Ansicht, daß es zweckmäßiger wäre, das Abraummaterial statt durch Schmelzen durch Sieben oder magnetische Kräfte in seine Bestandteile zu zerlegen, um die brauchbaren Fragmente möglichst groß zu halten. Nach dieser ersten, einfachen Bearbeitung kann das Material verdichtet, verpackt und für den Transport bereitgemacht werden.

Dr. David Criswell hat das Problem der «Verpackung» des Mondmaterials während der Reise vom Mond in den Weltraum untersucht. Dabei entwarf er eine spezielle Fabrikationsanlage, die Glasfasern herstellt und diese zu Transportsäcken verwebt. Glücklicherweise gibt es praktisch überall auf der Mondoberfläche jede Menge Glas in Form von Sand, der in Sonnenöfen geschmolzen werden kann.

Wenn man zum erstenmal den Ausdruck «Bergbau auf dem Mond» hört, denkt man unwillkürlich an riesige abgebaute Halden und Mulden, gewaltige Abraummaschinen, wie sie typisch sind für die Tagbaugebiete auf unserer Erde. Auf dem Mond wird dies allerdings viel bescheidenere Ausmaße haben. Selbst wenn die Oberfläche bis zur Tiefe einer kleineren Kiesgrube abgetragen wird und die Fördermenge einige Millionen Tonnen pro Jahr erreicht, wird die ganze Anlage trotzdem so klein und überschaubar bleiben, daß man ihre gesamte Ausdehnung in wenigen Minuten abschreiten könnte. Bergbauexperten, die das Problem studiert haben, sind der Ansicht, daß eine Mine auf dem Mond so klein sein wird, daß bereits ein einziger Bulldozer ausreicht, um das benötigte Material abzubauen.

So lange wir große Mengen von Elementen benötigen, von denen im Mondmaterial nur wenig vorhanden ist, müssen wir auch nicht nach neuen Lagerstätten suchen. Eine durchschnittliche Bodenprobe, etwa der «Mondstaub», den

Apollo 12 zur Erde zurückbrachte, besteht gewichtsmäßig zu etwa einem Drittel aus Metallen und etwa einem Fünftel aus Silikon, das zur Herstellung von Solarzellen benötigt wird. Sauerstoff schließlich, im Oberflächenmaterial chemisch gebunden, ist anteilmäßig das am stärksten vertretene Element. Bei der Weiterverarbeitung des Mondmaterials wird es als willkommenes «Abfallprodukt» in großen Mengen anfallen.

TV-Übertragungen vom Mond sowie die Berichte der Apollo-Astronauten haben gezeigt, daß der Mensch auf dem Mond im Raumanzug nur langsam und ineffizient arbeiten kann. Soll die geplante Außenstation auf dem Mond jedoch ihren Aufgaben schnell und effektiv gerecht werden, müssen die im Raumanzug auszuführenden Aktivitäten auf ein Minimum beschränkt werden. Die zeitraubendste Aufgabe wird ohne Zweifel die Erstellung und Austestung des Mondkatapults sein. Ohne das Massenbudget zu sehr zu belasten, könnte ein genügend großer Aluminiumbehälter in Form eines Zylinders auf den Mond geschafft werden, der als mobiler Unterstand für den Bau der Schleuder dienen würde. In diesem zusätzlich durch eine Schicht Mondmaterial vor kosmischen Strahlen geschützten Tunnel könnte der Bau und die Überprüfung der Anlage ohne Raumanzug erfolgen.

Treffen dann nach einer gewissen Zeit auch die Köche, Ärzte und Kommunikationsexperten auf dem Mond ein, wird die gesamte «Lunarmannschaft» etwa 50 Mann umfassen. Nach Beendigung der Bauarbeiten, wenn die Station zur normalen Bergbautätigkeit übergeht, werden nach überzeugenden Schätzungen höchstens noch acht oder zehn Leute nötig sein, um die gesamte Anlage in Betrieb zu halten. Während einer typischen Arbeitsschicht wird ein Mann die automatisch arbeitende Materialschleuder überwachen, während ein anderer mittels Radio und TV das Abraumvehikel steuert. Dabei können die beiden, im gleichen Raum vor Kontrollarmaturen postiert, miteinander schwatzen und Kaffee trinken.

Die lunare Basis wird wohl die abgelegenste und am schwierigsten zu erreichende Stelle im Weltraum sein, wo Menschen leben und arbeiten. Und trotzdem wird sie kaum jemals veröden: Wissenschaftler werden den Mond besuchen, um dort verschiedene Forschungsaufgaben zu lösen, und immer neue Bautrupps werden die Anlage des Mondkatapults ständig ausbauen und verbessern. Soweit wir es heute überblicken können, wird die Mondschleuder pro Jahr über eine Million Tonnen Material vom Mond befördern können. Doch die dazu benötigte Stromversorgungsanlage wird noch aufwendiger sein als die Materialschleuder selbst, darum wird es sinnvoll sein, zu Beginn der Operationen nur einen Bruchteil des beim Vollausbau benötigten elektrischen Stroms zu produzieren und erst nach und nach durch Bau von zusätzlichen Sonnenzellenanlagen die Kapazität der gesamten Installation zu steigern.

Einmal installiert und betriebsbereit, wird das Katapult die Nutzlasten in einem flachen Winkel vom Mond wegschießen. Nach wenigen Minuten passieren die Frachtstücke eine Kontrollstation, viele Kilometer vom Startort entfernt, wo ihre Position sehr genau vermessen wird. Mit Hilfe des gleichen elektrostatischen Prinzips, nach dem der Elektronenstrahl in einer Bildröhre gelenkt wird, werden Geschwindigkeit und Flugwinkel der Frachtstücke korrigiert. Neueste Berechnungen zeigen, daß nach einer solchen Korrektur die Kursabweichung höchstens noch einige Meter beträgt – und dies bei Weltraumdistanzen!

Nachdem die Frachtstücke die Mondanziehung überwunden haben, ziehen sie ihre Bahn mit relativ geringer Geschwindigkeit weiter. Und wohin führt diese Bahn? Das beste Ziel scheint der zweite Lagrangesche Punkt, L2, zu sein, der sich draußen im Weltraum, über der Mondrückseite befindet. Dort draußen sammelt ein Kollektor die in ununterbrochener Folge heranfliegenden Frachtstücke auf. Von dort aus werden jeweils mehrere tausend Tonnen auf einmal mittels eines Tug mit geringer Schubkraft zum Punkt L5 befördert. Dieser Tug könnte sehr wohl mit einer kleineren Version des lunaren Transportsystems, also mit einer elektrodynamischen Beschleunigungsanlage, als Antriebseinheit ausgerüstet sein.

Die Newtonschen Gesetze lehren uns, daß eine Anlage, die Massen beschleunigen und wegtransportieren kann, ebensogut als Rückstoßantrieb zu verwenden ist, also wie ein gewöhnlicher Raketenmotor. Der «Motor» der elektrodynamischen Schleuder, mit der ständigen Schubkraft von mehreren Tonnen, ist bestens geeignet, große Nutzlasten im Raum fortzubewegen. Seine Leistung ist etwa mit derjenigen der beiden Feststoffmotoren des Space Shuttle zu vergleichen.

Das lunare Katapult ist natürlich nicht als Raketenmotor gedacht, doch während der intensiven theoretischen Arbeit über elektrodynamische Materialschleudern reizte es mich, einmal die Möglichkeit des Einsatzes eines Tug als solarelektrisch betriebene Antriebseinheit durchzurechnen. Das Resultat war so vielversprechend, daß ich es in einem Artikel im Jahre 1977 veröffentlichte.

Sehen wir uns nun einmal unsere Pläne zur Besiedlung des Weltraumes realistisch an: Wohl niemand ist bereit, den Bau von Weltraumsiedlungen nur um der Sache willen zu finanzieren, und mögen sie noch so attraktiv sein. Nein, werden solche Habitate gebaut, so geschieht dies aus denselben Gründen, aus denen auf der Erde Häuser gebaut werden: Irgendwo entsteht eine Industrie mit Arbeitsplätzen und damit auch ein Wohnungsmarkt für die Unterbringung der Arbeiter und ihrer Familien.

Und wenn draußen im Weltraum, auf hohen Umlaufbahnen, Produkte in großen Mengen benötigt werden, so ist es unsere Aufgabe, möglichst wirtschaftliche Produktionsstätten und Transportsysteme zur Herstellung und Verteilung dieser Produkte zu schaffen. Wie können wir nun die Investitionen für entsprechende Transportsysteme möglichst niedrig halten? Indem wir uns auf ein System stützen, das sich bereits in Entwicklung befindet: den Space Shuttle. Während der jahrelangen Planungszeit wurde von einem Verkehrsmodell ausgegangen, das etwa 60 bis 120 Flüge pro Jahr vorsah. Muß dabei ein Orbiter zur Unterstützung eines bestimmten Experiments für längere Zeit im Orbit verbleiben, reduziert sich dadurch natürlich die Anzahl möglicher Flüge im Jahr. Um nicht nur den gegenwärtigen (drastisch reduzierten) Fahrplan der NASA einhalten zu können, sondern auch die Bedürfnisse der Weltraumindustrie zu befriedigen, muß die heutige

Flotte von fünf Einheiten natürlich vergrößert werden. In der ersten Planungsphase war der Space Shuttle vor allem dafür vorgesehen, Komponenten einer zukünftigen Raumstation in die Umlaufbahn zu befördern. Seit aber neuerdings das entsprechende Budget immer mehr beschnitten wird und die ursprünglich geplante Raumstation zu einer kleinen Werkbank im Weltraum zusammengeschrumpft ist, wurden die Einsatzpläne geändert. Jetzt soll der Space Shuttle vor allem Weltraumlabors in die Umlaufbahn bringen und zusammen mit ihnen als temporäre Weltraumstation dienen. So wird die Transportkapazität etwa so genützt, wie wenn man mit einer 747 von Amerika nach Europa reisen und die Maschine während des einwöchigen Ferienaufenthaltes am Boden als Hotel benützen würde! Die NASA hat zwar im Moment keine andere Wahl; wenn aber der Space Shuttle wirklich als solches eingesetzt werden könnte, d. h. in echtem Pendelverkehr Ausrüstungsgegenstände in die Umlaufbahn bringen und sofort wieder zur Erde zurückkehren würde, könnte mit nur drei oder vier zusätzlichen Einheiten die Zahl der Flüge von gegenwärtig 60 geplanten verdoppelt werden.

In meinem Aufsatz «Der billige Weg zur Weltraumindustrie» skizzierte ich den Weg zu einer Hochleistungsweltraumindustrie innerhalb von wenigen Jahren. Dabei stützte ich mich auf das gegenwärtige Modell von 60 Flügen pro Jahr. In späteren Jahren könnten, immer nach meinen Vorstellungen, gewisse Flüge vom HLV ausgeführt und Space Shuttles vor allem als Personentransporter eingesetzt werden. Ihre Nutzlastbucht, etwa von der Größe und der Form des Inneren einer DC 9, könnte, entsprechend ausgebaut und eingerichtet, etwa dieselbe Anzahl Leute transportieren wie das erwähnte Flugzeug.

Mein Aufsatz basierte hauptsächlich auf den Ergebnissen einer NASA-Studie aus dem Jahre 1976 über die Weltraumindustrialisierung. In jener Studie gelangte man zum erstenmal zu zuverlässigen Schätzungen über Größe und Gewicht von Weltraumfabriken sowie über die benötigte Anzahl von Leuten bei gegebenem jährlichem Ausstoß. Im Jahre 1977 schließlich arbeitete ein Team unter der Leitung von John

Shettler von der General Motors Corporation auf der Grundlage meines Artikels detaillierte Nutzlast- und Passagiertransportpläne aus. Dies alles sind erste Schritte auf dem Weg zu einer möglichst wirtschaftlichen und kostengünstigen Weltraumindustrie. Es ist wohl an dieser Stelle nicht angebracht, all die vielen Aufstellungen und Tabellen im Detail aufzuführen. Ich möchte viel eher weitere mögliche Meilensteine auf dem Weg zur operationellen Weltraumindustrie aufzeigen.

Alle Ausrüstungsgegenstände, die wir auf den Mond bringen wollen, müssen zuerst in die Mondumlaufbahn gebracht werden. Ebenso der Raketentreibstoff, damit das Ganze weich auf der Mondoberfläche aufsetzen kann. Der Space Shuttle kann diese Aufgabe nicht übernehmen, und wollte man einen raketenbetriebenen Tug dafür einsetzen, so hätte der Shuttle all den hierfür gebrauchten Treibstoff ebenfalls heranzuschaffen. Für den Verkehr zwischen der Erd- und der Mondumlaufbahn sehen wir eine kostengünstige kleinere elektrodynamische Materialschleuder vor. Diese könnte in mehreren Shuttle-Flügen in die Erdumlaufbahn gebracht und dort zusammengesetzt werden.

Woher nehmen wir nun aber die Rückstoßmasse für die Schleuder? Wie erwähnt, muß sie ja, um einen Schub zu entwickeln, etwas wegkatapultieren. Die Lösung liegt beim externen Treibstofftank des Shuttle, der ohnehin «weggeworfen» wird. Der Orbiter hat ja bekanntlich eigene Triebwerke, die SSME (*Space Shuttle Main Engins*), aber keinen Treibstofftank. Wenn das Vehikel startet, so reitet es gewissermaßen auf dem Rücken eines gewaltigen Zylinders. Im Innern dieses Zylinders sind große Tanks mit flüssigem Wasserstoff und flüssigem Sauerstoff untergebracht. Während seines Aufstiegs in die Umlaufbahn beziehen die Triebwerke des Shuttle Treibstoff und Oxydator aus diesem Großcontainer, der nach Erreichen der Umlaufbahn leergepumpt ist und nicht mehr benötigt wird. Die gesamte Konstruktion wird also nach knapp 20 Minuten wertlos und kann weggeworfen werden. Wenn man berücksichtigt, daß das Leergewicht des Treibstoffzylinders größer ist als die Nutzlastkapazität des

Shuttle, so ist es geradezu schändlich, diese wertvolle Masse einfach in den kosmischen Mistkübel zu werfen.

Im «Billig-Weg-Plan» werden diese Treibstoffzylinder einem weiteren Verwendungszweck zugeführt, und zwar sehen wir ein regelrechtes Lager für gebrauchte Tanks im Orbit vor. Einige werden an Ort und Stelle in Wohnstätten für Weltraumarbeiter umgerüstet. In jedem Tank finden etwa 20 gut ausgerüstete Appartements für ebenso viele Weltraumarbeiter Platz. Nach den Plänen von Shettler sollen solche modulare Wohnzentren überall im Weltraum entstehen: auf niederen Umlaufbahnen als Trainings- und Untersuchungszentren für die Arbeiter, auf hohen Umlaufbahnen als Unterkunft für die Bauarbeiter, welche die Weltraumfabriken bauen, und schließlich bei L2 für das Unterhaltsteam, das den Nutzlastkollektor wartet, und auf der Mondoberfläche. Sobald dann lunares Material verfügbar ist, können diese ersten Wohneinheiten mit dicken Strahlenschutzschirmen ausgerüstet werden. Bis es soweit ist, wird ein minimaler Schutz vor Sonnenausbrüchen dadurch erreicht, daß die dehydrierten Nahrungsmittel längs der Wände aufgeschichtet werden.

Der weitaus größte Teil der Tanks aber wird als Rückstoßmasse für die Materialschleuder enden, und zwar in Form von Kügelchen oder Pulver. Ein typischer (unbemannter) Transport würde etwa folgendermaßen ablaufen: Mehrere hundert Tonnen Nutzlast vom Space Shuttle in vielen Flügen in eine Erdumlaufbahn gebracht, würden mit Hilfe einer elektrodynamischen Schleuder langsam in Richtung Mond in Bewegung gesetzt, und zwar dadurch, daß eine noch größere Gesamtmasse von Tankmaterial in Form von winzigen Kügelchen ständig in einer der Flugrichtung entgegengesetzten Richtung wegbeschleunigt wird. Dabei werden diese «Rückstoßkügelchen» auf Werte beschleunigt, die viel höher liegen als die Geschwindigkeit, mit der die Verbrennungsgase einen konventionellen Raketenmotor verlassen. Nach einem Flug von mehrmonatiger Dauer erreicht das Transportvehikel die Mondumlaufbahn, wo die Nutzlast «ausgeladen» wird, worauf das Vehikel in sehr viel kürzerer Zeit wiederum die Erdumlaufbahn erreicht und eine neue Last aufnimmt.

Nach unseren heutigen Vorstellungen müßte das Weltraum-industrialisierungsprogramm in mehreren Etappen realisiert werden, und zwar so, daß im Falle des Auftretens eines unlösbaren Problems das Programm an eben jener Stelle abgeschlossen werden kann. Zwar rechnen wir nicht mit solchen Problemen; die Finanzierung läßt sich aber viel leichter regeln, wenn eine eindeutige Marschroute mit entsprechenden Wegmarken vorgezeichnet ist und das Endziel nicht in einem Schritt angestrebt wird.

Die erste Etappe wäre die Installation des lunaren Katapults und die ersten Transporte von Mondmaterialien in den Weltraum. Es scheint, daß hierzu ungefähr zwei Jahre intensiven Shuttle-Fluges nötig sein werden. Ist diese Etappe erst einmal bewältigt, werden wir in der Lage sein, das Zehnfache an Material, das der Shuttle transportieren kann, in eine hohe Umlaufbahn zu bringen. Zu jenem Zeitpunkt wird auch genügend Material für Schutzschilde und Rückstoßmasse zur Verfügung stehen.

Die zweite Etappe wird durch den Beginn der chemischen Weiterverarbeitung des Mondmaterials gekennzeichnet sein. Mit Hilfe großtechnischer Verfahren wird aus dem Mondmaterial im Weltraum reines Metall, Glas und Sauerstoff gewonnen werden. Dann wird ein weiteres Jahr intensiven Shuttle-Fluges notwendig sein, um die Einzelteile der chemischen Fabrik, die für die Stromversorgung benötigten Sonnenzellen und andere Ausrüstungsgegenstände in die Erdumlaufbahn zu bringen. Am Ende dieser Etappe werden etwa ein- bis zweihundert Arbeiter im Weltraum tätig sein.

Dann beginnt eine andere Anwendung des «Selbsterneuerungsprinzipes». Die meisten bis jetzt erwähnten Anlagen, etwa die elektrodynamische Materialschleuder oder chemische Fabriken, scheinen vergleichsweise eher leicht an Gewicht. Es ist vorteilhafter, diese Anlagen auf der Erde zu bauen und sie erst nach einer Überprüfung, in größere Einzelteile zerlegt, mit Hilfe des Shuttle in die Umlaufbahn zu bringen. Um einiges massenreicher jedoch sind die gewaltigen Sonnenzellenflächen, die benötigt werden, um Schleuder und chemische Fabriken mit elektrischer Energie zu versorgen. Nun wird aber bereits die erste Weltraumfabrik mehrere tausend Tonnen Metalle, Silikon und Sauerstoff produzieren. Und genau diese Produkte wollen wir dazu verwenden, das «Selbsterneuerungsprinzip» zu initialisieren.

Die Metalle und das Silikon werden dazu verwendet, Sonnenzellenflächen zu bauen. Diese erhöhen die Stromversorgung des lunaren Katapultes, das dank der dadurch gesteigerten Leistung mehr Mondmaterial vom Mond wegbefördern kann – Mondmaterial, das dazu verwendet wird, weitere Weltraumfabriken zu bauen und mit Rohmaterial zu versorgen. Der Sauerstoff findet verschiedenartige Verwendung: Er wird in großen Mengen in den Triebwerken von Tugs und Mondlandeeinheiten verbrannt, zur Herstellung von Wasser für die Versorgung der Weltraumarbeiter benutzt und dient schließlich als ideale Rückstoßmasse für die Transportvehikel von übermorgen.

Aller Wahrscheinlichkeit nach werden wir über sieben bis acht Jahre hinweg Millionen von Tonnen Mondmaterial pro Jahr auf diese kostensparende Art verarbeiten können, ohne die Nutzlastkapazität des Shuttle zu überfordern. Und wie steht es mit der Rentabilität? Gemäß unserem Verkehrsmodell kosten die Startoperationen für den Shuttle pro Jahr etwa eine Milliarde Dollar. Dies für einen Zeitraum von etwa sieben Jahren. Nach dieser Zeit produzieren wir dann etwa ein Drittel einer Million Tonnen hochwertiger Produkte pro Jahr und liefern sie in die geostationäre Umlaufbahn oder an irgendeinen anderen Punkt in Erdnähe, wo sie gebraucht werden. Eine realistische, wenn auch eher vorsichtige Schätzung mißt den im Weltraum gefertigten Produkten einen ungefähren Wert von rund hundert Dollar pro Kilogramm zu. Allein die Kosten für den Transport eines Kilogramms Ware von der Erde in eine hohe Umlaufbahn betragen, selbst beim Einsatz von total wiederverwendbaren Raketen, ein Vielfaches davon. Setzt man den Wert der Waren für den gesamten Ausstoß ein, so kommt man auf die runde Summe von 30 Milliarden Dollar jährlich, welche die Weltraumfabriken produzieren würden. Wahrlich ein außerordentlich günstiges Geschäft!

Wann aber kann all dies Wirklichkeit werden? In verschiedenen, in den Jahren 1976 und 1977 angestellten Untersuchungen, in enger Zusammenarbeit mit der NASA und von ihr unterstützt, wurde der zeitliche Projektverlauf sowohl bei langsamem wie auch bei schnellem Entscheidungsablauf geprüft. Nach allgemeiner Ansicht weist dabei der politische Entscheidungsweg weitaus mehr Unsicherheitsfaktoren auf als der technische. Unterstellt man einen schnellen Entscheidungsablauf, so kommen alle Studien zum selben Ergebnis: Irgendwann um 1985 könnten die ersten Ausrüstungsgegenstände für eine Weltraumfabrik in die Erdumlaufbahn gebracht werden. Und die ersten Gewinne in Form von im Weltraum gefertigten Produkten könnten bereits um das Jahr 1991 erzielt werden. Nach diesem Zeitplan könnte auch Mitte der 90er Jahre mit dem Bau von «Insel Eins» als komfortabler Unterkunft für die Weltraumarbeiter und ihre Familien begonnen werden. Dabei wäre die Produktivität im Weltraum bereits so groß, daß nur wenige Prozent der Produktionskapazität für den Bau von «Insel Eins» abgezweigt werden müßten. Das Habitat könnte also gleichsam nebenher gebaut werden. Auf die Frage «Welches ist der späteste Zeitpunkt, zu dem alles realisiert ist?» gibt es natürlich außer «nie» keine Antwort! Der etwas gemäßigtere Zeitplan sieht den Bau von «Insel Eins» etwa um das Jahr 2010 vor. Leuten, die der festen Ansicht sind, daß die Weltraumindustrie einen großen Gewinn für die Menschheit darstellt, erscheint eine solche Verzögerung natürlich geradezu kriminell. Doch gemessen am Zeitplan der menschlichen Existenz bedeuten fünfzehn Jahre nicht einmal ein Augenzwinkern.

11

DIE ERSCHLIESSUNG DES ASTEROIDENGÜRTELS

Mit dem Apollo-Projekt erreichten wir fürs erste die Grenzen unserer Fähigkeit, Menschen weit hinaus in den Weltraum zu entsenden und wieder heil zur Erde zurückzubringen. Die für dieses Unternehmen entwickelten Systeme zur Erhaltung des Lebens waren für eine Funktionsdauer von zwei Wochen ausgelegt. Das reichte gerade für einen kurzen Abstecher zum Mond, einige Tage der Erkundung und die Rückreise. In den frühen siebziger Jahren dehnte das Skylab-Projekt das Zeitmaß für den Aufenthalt von Astronauten im Weltraum auf drei Monate aus – dies auf einer niedrigen Erdumlaufbahn[1].
Eine Reise zu den Asteroiden erfordert die Entwicklung von Systemen, die menschliches Leben mehrere Monate im Weltraum erhalten können. Das wirft zwar im Prinzip keine neuen Probleme auf, doch bis in alle Einzelheiten wurde ein derartiges System bisher noch nicht durchkonstruiert. Wir gehen deshalb davon aus, daß die ersten Weltraumsiedlungen vollständig aus Material von der Erde und dem Mond gebaut werden. Wenn jedoch die Weltrauminseln zahlen- und größenmäßig wachsen, wird auch ein Bedarf an zusätzlichen Materialien entstehen, um sie ausrüsten zu können. Dieser Bedarf wird einen starken Anreiz zur Ausbeutung der Vorkommen an Kohlenstoff, Stickstoff und Sauerstoff auf den Asteroiden darstellen, wenn es auch sehr wahrscheinlich ist, daß eine Zeitlang alle anderen Elemente von der Mondoberfläche gewonnen werden müssen.

Ein ernsthafter Vorschlag, der Menschheit den Weltraum zu erschließen, konnte nicht gemacht werden, bevor im Zuge des Apollo-Programms die Gesteinsproben vom Mond auf die Erde zurückgebracht wurden. Ähnliches gilt für unsere Kenntnisse über die Zusammensetzung der Asteroiden. Zuerst konnten wir darüber nur spekulieren, in jüngster Zeit gewannen wir jedoch so viele handfeste diesbezügliche Informationen, daß unser gesicherter Wissensbestand erheblich zugenommen hat. Das beruht auf der Entwicklung dreier neuer Techniken[2,3]: hochauflösende Messung der Wellenlängenabhängigkeit des von einem Asteroiden reflektierten Sonnenlichts im sichtbaren und dem daran anschließenden Infrarotbereich (Spektralphotometrie); Messen der Polarisation des von einem Asteroiden reflektierten Sonnenlichts (Polarimetrie) und Messung der von einem Asteroiden zu uns gelangenden Infrarotstrahlung (Radiometrie). In Verbindung miteinander können die beiden letztgenannten Methoden Auskunft geben über Durchmesser und durchschnittliche Färbung (hell oder dunkel) eines jeden Asteroiden, und die erste ist inzwischen so hoch entwickelt, daß man in dem von einem bestimmten Asteroiden reflektierten Licht das charakteristische Spektrum einzelner Mineralien erkennen kann.

Mehr als 90 Prozent der Asteroiden lassen sich den «kohlenartigen Chondriten» oder den «Eisensteinen» zuordnen; diese Arten entsprechen Meteoritengruppen, die auf der Erdoberfläche gefunden werden. Kohleartiges Material ist dem Ölschiefer ähnlich und reich an Wasser-, Kohlen- und Stickstoff. Es ist im allgemeinen weich und brüchig und kann bei niedrigen Temperaturen geschmolzen werden. Wahrscheinlich ist dies auch der Grund, weshalb viele kohleartige Meteoriten den Eintritt in die Erdatmosphäre nicht überleben, sondern verglühen. Wesentlich mehr kohleartiges Material hat sich in der dafür günstigeren Umwelt des Asteroidengürtels halten können. Es gibt genügend Anhaltspunkte dafür, daß die meisten Asteroiden kohleartig sind, die zwei größten dieser kleineren Planeten eingeschlossen, nämlich Ceres und Pallas, deren Durchmesser etwa ein Drittel bzw. ein Siebtel des Monddurchmessers beträgt[4].

Das Energieintervall zwischen den Asteroiden und L5 ist nahezu das gleiche wie das zwischen der Erde und L5. Für den Raketenfachmann wird dieses Energieintervall in den Geschwindigkeitsveränderungen ausgedrückt, die ausgeführt werden müssen, um eine Rakete aus einer Bahn innerhalb des Asteroidengürtels auf eine Sonnenumlaufbahn zu bringen, die mit derjenigen des Erde-Mond-Systems zusammenfällt; das geschieht durch Verkleinerung des Bahnradius und durch Kippen der Bahnebene. Die Asteroiden im «Hauptgürtel», jenseits des Mars, bewegen sich relativ langsam auf ihren Umlaufbahnen. Die Erde aber, die der Sonne näher ist und daher stärker von ihr angezogen wird, muß sich schneller bewegen, damit ihre Fliehkraft der Sonnenanziehung die Waage halten kann. Die Differenz zwischen den Umlaufgeschwindigkeiten liegt in der Größenordnung von sechs Kilometern pro Sekunde und muß im Verlauf jeder Hin- und Rückreise zwischen Erd- und Asteroidenbahn ausgeglichen werden. Darüber hinaus müssen weitere Geschwindigkeitskorrekturen vorgenommen werden, um die Exzentrizität (Abweichung von der Kreisform) einer Asteroidenbahn auszugleichen. Die meisten Asteroiden bewegen sich auf Ebenen, die gegen diejenige der Erde geneigt sind (diese wird «Ebene der Ekliptik» genannt). Für jeweils zwei Winkelgrade, um die die Ebenen voneinander abweichen, muß die Geschwindigkeit nochmals um etwa einen Kilometer pro Sekunde geändert werden. Wenn man die Liste der Asteroiden nach solchen mit günstigen Umlaufbahnen absucht und dann das gesamte Geschwindigkeitsintervall berechnet, das sie von L5 trennt, so erhält man in fast allen Fällen etwa zehn Kilometer pro Sekunde. Das Geschwindigkeitsintervall zwischen der Erdoberfläche und L5 ist nur geringfügig größer.
Obwohl diese Geschwindigkeitsintervalle zwischen L5 einerseits und der Erde bzw. den Asteroiden andererseits beinahe gleich groß sind, wird es doch mindestens zwei Beweggründe geben, Kohlenstoff, Stickstoff und Wasserstoff eher aus größerer statt aus kürzerer Entfernung heranzuschaffen. Im tiefen Raum werden weder große Schubkräfte noch die Raumschiff-Ummantelung zum Schutz der Nutzlast während der

kurzen Durchdringung der Erdatmosphäre gebraucht. Auf lange Sicht werden die durch solche zusätzlichen Freiheiten möglich gewordenen Einsparungen bei prüfendem Vergleich der Transportkosten die Waage mit ziemlicher Sicherheit zugunsten der Asteroiden-Rohstoffquellen ausschlagen lassen. Wenn es zu diesem Umschwung kommt, würde eine sonst stets wachsende Belastung des Lebensraumes der Erde infolge von Raketenflügen durch die Atmosphäre vermieden. Möglicherweise ist dann nur noch für Menschen und für bestimmte Produkte, insbesondere für solche, die nicht viel wiegen und die nur von ausgesuchten Spezialisten auf der Erde hergestellt werden können, der Transport in niedrige Erdumlaufbahnen und weiter nach L5 nötig.

Die zeitliche Verzögerung bis zur Materialbeschaffung von den Asteroiden kann anhand der Dauer des Apollo-Projekts abgeschätzt werden. In diesem Fall wurden ungefähr acht Jahre für den Fortschritt von den ersten, primitiven Flügen zu Erdumlaufbahnen bis zur erfolgreichen Hin- und Rückreise zum tausendmal weiter entfernten Mond gebraucht. Um zu den Asteroiden zu gelangen, wird es ökonomisch ratsam sein, zunächst eine gut ausgebaute Station in L5 zu haben. Die ersten im Weltraum arbeitenden Produktionsgemeinschaften können als industrielle Nebenprodukte Reaktionsmasse für alle auf der Basis des Rückstoßprinzips funktionierenden Triebwerke bereitstellen. Jene ersten Siedlungs- und Produktionsgemeinschaften können auch als Werften und Häfen für Tiefraumschiffe dienen. Im Gegensatz dazu müßte für einen Anflug der Asteroiden von der Erde aus ein Vielfaches der von L5 aus benötigten Energie aufgewendet werden; hinzu kämen noch die Ausgaben für Raumschiffe, die hochbeschleunigte Präzisionsstarts von der Planetenoberfläche aus durchführen können. Wenn mit dem Bau eines Raumschiffes zu den Asteroiden einige Jahre nach Vollendung der ersten L5-Raum-Station begonnen wird, so könnte das erste Wagnis einer bemannten Reise zu den Asteroiden acht Jahre, nachdem «Insel Eins» ihrer Bestimmung übergeben würde, seinen Anfang nehmen. Ihm würden unbemannte Probeflüge mit relativ niedrigem Kostenaufwand vorangehen, die ebenfalls von L5 gestartet würden, so daß die ersten Reisenden zu einem Asteroiden aufbrächen, von dem man bereits wüßte, daß er die gesuchten Rohstoffe enthält. Disese Situation ist sehr verschieden von den in die Erdoberfläche niedergebrachten Probebohrungen nach Erdöl; über die Zusammensetzung eines hundert Millionen Kilometer entfernten Asteroiden können wir mehr erfahren als ohne Bohrung über die Beschaffenheit der Erde tausend Meter unter unseren Füßen. Im Weltraum braucht es weder wilde Ölbohrungen noch trockene Löcher zu geben.

Aus ökonomischen Gründen sollte unser Transportsystem dem billigsten der Erde entsprechen: einem Schlepper mit einem Konvoi von Frachtkähnen. Im Weltraum, wo es keinen Reibungswiderstand gibt, könnten wir noch andere Sparmöglichkeiten ausschöpfen: Der Schlepper würde jeweils nur zu Beginn und am Ende einer Fahrt benötigt; dagegen könnte während der langen Monate der Reise von den Asteroiden-Rohstoffquellen bis in die Region von L5 die Nutzlast, bestehend aus Tanks mit Ammoniak und Kohlenwasserstoff, unbemannt dahingleiten.

So wie die Schlepper auf den Flüssen und Meeren der Erde wären auch die unsrigen im All nicht gerade Muster an Schönheit, sondern lediglich funktionsgerecht. Wenn wir uns dafür nicht viel Neues einfallen lassen wollen, genügte eine längere Version der auf dem Mond betriebenen Massenschleuder; sie könnte viele Kilometer lang sein, wenn sie von Rahnocken und Drähten umspannt würde wie der Mast eines Regattasegelbootes. Das Gewicht der Struktur könnte verringert werden, wenn man die Nutzlast in Abständen über die gesamte Länge der Maschine verteilte, da dann der Schub der Maschine gleichmäßig über die volle Länge wirken würde. Der Schlepper könnte von lichtelektrischen Sonnenzellen geringen Gewichts angetrieben werden, wobei große, leichte Spiegel das mit zunehmender Entfernung von der Sonne immer schwächer werdende Licht auf die Sonnenzellen konzentrieren. Die aktiven elektrischen Bestandteile der Massenschleuder könnten in einer langen, dünnen Aluminiumröhre untergebracht werden, die mit Sauerstoff mit einem

Druck entsprechend dem auf der Erde in 3000 Meter Höhe angefüllt ist. Dies würde die Wartung und Instandsetzung aller reparaturanfälligen Bauteile erlauben, ohne daß die Unbequemlichkeit und der Effektivitätsverlust, die das Tragen von Raumanzügen mit sich bringt, in Kauf genommen werden müssen.

Voraussichtlich gäbe es auf dem Schlepper Unterkünfte für sechs bis acht Leute, ausreichend für drei Wochen wie auf einem Schiff auf See. Man müßte dort eine kleine chemische Aufbereitungsanlage haben, die in der Lage ist, Reaktionsmasse aus Asteroidenschutt herzustellen. Insgesamt dürfte der Schlepper eine Masse von einigen tausend Tonnen haben, etwa wie ein großer Eisbrecher der Küstenwache auf den Erdmeeren. Die Nutzlast in Form von Tanks mit Chemikalien könnte so groß wie die eines Öltankers sein. Nach monatelangem stetigem Beschleunigen hätte die Nutzlast die nötigen Geschwindigkeitsveränderungen vollzogen, um auf eine Bahn nach L5 einzuschwenken. Damit wäre die Aufgabe des Schleppers erfüllt; er trennt sich vom Konvoi und kehrt zur Asteroiden-Außenstation zurück. Die zurückgekehrte Mannschaft kann eine Zeitlang ausspannen, während der Schlepper auf seiner nächsten Fahrt von einer ausgeruhten Besatzung gesteuert wird. In der Zwischenzeit schwingen die verkoppelten Frachtbehälter acht Monate lang in lautlosem Flug durch das All dem Zentrum des Sonnensystems entgegen und gelangen in die Nähe von L5, wo sie ein anderer Schlepper in Empfang nimmt und die letzten Geschwindigkeitskorrekturen durchführt.

Schleppkähne auf den Erdmeeren halten oft fünfzig Jahre lang, obgleich sie Unwetter und Havarien ausgesetzt sind. Es war eines der Phänomene in den frühen Jahren der Weltraumerfahrung, daß Satelliten gewöhnlich die ihnen zugedachte Lebensdauer um vieles übertreffen. Die von der Massenschleuder angetriebenen Schlepper des Asteroidengürtels, die ohne hohe Temperaturen und Druck arbeiten können und niemals Wind oder Sturm ausgesetzt wären, hätten sicher eine viel längere Lebensdauer. Wahrscheinlich würden sie eher wegen Veraltens denn wegen Abnutzung aus dem

Verkehr gezogen. Geht man von den heutigen Zahlenwerten für Zinsen und Amortisationen aus und berücksichtigt außerdem die Anschaffungskosten für die Geräte der Luft- und Raumfahrt, so liegen die Kosten für den Materialtransport aus dem Asteroidengürtel im Bereich zwischen etwa einem und einigen Dollar je Kilogramm. Diese Ausgaben sind freilich weit höher als die für den Transport mit Supertankern auf der Erde, aber immer noch viel geringer als die Kosten für jegliches derzeit denkbare Transportsystem zwischen der Erdoberfläche und L5.

Wie so oft, wenn wir eingehender vielversprechende Hilfsmöglichkeiten für die Produktion im Weltraum studierten, können sich auch die Asteroiden als noch bessere Materialquellen erweisen, als ich heute vermute. Obwohl sich die meisten der kleineren Planeten im Hauptgürtel befinden, hat Dr. Brian O'Leary aufgezeigt, daß eine spezielle Klasse, benannt nach den Asteroiden Apollo und Amor, sich auf Umlaufbahnen bewegt, die derjenigen der Erde näher sind. Während der NASA-Ames-Studie im Jahre 1977 versammelte O'Leary führende Experten auf dem Gebiet der Asteroidenvermessung und Bahntheorie. Sie erarbeiteten detaillierte Szenarios für die Bergung bestimmter bekannter Asteroiden der Apollo-Amor-Klasse unter Zuhilfenahme der Massenschleuder als Raketenantrieb. Sie benutzen dabei «Gravitationshilfen», und in der Anwendung wäre deren Ergebnis tatsächlich spektakulär: Nach dem Rendezvous mit einem Asteroiden würde die Besatzung des Schleppers ihre Maschine so steuern, daß der Asteroid um einen Planeten wie Venus oder die Erde herumschwänge. Bei diesem «Swingby» würde die Geschwindigkeit des Asteroiden durch die Anziehung des Planeten so sehr geändert, wie dies mit Hilfe der Massenschleuder nur innerhalb von Monaten oder Jahren möglich wäre.

Es scheint, daß mit der Technik der «Gravitationshilfe», die sich bereits bei Raumsondenmissionen zu den äußeren Planeten gut bewährt hat, einige der Asteroiden viel leichter zugänglich wären als die des Hauptgürtels und unter ökonomischen Gesichtspunkten sogar dem Mond ernsthaft Konkurrenz machen könnten. Material gibt es dort in Hülle und Fülle; selbst der kleinste Asteroid, den wir mit unseren Teleskopen noch sehen können, hat eine Masse von mehr als einer Million Tonnen.

Ab einem bestimmten Punkt im Wachstum der L5-Gemeinden wird der Handel der Weltrauminseln untereinander allmählich den «kolonialen» Wirtschaftsaustausch mit der Erde überflügeln. Diesen Übergang konnten wir in den Kolonien der beiden Amerikas sowie Afrikas und Australiens beobachten. Wahrscheinlich sollte für all die neuen Raumgemeinden, deren Hauptzweck mehr in der Unterbringung und Versorgung ihrer Bevölkerung als in der Belieferung von L5 oder der Erde besteht, aus wirtschaftlichen Erwägungen eine Konstruktion bevorzugt werden, die ohne jeden vorherigen Materialtransport möglich ist. Damit bietet sich der Asteroidengürtel als zweites Siedlungsgebiet an.

Die für den Bau eines neuen Habitats nötige Ausrüstung müßte von L5 aus zu den Asteroiden geschickt oder direkt in der Asteroidenregion hergestellt werden. Mit diesem Rüstzeug könnten neue Habitate aus dem reichlich vorhandenen Material gebaut werden, und sobald jeweils eine neue Rauminsel fertiggestellt ist, können ihre Siedler von der Erde oder von L5 aus anreisen, um sie in Besitz zu nehmen. Die Transportkostenersparnis bei diesem Verfahren wäre bedeutend; das Gewicht der Siedler, die ein neues Habitat bezögen, betrüge nur etwa ein Fünftausendstel des Habitat-Eigengewichts. Material gäbe es wieder in Hülle und Fülle; ein Asteroidenbrocken von einigen hundert Metern Durchmesser – von der Erde aus ein vielleicht gerade noch wahrnehmbarer Fleck – reicht aus, um eine Kolonie von der Größe der «Insel Zwei» für mehr als hunderttausend Menschen zu errichten.

Einmal in Betrieb, wäre jede Raumgemeinde durchaus in der Lage, sich in gemächlichem Tempo zu einem anderen Punkt im Sonnensystem hinzubewegen. Dies unter möglichst sparsamer Verwendung von Reaktionsmasse zu tun erfordert eine Technologie, die gegenwärtig erforscht wird, die aber bis jetzt das Stadium der praktischen technischen Verwirklichung noch nicht erreicht hat: Es geht dabei um die Beschleunigung winziger Kügelchen oder Körnchen von festem Material mittels elektrischer Kräfte. Die Ionen-Rakete, eine Maschine, die im Hinblick auf die wissenschaftlichen Erkundungsflüge zu den Asteroiden bereits gebaut und getestet wurde, arbeitet nach einem vergleichbaren Prinzip; in der Größe der zu beschleunigenden Teilchen besteht jedoch ein Unterschied. Die Ionen-Rakete würde Teilchen von der Größe nur etwa eines winzig kleinen Staubkorns beschleunigen.

Bis zur eingehenden theoretischen Erforschung der Massenschleuder in den späten siebziger Jahren hatte niemand daran gedacht, sie als ernsthaften Konkurrenten für die Ionen-Triebwerke bei Hochleistungsraumflügen in Betracht zu ziehen. Jetzt dagegen scheint die Massenschleuder recht gut für die anspruchsvolle Aufgabe geeignet zu sein, ein fertiggestelltes Habitat über große Entfernungen innerhalb des Sonnensystems zu bewegen.

Im Laufe der Entwicklung chemischer Raketen haben die Austrittsgeschwindigkeiten der Treibgase ständig zugenommen. Je höher diese sind, desto weniger Treibstoff muß für eine gestellte Aufgabe getankt werden. Im Falle eines Ionen-Triebwerkes oder der Massenschleuder jedoch sind hohe Geschwindigkeiten nicht immer wünschenswert. Bei einer Ionen-Rakete, die so konstruiert ist, daß sie leicht bedient werden kann, ist die Ionen-Geschwindigkeit so hoch, daß die Leistungsfähigkeit durch die verfügbare elektrische Energie begrenzt wird. Wenn man hingegen die Austrittsgeschwindigkeit halbiert, so muß die Reaktionsmasse, die benötigt wird, um die Mission in der gleichen Zeitspanne auszuführen, verdoppelt werden, wobei aber die notwendige elektrische Energie auf die Hälfte ihres früheren Wertes reduziert wird. Für jede vorgegebene Aufgabe gibt es eine optimale Austrittsgeschwindigkeit, die gerade groß genug sein muß, daß der Aufwand an Reaktionsmasse nicht unerträglich hoch wird, andererseits aber niedrig genug, um den Bedarf an elektrischer Energie möglichst minimal zu halten.

Will man eine neugeschaffene Rauminsel aus dem Asteroidengürtel nach L5 bringen, so liegt die optimale Austrittsgeschwindigkeit beim Fünf- bis Zehnfachen derjenigen einer
chemischen Rakete (zwischen 5 und 75 Kilometer pro Sekunde). Bei dieser Geschwindigkeit betrüge die auf dieser
Reise verbrauchte Reaktionsmasse nur ein Viertel der Habi-
tatmasse. Sie könnte aus einem mitgeführten Vorrat an Aste-
roidengesteinsschutt gewonnen werden, den man im Verlauf
der Reise z. B. durch ein einfaches Mahl- und Siebverfahren
aufarbeitet. Die Lebensdauer einer Rauminsel ist unter der
Voraussetzung, daß sie dauernd bewohnt und gewartet wird,
praktisch unbegrenzt. Denkt man in Zeiträumen von wenigstens etlichen tausend Jahren, so scheint es nicht vernünftig,
für den Transfer etwa dreißig Jahre anzusetzen. Geht man
von den heutigen Kosten für Turbogeneratoren aus[5], läge der
Kapitalaufwand für die zur Energieversorgung eines solchen
Vorhabens nötigen Installationen bei 25 000 bis 60 000 Dollar je Einwohner. Dies ist sicher keine übermäßig große Zahl.
Im letzten Kapitel dieses Buches werde ich beschreiben, über
welche Entfernungen sich eine Raumgemeinde bewegen
kann, gesetzt den Fall, die Wanderlust packt sie. Für den
Augenblick jedoch mag der Hinweis genügen, daß die Siedler ihren Platz im Weltraum selber aussuchen können und
daß ihre Wahl nicht immer die Rückkehr nach L5 bedeuten
muß. Jede Bahn innerhalb der gesamten Ausdehnung unseres Sonnensystems bis in Räume jenseits von Pluto können
in weniger als fünfundsiebzig Jahren von einer Raumgemeinde erreicht werden. Innerhalb dieses riesigen Raumes
wäre es immer möglich, soviel Sonnenenergie wie auf der
Erde zu bekommen; und zwar müßten zu den Lichtreflekto-
ren, mit denen jedes gewöhnliche Habitat ausgerüstet ist, zusätzlich leichtgewichtige, lichtkonzentrierende Spiegel installiert werden. Eine oder auch mehrere Siedlergemeinschaften
könnten sich in der Sehnsucht nach einem friedlichen und
ruhigen Leben durchaus dafür entscheiden, nicht in die Erdnähe zurückzukehren, sondern sich statt dessen nach einer
fernen, ganz und gar eigenen Sonnenumlaufbahn «abzuset-
zen».

Wir sollten uns bewußt sein, daß die Idee der Erschließung des Weltraums für die Menschheit sich deutlich von den klassischen Utopievorstellungen abhebt. Im Mittelpunkt jeden utopischen Entwurfs, die modernen Kommunen eingeschlossen, gab es zwei sehr verschiedene, ja sogar miteinander im Widerstreit liegende Ideen: Flucht vor äußerer Beeinflussung und strenge Disziplin innerhalb der Gemeinschaft, d. h. Freiheit und Beschränkung.

Die Flucht vor unerwünschten äußeren Einflüssen ist ein Ausweg, der der Raumgemeinde offensteht, es sei denn, sie würde durch militärische Intervention daran gehindert. Die Möglichkeit, «die Anker zu lichten» und das Habitat weit weg von der Quelle der unliebsamen Einmischung auf eine neue Bahn zu bringen, ist immer gegeben. Die Geschichte kennt viele Beispiele, in denen Gruppen, darunter nicht zuletzt unseren Pilger-Vorfahren, erlaubt wurde, Situationen des Zwangs und der Unterdrückung zu entfliehen. Gewöhnlich rechtfertigen dann die Zurückbleibenden eine solche Erlaubnis mit entsprechenden Redensarten wie: «Gut, daß wir diese Störenfriede los sind.» Die Raumgemeinden würden sich von den klassischen Utopien zum Teil darin unterscheiden, daß sie so viel erfolgreicher entfliehen könnten. Hier auf der Erde sind die Fluchtmöglichkeiten begrenzt, denn auch wenn eine Gemeinde die Isolation wünscht, so wird sie doch durch das Klima und die Entfernungsverhältnisse gezwungen, Glied eines Verteilungssystems zu werden, das sich über Tausende von Kilometern erstreckt. Es ist in der Tat eines der weniger schönen Merkmale der modernen Industriegesellschaft, daß regionale Verschiedenheiten durch den wirtschaftlichen Druck zur Anpassung immer mehr verwischt werden. Die Unterschiede zwischen kleinen Dörfern in verschiedenen Ländern sind heute weit geringer, als sie es vor einer Generation waren, und irgend etwas ist bei diesem Wandel verlorengegangen.

Die gemeindlichen Enklaven im Amerika des 19. Jahrhunderts, die Shaker, die Mennoniten, die Pennsylvania Dutch, die Oneida-Gemeinde und andere, bestanden fast alle aus Gruppen, die durch einen unveränderlichen Konsens, wie menschliches Leben zu führen sei, zusammengehalten wurden. Diejenigen, die in einer modernen Kommune gelebt und sie dann verlassen haben, berichten, daß innerhalb dieser Organisation Regeln bestehen und streng befolgt werden müssen, gleichgültig wie sehr sich diese internen Verhaltensnormen von denen ihrer Umwelt unterscheiden mögen. Das sollte nicht überraschen; eine Kommune ist die Grenzform eines kleinen, isolierten Dorfes, und wie jeder, der einmal in einem solchen Ort gelebt hat, bezeugen kann, ist dort der soziale Druck fast stets viel stärker als in der Anonymität einer Großstadt.

Im Gegensatz dazu und mit voller Absicht habe ich nichts über die Regierungsform in Raumgemeinden gesagt. Dafür gibt es einen guten Grund: Selbst wenn ich es könnte, wollte ich in keiner Weise die Sozialstruktur und die Lebensumstände in den Gemeinden beeinflussen oder lenken. Ich besitze weder für die soziale Organisationsform noch für die Staatsform ein Rezept, und es wäre mir sehr zuwider, eine beschreiben zu müssen. Meiner Meinung nach kann es keine «offenbarte Wahrheit» über soziale Organisationsformen geben; man hat höchstens in jeder halbwegs heilen Welt die Option der Abwechslung und des Ausprobierens. So wie auf der Erde wird es unter den Weltraumgemeinden sicher einige geben, in denen restriktive Regierungen versuchen werden, Isolation zu erzwingen. Andere und hoffentlich die Mehrzahl werden Reisen und Kommunikation gestatten. In der kurzen Zeit von zwanzig Jahren, in denen Transatlantikflüge zu etwas Üblichem geworden sind, haben wir gesehen, in welch hohem Maß Reisen zum Erfahrungsaustausch zwischen den Ländern beitragen, insbesondere unter der jungen Generation, die sich über die Grenzen hinweg einander verbunden fühlt. Wenn die Kosten für den Transport von einer Gemeinde zur anderen so niedrig wie veranschlagt sein werden, so wird logischerweise zwischen den meisten Raumgemeinden eine viel intensivere Reisetätigkeit zu verzeichnen sein als jetzt zwischen den Nationen auf der Erde, und man wird in der Lage sein, sich aufgrund direkter Anschauung seine eigene Meinung darüber zu bilden, was erfolgreiche bzw. gescheiterte Versuche neuer Regierungsformen darstellen. Energie zum Nulltarif für jeden, Überfluß an Materialien und Mobilität innerhalb des ganzen Sonnensystems für jede einzelne Gemeinde – aus diesen und vielen anderen Gründen wird eine erfolglose Regierung im Weltraum schwerer als auf der Erde behaupten können, daß ihr Scheitern in den ungünstigen Umständen des Ortes oder der Ressourcen begründet sei.

Zwischen den historischen Utopie-Versuchen und der Erschließung des Weltalls durch den Menschen gibt es einen weiteren großen Unterschied. Die Gemeinden der Vergangenheit wurden auf der Basis neuer sozialer Gefüge gegründet, übernahmen aber ihre Technologie von der Umwelt. Einige trafen für sich sogar eine bewußte Auswahl einfacherer oder einschränkender technologischer Hilfsmittel, als sie draußen in der Welt zu Verfügung standen. In extremer Form zeigt sich diese Tendenz bei mehreren bestehenden utopischen Sekten im Verbot von Gebrauchsgegenständen für den täglichen Bedarf, die fortschrittlicher als entsprechende aus dem 19. Jahrhundert sind.

Der Grund für solche Beschränkungen, der gewöhnlich klar angegeben und verstanden wird, liegt in der Notwendigkeit, die utopische Sozialethik vor «Vergiftung» durch Kontakt mit der Außenwelt zu bewahren. Den Führern der Enklaven ist durchaus bewußt, daß ihre soziale Organisation instabil ist und nur durch Isolation aufrechterhalten werden kann. Im allgemeinen besteht die «Gefahr» für die instabile Situation darin, daß junge Leute aus der Enklave von zusätzlichen Angeboten in der Außenwelt erfahren und dann unbedingt ausziehen wollen, um in deren Genuß zu kommen.

Mit vielen teile ich eine Bewunderung für die utopischen Gruppen, die es fertiggebracht haben, ihre Identität und Werte über mehrere Generationen raschen Wandels zu bewahren. Während der fünfziger Jahre mag vielleicht mancher im stillen betroffen, ja sogar besorgt gewesen sein wegen des den Kindern dieser Gruppen aufgezwungenen verengten Horizonts; dieselben Leute empfanden sicher in den sechziger Jahren ganz anders, als sie sahen, wie sich eine Drogenepidemie und ein Gefühl der Sinnlosigkeit unter einer ganzen Generation in unserer Welt ausbreitete. Es kann sogar sein, daß es unter den existierenden utopischen Gruppen einige von technikfeindlichen Tabus freie gibt, die erkennen werden, daß sie ihre Identität leichter durch Umzug ins All als durch Verbleib auf der Erde bewahren können. Die Erschließung und Besiedlung des Weltraums ist demnach kein utopisches Projekt: Der Gegensatz besteht zwischen strengen sozialen Normen und eingeschränkter Technologie auf seiten der Utopien und Kommunen und der Erschließung neuer sozialer Möglichkeiten entsprechend den Vorstellungen der Einwohner mit Hilfe eines grundlegend neuen technischen Vorgehens auf seiten der Weltraumgemeinden.

Mit einer gewissen Berechtigung kann man Vermutungen darüber anstellen, daß als ein Ergebnis der individuellen Entscheidungen, die zu den historischen Kolonisierungsbewegungen auf der Erde führten, es zwischen den Bewohnern älterer und jüngerer Staaten heute subtile, aber dennoch reale Unterschiede in ihrer Einstellung gegenüber dem Wechsel gibt, der mit dem ständigen Aufbruch zu neuen Ufern verbunden ist. Hier in den Vereinigten Staaten und in Kanada, Alaska, Australien und anderen früheren Kolonien mag eine größere Unruhe, ein stärkeres Verlangen nach Reisen und Abwechslung bestehen als bei den Nachkommen jener, die lieber zu Hause blieben, statt auszuwandern. Unter den Tausenden von Briefen, die ich als Antwort auf die Veröffentlichung der Pläne zur Weltraumbesiedlung erhielt, stammt eine unverhältnismäßig große Zahl aus einstigen Kolonien. Schon aus den vielen Zuschriften, die den persönlichen Wunsch des Absenders bekunden, das Wagnis des Aufbruchs nach draußen nicht nur zu unterstützen, sondern auch selbst daran teilzunehmen, wird klar, daß die ersten Siedler im All hochinteressante Leute sein werden: rastlos, forschend, unabhängig; sehr wahrscheinlich in stärkerem Maß vorwärtsdrängend und von «schöpferischer Unzufriedenheit» besessen als ihre Verwandten in der Alten Welt.

Im Weltraum, wo jeder Gemeinschaft, sei sie auch noch so klein, kostenlose Sonnenenergie und optimale landwirtschaftliche Bedingungen zur Verfügung stehen, wird jede Gruppe mit speziellen Einzelinteressen die Möglichkeit haben, «nach ihrer Fasson selig zu werden» und ihre eigenen kleinen Welten unabhängig vom Rest der Menschheit zu bauen. Wir können uns eine solche Gemeinschaft mit nur ein paar hundert Leuten vorstellen, die die ausgeprägte Vorliebe für ein ungewöhnliches Regierungssystem, für die Musik oder eine der bildenden Künste oder auch für weniger esoterische Interessen wie Nudismus, Wasser- oder Skisport verbindet. Unter den ernsthaften Versuchen zur Entwicklung neuer Gesellschaftsformen wird es bestimmt einige Fehlschläge geben. Andere dagegen haben vielleicht Erfolg, und diese unabhängigen Sozialexperimente können uns womöglich mehr darüber lehren, wie die Menschen am besten miteinander auskommen, als wir dies je auf der Erde erfahren können, wo eine hochentwickelte Technik mit der Starrheit großer Sozialgefüge Hand in Hand gehen muß.

Genau wie bei der Besiedlung des amerikanischen Westens und Alaskas könnte es auch unter den Pionieren im Weltraum einige geben, die bei fortschreitendem Bevölkerungswachstum in L5 sagen werden: «Hier ist mir zu viel Gedränge; laßt uns ein Stück weiterziehen.» Diese Leute gehören vielleicht zu den interessantesten und schöpferischsten Individuen. Sie suchen vermutlich mehr Unabhängigkeit und werden sich deshalb möglicherweise für die Erschließung neuer Gebiete entscheiden, ähnlich wie unsere Urgroßeltern um die Mitte des 19. Jahrhunderts in den Präriestaaten.

Hier sei nun geschildert, wie eine Pionierfamilie zur Suche nach einer neuen Heimat aufbricht. Obwohl die Einzelheiten des Unternehmens sicher anders sein werden, als ich sie beschreibe, so basiert doch jede aufgezeigte Möglichkeit auf rechnerisch nachprüfbaren Zahlen oder auf einem Vergleich mit ähnlichen Situationen hier auf der Erde. Für diesen Bericht wähle ich die Form von Auszügen aus einem Tagebuch, das etwa zu Beginn des nächsten Jahrhunderts aufgezeichnet werden könnte. Auch dies geschieht in einer historischen Analogiebetrachtung; ein Souvenir meiner Familie ist das über fünf Generationen hinweg erhaltene Buch einer alten

Dame, die in ihrer Zeit ein rechter Unruhegeist gewesen sein muß. In ihren Achtzigern schrieb sie einen Bericht in Versen über jene Zeit, als sie mit ihren sieben Söhnen im Planwagen die Ebenen Amerikas durchquerte. Auf ihren Reisen begegnete die kleine Schar Gefahren, denen Raumsiedler nicht ausgesetzt sein werden: feindliche Indianer, Schneestürme, eisige Kälte und Hunger.

«15. Juli 20...
Lieber Stephan!
Deine Mutter und ich werden einen Reisebericht schreiben, der die Bilder, die wir aufnehmen, begleiten soll. Wenn Du dann alt genug sein wirst und es Dich interessiert, kannst Du nachlesen, wie es dazu kam, daß Du im Asteroidengürtel lebst.
Es ist nun fünf Jahre her, seit ich der Gesellschaft zur Erprobung von Raumflugkörpern beitrat. Wir haben hier auf Bernal Gamma eine aktive Untergruppe, und einige unserer Leute arbeiten mit mir in der Bauabteilung.
Wenn wir uns jetzt wieder unten auf der Erde befänden und auf die Idee verfielen, allein zu einer Reise ins Weltall aufzubrechen, wären wir übergeschnappt. Ein Raumschiff, das die Erdschwere überwinden und den Zeitplan auf Bruchteile von Sekunden einhalten könnte, wie es für Starts von der Erde nötig ist, wäre viel zu kompliziert und teuer, als daß es irgendein Heimwerker bauen könnte.
Hier draußen dagegen sind wir in einer viel günstigeren Ausgangsposition, um uns unabhängig von den anderen auf die Reise zu machen. Unser Raumschiff muß niemals große Kräfte aushalten, und unser Triebwerk kann klein sein; es stört uns nicht, wenn wir etwas länger brauchen, um irgendein Ziel zu erreichen.
Durch den Verkauf unseres Hauses auf Gamma und mit unseren Ersparnissen hatten wir ein Startkapital von rund 100 000 Dollar. Drei Jahre lang habe ich nun an dem Raumschiff gearbeitet, und wir werden es auch noch brauchen, wenn wir bei den Asteroiden ankommen. Es wird also noch da sein, wenn Du einmal alt genug bist, Dich später daran zu

erinnern. Die ‹Lucky Lady› ist eine Kugel mit etwa zehn Meter Durchmesser und ungefähr so hoch wie ein dreistöckiges Haus auf der Erde. Sie besteht aus Aluminium, weil sich das gut schweißen läßt. Ich habe sie in der kleinen Werft bei den Hauptanlegestellen von Gamma gebaut. Die Schweißnähte prüften wir mit einem Röntgengerät, das wir uns vom Werk ausgeliehen haben. Seite an Seite mit der ‹Lady› liegen in der Werft noch vier weitere Schiffe gleichen Typs: Chuck und Bill und die übrigen kommen mit uns in einem Wagenzug von fünf Fahrzeugen. So ist Hilfe zur Hand, wenn irgendeiner von uns vor oder nach unserer Ankunft in Schwierigkeiten gerät. Wir fünf legten unsere Barmittel zusammen und kauften ein vollständiges Ersatztriebwerk sowie jede Menge Ersatzteile und eine komplette Werkzeugsammlung. Wenn wir zum Asteroidengürtel kommen, können wir uns zusammentun und wenn es sein muß sogar große Aufgaben in Angriff nehmen.

Unsere Konstruktionspläne entnahmen wir der Zeitschrift ‹Das Raumschiff und sein Pilot›. Vor ihrer Publikation waren sie von Raumfahrtingenieuren überprüft worden, so daß sie richtig und zuverlässig sind. Die ‹Lady› ist von einer dreifachen druckgesicherten Hülle umgeben; jede der drei Schichten ist einen Millimeter dick und wäre allein schon stark genug, einen höheren Druck auszuhalten, als wir brauchen werden. Insgesamt wiegt die reine Ummantelung ungefähr drei Tonnen, und ich habe viel Zeit in sie investiert. Die Werft rotiert nicht, so daß wir immer bei Schwerelosigkeit arbeiteten. Auf diese Weise konnte ich allein mit den großen Aluminiumteilen hantieren.

Die Ummantelung ist mit einer etwa dreißig Zentimeter dicken Lage Sand beschichtet, die uns gegen einen Teil der kosmischen Strahlung und gegen Strahlung aus Sonneneruptionen schützen soll. Umgeben ist der Sand von einer vierten, sehr dünnen Aluminiumschicht und wird dadurch an seinem Platz gehalten. Als zusätzliche Hilfe bei Sonneneruptionen haben wir eine Art ‹Strahlenbunker› außerhalb unserer Kugel, und zwar eine kleine Aluminiumkugel, die mit der großen verbunden ist. Dort ist die Abschirmung wesentlich dikker, und wenn eine Eruption beginnt, können wir in weniger als einer Minute in die Strahlenbunker umsteigen und dort gegebenenfalls mehrere Tage bleiben. Babys sind besonders empfindlich gegen kosmische Strahlen; deshalb ist der Strahlenbunker auch gleichzeitig die Kinderstation.

Die Raketenmotoren kauften wir neu. Sie sind von derselben Firma, die sie auch für die kleinen Rettungsboote der Raumpatrouille baut. Jeder hat einen Schub, der ungefähr meinem eigenen Gewicht entspricht, und wir mußten einen beachtlichen Teil unseres Ausrüstungskapitals da hineinstecken. Soviel ich weiß, kosten sie etwa soviel wie ein kleines Düsentriebwerk auf der Erde. Das lebensnotwendige Atemluft-Erneuerungssystem kauften wir gebraucht und bauten es um. Es wurde von der Federation Astronautical Agency (Bundesraumfahrtamt, BRA) neu zugelassen. Es entstammt ebenfalls einem der Raumpatrouillenboote, und wir erstanden es billig; ich weiß aber, daß die Regierung viel mehr dafür bezahlt hat. Man ist dort inzwischen auf neuere Modelle umgestiegen.

Ehe Deine Mutter und ich hier heraufzogen, gehörte ich lange Zeit unten auf der Erde einem Luftsportclub an und flog zum Vergnügen kleinere Flugzeuge. Dort ging alles immer sehr schnell, und das Fliegen bei schlechtem Wetter erforderte höchste Aufmerksamkeit. Ich mußte die Signale des Rundum-Radars im Auge behalten und je nach Lage die Funkpeilung beachten; ständig mußte ich aufpassen, daß ich die vorgeschriebenen Kontrollhöhen und sonstige Bestimmungen einhielt, während ich das Flugzeug nach Kompaß und mit Hilfe der Kreiselsysteme steuerte. Wenn ich von hier aus zu den Asteroiden reise, brauche ich mich um all das nicht zu kümmern; da es im Weltall kein Wetter gibt, können wir immer sehen, wo wir sind und wohin wir uns bewegen. Wir haben zwei Navigationssysteme. Eines davon ist so alt wie die Segelschiffe auf dem Ozean der Erde: Es ist ein Sextant, mit dem die Winkel zwischen den sichtbaren Planeten und der Sonne gemessen werden. Dies wäre eigentlich für unser Vorhaben schon genug, aber wir haben noch etwas. Heutzutage befinden sich auf den Bahnen von Erde und

Mars große Sender, die Impulse aussenden, so daß wir mittels einfacher Radioempfänger unsere Position bestimmen können. Auf den Erdmeeren bediente man sich in der Schifffahrt der gleichen Methode und nannte sie ‹Loran›. Mit unserem Handbuch, das Position und Sendezeiten der Funksignale angibt, können wir unseren Standort auf etwa einen Kilometer genau bestimmen, auch wenn wir zwanzig Millionen Kilometer weit entfernt sind.

Was Radios betrifft, haben wir des Guten ein bißchen zu viel getan und gleich drei gekauft. Sie sind etwa so groß wie die kleiner Flugzeuge. Wir werden sie für die Sprechverbindung der fünf gemeinsam reisenden Familien untereinander und für den Morsekontakt mit der Raumüberwachung benutzen. Wir werden nach einem Flugplan reisen und uns alle drei Tage einmal melden müssen. Dazu werde ich die große, selbstgebaute Tellerantenne aus Aluminiumfolie mit Hilfe eines kleinen Teleskops exakt auf den Standort des Empfängers in L5 ausrichten.

1. August 20...
Die Leute von der Raumüberwachung und vom BRA waren an Bord, und wir haben Starterlaubnis bekommen. Sie überprüften unser Raumtüchtigkeitszeugnis (Kategorie R, Eigenbau), unsere Funkgenehmigung und meinen Pilotenschein (Kategorie privat, nur Tiefraum – keine Flugerlaubnis innerhalb planetarer Atmosphären). An Bord haben wir Lebensmittel für zwei Jahre und, falls dies nicht ausreicht, noch eine Menge Saatgut, Fische, Hühner, Schweine und Truthähne. Um nach unserer Ankunft möglichst schnell mit unserer Arbeit voranzukommen, haben wir fast die Hälfte unserer Rücklagen in vorgefertigte Kugeln und Zylinder, aluminiumbeschichtete Kunststoffe für Spiegel, Chemikalien für den Getreideanbau und in viele, viele Ausrüstungsgegenstände gesteckt.

8. August 20...
Die ‹Lucky Lady› wog fertig beladen, abgeschirmt und startbereit fast 500 Tonnen, so daß wir Gamma keineswegs mit

einem eindrucksvollen Beschleunigungsschub verließen: Eine Minute nach Einsetzen des Schubs hatte unsere Geschwindigkeit noch nicht einmal die eines Fußgängers erreicht. Sie steigerte sich aber allmählich, und jetzt, nach einer Woche, haben wir etwa 600 000 Kilometer zurückgelegt, eine Entfernung, die größer als der Abstand zwischen Mond und Erde ist. Weitere acht Monate werden wir noch unterwegs sein, ungefähr so lange, wie Dein Urururgroßvater brauchte, um von Illinois nach Kalifornien zu gelangen.

10. Oktober 20...

In den vergangenen Wochen hatten wir etwas mehr Abwechslung, als wir uns wünschten. Zuerst tauchte an Bills Maschine ein Problem auf; sie erreichte nicht die Soll-Schubstärke, und der Treibstoff nahm zu schnell ab. So ein Triebwerk ist ganz schön kompliziert, und wir konnten den Fehler nicht so schnell selbst beheben. Da half nur das Ersatztriebwerk. Der Austausch war nicht allzu schwierig: Wir manövrierten die fünf Raumschiffe dicht zusammen, verkoppelten sie untereinander, schlossen die Luke hinter der Maschine dicht und wechselten das Triebwerk in Hemdsärmeln aus. Von jetzt an werden wir keine Langeweile mehr haben, denn wir besitzen sämtliche Pläne der Maschine, die wir nun in Muße gründlich studieren werden. Wir wollen doch mal sehen, ob wir damit das aus Bills Schiff ausgebaute Werk nicht wieder in Ordnung bringen können. Während des Triebwerkwechsels traten wir sozusagen auf der Stelle, fast vier Tage lang waren wir ohne Schub, aber hier im Raum ist das kein Unglück. Die verlorene Zeit bedeutet lediglich, daß wir die Schubrichtung ganz geringfügig ändern müssen und etwas später ankommen werden.

Nur zwei Tage nachdem wir die Reparaturarbeiten abgeschlossen hatten, traf uns der erste große Sonnenausbruch. So etwas entwickelt sich in Minutenschnelle; somit blieb keine Zeit für eine Vorwarnung. Als die Alarmglocken schrillten, stürzten wir zu den Strahlenbunkern und blieben dort drei Tage lang eingeschlossen; dann war der Ausbruch so weit zurückgegangen, daß die Abschirmung ausreichte.

23. November 20...

Wir haben Dich aus der Kinderstation geholt, damit Du beim Thanksgiving-Dinner bei uns sein konntest. Es gab Truthahn, Preiselbeeren aus Büchsen und jede Menge Extras, die wir uns aufgespart haben. Bisher haben wir allen Grund, dankbar zu sein: Lediglich zu Beginn der Reise gab es etwas Husten und Schnupfen, daber danach blieben alle gesund, und keiner bekam bisher Zahnschmerzen. Wenn wir so bis zum Asteroidengürtel, wo es Zahnärzte gibt, durchhalten, dann sind wir dem größten Problem entgangen, das einer Gruppe wie der unsrigen zustoßen kann.

Um unsere Zeit optimal zu nutzen, haben wir schon mit Bauarbeiten begonnen. Wir fingen mit der Montagehalle an, in die sich die fünf Familien erst einmal teilen müssen, bis wir mehr bauen können. Sie ist ein Zylinder vom Durchmesser der ‹Lucky Lady› und etwa achtzig Meter lang, bestehend aus Aluminiumplatten. Bei ihrem Bau brauchten wir nie in Raumanzügen hinauszugehen. Wir befinden uns jetzt im freien Flug, die Maschinen sind abgestellt. So bearbeiteten wir die Montagehalle, indem wir uns mit den Greifern daran festklammerten und das ganze Schiff langsam bis zu der Stelle manövrierten, an der wir arbeiten wollten. Das Schweißgerät handhaben wir dann durch Manschetten hindurch, die wir in jedes Schiff eingebaut haben. Ich stelle mir vor, daß das ganze Gebilde äußerlich etwas an ein Chemielabor erinnert. Aluminium-Halbkugeln bilden die Enden der Halle, und nachdem die letzte Schweißnaht gelegt worden war, hatten wir aus der Montagehalle eine luftdichte Zelle gemacht. Wir setzten den Tank mit flüssigem Sauerstoff ein wenig dem Sonnenlicht aus, so daß der Sauerstoff langsam verdampfte; nach ein paar Tagen war dann der Luftdruck in der Halle so groß, daß man atmen konnte. Wir haben jetzt alle fünf Schiffe an der Halle festgemacht, so kann jeder von uns darin arbeiten. Alle Glasarbeiten werden dort ausgeführt. Das Schweißen freilich geschieht besser im Vakuum.

Als erstes stellten wir in der Montagehalle die Landwirtschaftstanks her. Jeder von ihnen besteht aus einem Zylinder, der vollständig zusammengeschweißt gerade noch in die

217

Halle hineinpaßt. Wenn einer fertig ist, schweißen wir einen leichten Boden hinein, unter dem dann noch die Hühnerkörbe und Schweineställe Platz haben. Das Dach ist etwas heikler, weil wir das Sonnenlicht hereinlassen müssen. In den L5-Rauminseln erreicht man das mit großen Metallbändern und Glasscheiben als Fenstern, aber wir können es uns hier einfacher machen: Wir haben vorgefertigte Aluminiumplatten mit vielen kleinen Löchern. Jedes dieser Löcher verschließen wir mit einer runden Glasscheibe und dichten es mit einer Kunststoffmasse ab. Immer wenn ein Landwirtschaftstrakt fertiggestellt ist, pumpen wir den Sauerstoff aus der Montagehalle in einen Kühlbehälter für flüssigen Sauerstoff. Dann öffnen wir die Verschlußbolzen, entfernen eine der Halbkugeln am Ende und lassen die fertige Einheit hinausgleiten.

25. Dezember 20...
Heute brauchtest Du wieder nicht in der Kinderstation zu bleiben. Wir haben uns nämlich alle dreiundzwanzig zu einem richtig großen Weihnachtsfestmahl versammelt. Es gab Schinken und viele tiefgefrorene Speisen, aber wenn wir Glück haben, wird es im nächsten Jahr frische Kartoffeln und Mais und frischgebackene Kürbiskuchen geben. Ich habe ein paar neue Spielsachen für Dich gebastelt, und sie scheinen Dir zu gefallen. Ich weiß, Du wirst es später nicht gern hören, wenn man Dich daran erinnert, wie stolz Mutter ist, daß Du jetzt ‹Mama› und ‹Papa›, ‹Schiff› und ‹Hund› sagst. Ich glaube nicht, daß Chucks Familie irgendwohin ginge ohne Snoopy, und wenn diese andere Hündin Maggie hält, was sie verspricht, werden wir aus ihrem Wurf ein Junges für Dich bekommen.

10. Mai 20...
Es sieht so aus, als ob wir eine Weile keine Zeit zum Schreiben mehr haben werden. Während der vergangenen Monate haben wir unsere Augen offengehalten, und nun scheint es, als hätten wir gefunden, wonach wir suchten. Den Asteroiden könntest Du von der Erde aus nicht einmal mit dem Te-

leskop sehen, aber wir schätzen, daß er eine Masse von rund drei Millionen Tonnen hat – viel mehr als man selbst zu Lebzeiten Deiner Enkel brauchen wird. Die mitgebrachten kleinen Spektroskope zeigen an, daß es auf ihm reichlich Kohlenstoff gibt (wir haben diesen Asteroiden ausgewählt, weil er so schön schwarz aussah), und Stickstoff, Wasserstoff und viele Metalle hat er ebenfalls. Es wird viel zu tun geben, wir machen uns schon jetzt auf jede Menge Arbeit gefaßt. Wenn Du erst einmal groß genug bist, um mit einem Schweißgerät umgehen zu können, wirst Du mein Gehilfe sein. Wir müssen eine ganze Welt hier schaffen, Stephan, drum beeile Dich mit dem Wachsen, damit Du bald an ihrem Aufbau mithelfen kannst.»

Abenteurergeist und das Bestreben, frei zu sein, das eigene Leben selbst zu gestalten, auch um den Preis von Bedrängnis, Gefahr und Not, sind so alt wie die Menschheit selbst und müssen auch in den Herzen all derer gewesen sein, die nach dem Westen zogen, wie sie auch für die Auswanderer bestimmend sein werden, die einst von L5 aufbrechen. Wenn wir die Entwicklung einer Siedlung, die vielleicht mit einem ähnlichen Auszug wie dem gerade beschriebenen beginnt, von ihren Anfängen an verfolgten, könnten wir möglicherweise feststellen, daß die Pioniere ihre Habitate in arbeitssparender Weise bauen, und zwar durch Verdampfen eines Aluminiumbarrens, der im Zustand der Schwerelosigkeit von Magnetkräften festgehalten und durch konzentriertes Sonnenlicht aufgeheizt wird. Auf diese Weise könnte im Lauf von zwei oder drei Jahren eine Kugel mit der Fläche von etwa einem halben Quadratkilometer für Wohnraum und etlichen Hektaren zusätzlich für die landwirtschaftliche Nutzung geschaffen werden, und dies sehr wahrscheinlich zum größten Teil einfach von einer Hausfrau, die von ihrer Küche aus einen Steuerungscomputer überwacht. Ein Computer, der diese Aufgabe bewältigt, wäre nicht viel komplizierter als ein Taschenrechner, und in wenigen Jahrzehnten von heute an wird es eine viel leistungsfähigere Computeranlage, wie man sie heute nur in Büros und Rechenzentren findet, in schreibtischgerechter Größe geben, und sie wird nicht mehr als ein Auto kosten. So ein Gerät wird bestimmt zur Ausrüstung jeder Pionierfamilie gehören.

Was nun die Wachstumsraten angeht, so sehen wir, daß der winzige Asteroidbrocken, wie er im Tagebuch des Aussiedlers beschrieben wird, für eine Bevölkerung von mindestens 10 000 Menschen ausreichte; es bestünde daher für die Pioniergruppe auf mindestens hundert Jahre hinaus keine Notwendigkeit, neue Materialquellen zu suchen, selbst dann nicht, wenn sie vergleichsweise ebensoschnell wachsen würde wie gegenwärtig die Weltbevölkerung.

In unserer modernen Welt mit ihrer Sorge um versiegende Ressourcen und um die Bewahrung der Umwelt ist unsere unmittelbare Reaktion auf die Nachricht vom Auffinden einer neuen Rohstoffquelle die Überlegung, wie sie zu schützen sei. Als ich einer Gruppe der National Geographic Society die Rohstoffvorkommen des Asteroidengürtels schilderte, kam sofort die Reaktion: «Bitte nehmen Sie nicht den Geographos!» Diese Furcht ist unbegründet; «Geographos» ist ein kleiner Asteroid, den man mittlerweile dem Typ Eisen-Stein zurechnet und der wohl vor dem Abbau sicher sein sollte.

Im Falle einer wachsenden technologischen Zivilisation müssen wir jedes neue Materialvorkommen im Rahmen eines Zeitplans sehen. Wenn z. B. der gesamte Materialvorrat einer neuen «Mine» nur für 10 Jahre reicht, die Entwicklung der erforderlichen neuen Technologie zur Ausbeutung dieser Ressourcen jedoch 25 Jahre in Anspruch nehmen wird, dann ist der zu erwartende Gewinn kaum groß genug, um die Anstrengungen zu rechtfertigen. An früherer Stelle habe ich aufgezeigt, daß mit den Materialvorräten im Asteroidengürtel eine neue Bodenfläche, dreitausendmal größer als die der Erde, geschaffen werden könnte. Als ich dies darlegte, war es nicht meine Absicht, einem entsprechenden Anwachsen der menschlichen Gesamtbevölkerung das Wort zu reden, sondern vielmehr anzudeuten, daß die nur begrenzte Verfügbarkeit der Rohstoffe kein ausreichendes Argument dafür liefert, dem einzelnen in seiner persönlichen Freiheit Beschränkungen aufzuerlegen. Die Freiheit einer Familie, ihre Kinderzahl nach Wunsch selbst zu bestimmen, ist unter keinen Umständen so wichtig wie die Redefreiheit, der freie Fluß der Informationen, die Freizügigkeit, die freie Wahl der Beschäftigung und das Recht auf Bildung. Es ist aber sehr schwierig, eine Freiheit aufzuheben, ohne gleichzeitig andere zu gefährden. Wie Heilbroner ausführt, wäre in einer Gesellschaft, die per Gesetz in einen statischen Gleichgewichtszustand gezwungen würde, die Freiheit des Denkens und Forschens eine Gefahr und würde sicher unterdrückt[6].

Wie schon erwähnt, ist es nicht der Zweck unserer Überlegungen, weiteres unbekümmertes Wachstum zu ermutigen. Wohl aber ist es gerechtfertigt, darüber nachzudenken, welche Möglichkeiten sich noch bieten, eine Vergrößerung der Freiheit anzustreben, statt ihre Beschneidung fürchten zu müssen. In diesem Sinne wollen wir jetzt noch über die Grenzen des Asteroidengürtels hinaussehen und uns fragen, wie groß die Summe aller Rohstoffquellen unseres Sonnensystems ist. Ich sagte schon, daß eine Wachstumsrate von nur etwa einem Zehntel unserer gegenwärtigen explosiven Bevölkerungszunahme ausreichte, um zwischen Entwicklungsstillstand und -fortgang zu entscheiden; dies wäre gerade genug, um im Leben eines einzelnen Menschen wahrgenommen zu werden. Anstatt wie auf der Erde immer enger zusammenzurücken, könnte man sich in den Weltrauminseln diesem Wachstum durch eine entsprechende Vergrößerung der Gesamtbodenfläche anpassen. Bei einer so gemäßigten Wachstumsrate würden die Ressourcen der Asteroiden für mindestens 4000 Jahre ausreichen, wobei die Bevölkerungsdichte die gleiche wie auf der Erde wäre (gemittelt über die gesamte Landfläche unseres Planeten, eingeschlossen die jetzt unbewohnbaren Gebiete, Wüsten und Polargegenden).

Jenseits der Asteroiden sehen wir innerhalb des Sonnensystems drei weitere Ansammlungen von Materie, die nach Größe und Beschaffenheit von potentiellem Nutzen sein können, nämlich die Monde der äußeren Planeten, die Kometentrümmer und die äußeren Planeten selbst. Soweit uns bekannt ist, gibt es nirgendwo dort intelligentes Leben, und bis auf die äußeren Planeten sind sie für uns ohne Teleskop unsichtbar.

Die in den Monden der äußeren Planeten zusammengeballte Materiemenge ist nach groben Schätzungn 10 000mal größer als die der Asteroiden, und die der äußeren Planeten beträgt noch einmal das Tausendfache. Die Existenz dieser Ressourcen jenseits des Asteroidengürtels bedeutet deshalb, daß auch ohne Kometenmaterial über einen Zeitraum von mehr als 12 000 Jahren eine gemäßigte Expansion mit einer jährlichen Wachstumsrate von 0,2 Prozent möglich ist, ohne daß man infolge Materialknappheit an Wachstumsgrenzen stößt. Die Ausbeutung eines jeden neuen Ressourcentyps würde weiteres Expandieren für nochmals mehrere Tausende von Jahren erlauben, und die jeweils zur Erschließung eines Vorkommens nötige Technologie könnte in kaum mehr als ein paar Jahrzehnten entwickelt werden. Auch wenn ich es nicht befürworte, muß ich folgern, daß mäßiges Wachstum über viele tausend Jahre durchgehalten werden kann, sofern dies zu allen Zeiten von den dann jeweils lebenden Menschen gewünscht wird.

Wenn auch zwölftausend Jahre gemessen an evolutionären Zeiträumen kurz erscheinen mögen, so stellen sie doch verglichen mit den Entwicklungsepochen sozialer Institutionen eine sehr lange Zeit dar. Wollten wir einmal so weit in die Vergangenheit zurückkreisen, wie wir jetzt in die Zukunft denken, so kämen wir nahe an die letzte Eiszeit lange vor den frühesten Anfängen der Geschichtsschreibung heran.

Für den Fall, daß lang anhaltendes Wachstum tatsächlich stattfinden sollte, so ist es nicht ohne Reiz, die entsprechende Zunahme der menschlichen Naturbeherrschung zu betrachten, die wir einmal «Potenz» nennen wollen. Wir können nur Vermutungen anstellen, aber nehmen wir einmal an, diese Potenz wäre etwas Ähnliches wie ein Bruttosozialprodukt, dann können wir spekulieren, daß sie proportional ist zum Bevölkerungswachstum selbst und zur Produktivität (d. h. dem Ausstoß der von jedem einzelnen Menschen quantitativ erfaßbaren produzierten Güter materieller Art oder in Form von Information). Wird die letztere mit nur 1,5 Prozent jährlich und das erstere mit jährlich 0,2 Prozent angenommen, dann würde der Zuwachs an Potenz insgesamt über einen Zeitraum von 12 000 Jahren die wahrhaft astronomische Ziffer von 10^{88} ergeben. Es ist faszinierend, die Implikationen einer solchen, zugegebenermaßen äußerst spekulativen Potenzsteigerung zu betrachten. Mit ziemlicher Sicherheit würden sie in enormem Grad die Naturherrschaft durch jeden einzelnen Menschen beinhalten. Die Zahl 10^{88} ist größer als etwa die Anzahl aller einzelnen Atome sämtlicher Sterne, Planeten und Staubwolken unserer Milchstraße. Demnach ist es offenbar im Prinzip möglich, daß eine Zivilisation sich aus der Vorgeschichte in einen Zustand höchster Potenz innerhalb eines Zeitraums entwickelt, der für galaktische Begriffe sehr kurz ist: weniger als ein Zweihunderttausendstel des Sonnenalters. Warum also hat noch keine frühere «Explosion» einer Zivilisation in einen Zustand größter physischer Macht irgendeine Spur in unserer Galaxis hinterlassen? Warum brennen keine Leuchtfeuer, um unseren Weg zu erhellen? Vielleicht ist die Geburt einer zur Auswanderung in den Weltraum fähigen Zivilisation so außerordentlich unwahrscheinlich, vielleicht sind soziale Instabilität und Stagnation so übermächtige, zivilisationsvernichtende Kräfte, vielleicht kommen Mäßigung und Einfühlungsvermögen – wie ich schon früher zu bedenken gab – erst mit technischer Reife, und es existieren tatsächlich schon seit langem galaktische Zivilisationen, die uns aber in unserem eigenen Interesse allein und unbeeinflußt uns selbst überlassen.

12
DIE ZUKUNFT DES MENSCHEN IM RAUM

Spekulationen über eine Entwicklung in ferner Zukunft sollte ein Naturwissenschaftler nur mit Zurückhaltung anstellen. Er ist daran gewöhnt, Vorhersagen zu machen, die sich erst zu einem späteren Zeitpunkt als falsch oder richtig erweisen können, aber er macht sie auf der Grundlage von Experimenten, die er mit der größtmöglichen Sorgfalt und Genauigkeit durchführt. Wenn er bei seinem experimentellen Vorgehen immer hinreichend anspruchsvollen Maßstäben seines Faches genügt hat, kann er darauf vertrauen, daß spätere Arbeiten ihn nur bestätigen werden. Wenn sich ein Naturwissenschaftler Spekulationen hingibt, wirft er das experimentelle Rüstzeug über Bord, das allein seinen Anspruch auf Autorität und Sachkenntnis begründet. Seinen Aussagen kommt dann nicht viel mehr Gewicht zu als denen eines x-beliebigen Zeitgenossen. Doch es ist unvermeidlich, daß ich mich jetzt auf das Gebiet der Spekulation begebe, und ich tue es mit erheblichen Vorbehalten, wohl wissend, daß ich mich immer weiter zu ungewissen Grenzen vorwage. Wie ein Autofahrer, der im Winter auf vereister Straße versucht, wenigstens mit zwei Rädern auf festem Boden zu bleiben, so will ich versuchen, jegliche Spekulation innerhalb der Grenzen zu halten, die noch durch quantitative Berechnung abgesteckt werden können.

Geschichte und Analogie sind der feste Boden im Sumpf der Spekulation. Wir wissen, daß der Außenhandel für die meisten erfolgreichen menschlichen kolonisatorischen Außenposten in ihren Anfangsstadien die ökonomische Basis war. Für die wirtschaftliche Lebensfähigkeit der Weltrauminseln auf lange Sicht wird es vermutlich etwas geben müssen, was die Erde von L5 kaufen muß, und umgekehrt etwas, auf dessen Import von der Erde die Bewohner von L5 angewiesen sind. Auf der Erde dürfte man billige Energie in Form von Elektrizität, die durch Mikrowellen aus orbitalen Sonnenkraftwerken übertragen wird, noch lange Zeit benötigen. Selbst wenn das Pro-Kopf-Einkommen in den entwickelten Ländern auf einem bestimmten Stand eingefroren werden könnte, so würde doch mit dem Bestreben der dritten Welt, ökonomische Unabhängigkeit zu erlangen und ihren Platz in der Völkergemeinschaft einzunehmen, in den nächsten Generationen der Energiebedarf jährlich weiter ansteigen. Solange diese Nachfrage anhält, sollten die L5-Gemeinden einen aufnahmebereiten Markt finden.

Die Tatsache, daß L5 für die Herstellung von schwerem wissenschaftlichem Gerät (als da sind Teleskope, bemannte und unbemannte Raumschiffe für Forschungszwecke sowie Laboratorien zur Untersuchung der Auswirkungen der Schwerelosigkeit) bestens geeignet ist, sollte den Siedlern in L5 noch einen weiteren Handelszweig mit den Erdbewohnern erschließen.

Meiner Ansicht nach ist die Wahrscheinlichkeit, daß von L5 vermarktbare Produkte mit Profit auf die Erdoberfläche zurückgeliefert werden können, sehr viel geringer. Diese Lieferung hieße den einzigartigen, größten ökonomischen Vorteil, den L5-Gemeinden haben werden, einfach preisgeben: ihre Lage auf dem Gipfel des über 6000 Kilometer hohen Gravitationsberges, der sich über uns hier auf der Erde auftürmt. Nichtsdestoweniger sollte man diese Möglichkeit nicht völlig außer acht lassen. Transportverfahren für Lieferungen von L5 an die Erde wurden von Eric Drexler, M.I.T., untersucht, mit dem Ergebnis, daß sie am besten mit Hilfe von Frachtbehältern aus Titan abgewickelt würden, die die Erdatmosphäre unbeschädigt durchdringen können, auf dem Meer niedergehen, von dort geborgen werden und auch nach

Beendigung ihrer Aufgabe als Transportmittel noch einen hohen kommerziellen Wert bei der industriellen Weiterverarbeitung ihres reinen Titans haben. Die Zeit mag kommen, da ein solcher Prozeß wirtschaftlich gewinnbringend ist, aber ich würde doch sehr zögern, mein Geld in eine Titan-Importfirma zu investieren. Mit der Entwicklung der L5-Gemeinden vom reinen Vorposten zu einer blühenden, aufstrebenden Grenzsiedlung werden sich auch die «Güter» ändern, die L5 von der Erde beziehen muß. Am Anfang wird L5 Maschinen, Werkzeuge, Computer und fast jeden anderen komplizierten Ausrüstungsgegenstand sowohl für die Produktion als auch für den Lebensunterhalt brauchen. Kohlenstoff, Stickstoff und Wasserstoff wird man so lange von der Erde importieren müssen, bis die Asteroiden ausgebeutet werden können.

Wir sollten uns ins Gedächtnis zurückrufen, daß die Geschwindigkeitsintervalle von L5 zur Erde und zu den Asteroiden fast gleich sind. Deshalb können eine Zeitlang die Transportkosten von der Erde und die von den Asteroiden vergleichbar sein. Dann kann es eine Periode geben, in der der wirtschaftliche Wettbewerb die Frachtkosten für Kohlen-, Stick- und Wasserstoff sowohl von der Erde als auch von den Asteroiden her nach unten drückt, obwohl sich mit fortschreitender Zeit der Transport von den Asteroiden als billiger erweisen sollte.

Über viele Jahrzehnte hinweg, während deren der anfängliche Brückenkopf im All expandiert und sich zu einem ausgereiften Gemeinwesen entwickelt, wird man in L5 Menschen brauchen, und zwar viel schneller und mehr, als die natürliche Reproduktion bereitstellen kann. Während all dem müssen die L5-Gemeinden Leute von der Erde holen, und wie im Falle Australiens können wir vielleicht beobachten, daß während einer gewissen Zeit die L5-Gemeinden neue Einwanderer von der Erde durch freie Überfahrt, ein persönliches Startkapital und möglicherweise anfänglich freie Unterkunft anlocken.

Die Existenz dieser verschiedenen Komponenten eines bilateralen Handels, bei dem beide Seiten profitieren würden, sollte zu einer friedvollen Beziehung zwischen den L5-Habitaten und den Nationen der Erde beitragen. Wenn es zu Meinungsverschiedenheiten und Spannungen kommen sollte, wie es in zwischenmenschlichen Beziehungen unvermeidbar ist, so wird glücklicherweise wahrscheinlich keine der beiden Seiten eine totale Einstellung des Handelsaustausches riskieren wollen; der Preis für eine ernsthafte Auseinandersetzung dürfte sicher zu hoch sein.

Obwohl mit manchen Gütern nur kurzfristig gehandelt werden wird, dürfte der Bedarf an zusätzlicher Energie hier auf der Erde weit ins nächste Jahrhundert hinein die Gewähr dafür bieten, daß L5 einen Markt für neue Satelliten-Kraftwerkkapazitäten finden wird, und die Rauminseln werden etwa ebensolang Einwanderer brauchen.

Letzten Endes können wir in Analogie zu ähnlichen Situationen auf der Erde vermuten, daß, wenn sich die L5-Zivilisation ihrer Reife nähert und sich die Erdbevölkerung stabilisiert hat, ein Tourismus in beiden Richtungen einen wesentlichen Baustein im ökonomischen Gesamtgefüge darstellen wird. Wir können fast sicher sein, daß dies eintreten wird, wenn wir uns verdeutlichen, daß im Lauf der Jahrzehnte die Transportkosten in (inflationsbereinigten) Dollars mit dem technischen Fortschritt abnehmen werden.

Man sagt, daß neuer Wohlstand dreier Faktoren bedarf: Energie, Material und Intelligenz. In L5 werden die Materialquellen mindestens über mehrere Jahrhunderte hinweg unerschöpflich sein, und die Energiequelle wird nach gegenwärtig bester Erkenntnis für wenigstens ein paar Milliarden Jahre verläßlich und praktisch unbegrenzt zur Verfügung stehen. Die dritte Komponente ist die Organisation eines produktiven Zusammenspiels von Maschinen und menschlichen Anstrengungen. Produktivität kann durch das Verhältnis von Produktionsausstoß zu aufgewendeter menschlicher Arbeit beschrieben werden. Mißt man dies in nichtmonetären Einheiten (Tonne pro Person und Jahr), so berücksichtigt das Verhältnis automatisch die Inflationseffekte.

Viele Jahrhunderte lang war die Produktivität gleichbleibend, niedriggehalten durch die Beschränkungen einer Technik von Hand-Werkzeugen und der menschlichen und tierischen Arbeitskraft als Energiequellen. Dann begann mit der industriellen Revolution die Produktivität zu wachsen. In den modernen Industriegesellschaften Nordamerikas und Westeuropas erreichte diese Steigerung einen Durchschnitt von 2 bis 3 Prozent jährlich. (Es wurde erörtert, daß in einer rein kapitalistischen Wirtschaftsordnung ohne staatliche Eingriffe der Kapitalzins in gleicher Höhe angesetzt werden sollte[1]. Die Inflation, die heutzutage um ein Mehrfaches höher ist als die Produktivitätszuwachsrate, steigert sowohl den Produktivitäts- als auch den Zinszuwachs, und zwar in einer Weise, die die zugrunde liegenden realen Veränderungen immer mehr verschleiert.)

Individueller Wohlstand ist proportional zur Produktivität, es sei denn, die Regierung beanspruchte im Lauf der Zeit einen immer größeren Anteil am Volkseinkommen. Eine Produktivitätszuwachsrate von 2,5 Prozent ist groß genug, um das reale (nicht inflationäre) Pro-Kopf-Einkommen in weniger als dreißig Jahren zu verdoppeln. Wenn wir die Güter und Dienstleistungen betrachten, die heutzutage in der westlichen Welt zur Verfügung stehen und die normalerweise von Leuten in Anspruch genommen werden, die eine Generation jünger sind als wir, so sehen wir, daß in unserer westlichen Industriegesellschaft tatsächlich mindestens eine Verdoppelung der Realeinkommen im Zeitablauf von etwa einer Generation stattgefunden hat. Wenn auch nicht auf der Erde, so wäre es doch im Weltraum vorstellbar, daß sich eine solche Produktivitätssteigerung über eine sehr lange Zeit fortsetzen könnte. In den Vereinigten Staaten liegt gegenwärtig das jährliche Familieneinkommen bei 15 000 Dollar. Auf der Erde legen Energie- und Rohstoffknappheit dem Anwachsen des Pro-Kopf-Einkommens bereits Zügel an. Dagegen läßt sich für den Weltraum vorhersehen, daß bei einer fortgesetzten Wachstumsrate von 2,5 Prozent jährlich das durchschnittliche Familieneinkommen im Jahr 2100 den Gegenwert von mehr als 300 000 Dollar im Jahr in inflationsbereinigten US-Dollars, Wert 1975, erreichen könnte. Freilich kann dieser Zuwachs nur erfolgen, wenn auch die verfügbare Energie zunimmt, und zwar bis zu einem Gesamtwert von ungefähr zweihundert Kilowatt pro Person in einer Raumgesellschaft des Jahres 2100. Einige der Annehmlichkeiten, die wir für das Ende des kommenden Jahrhunderts ins Auge fassen, werden weder energie- noch materialintensiv sein. Vielleicht ist ein hervorragendes Beispiel einer hochentwickelten, energiesparenden Annehmlichkeit der elektronische Computer. Mit größter Wahrscheinlichkeit werden die Computer einen so hohen Perfektionsgrad erreichen, daß fast jede alltägliche, vorhersehbare Aufgabe durch computergesteuerte Maschinen erledigt werden wird, die ihrerseits in Fabriken gefertigt werden, in denen nur noch sehr wenige menschliche Eingriffe vonnöten sind. Andere Bequemlichkeiten werden im Energieverbrauch nicht so sparsam sein. Der Transport über weite Entfernungen zum Beispiel wird auch im Weltraum einen bestimmten Energiebedarf erfordern. Logischerweise können wir davon ausgehen, daß der durchschnittliche Raumbewohner des Jahres 2100 es als selbstverständlich betrachten wird, daß ihm billige energieintensive Transportmöglichkeiten zur Verfügung stehen und ihm enorme Bewegungsfreiheit über große Entfernungen bei Geschwindigkeiten von mehreren tausend Kilometern pro Stunde verleihen. Eine zweidimensionale Anordnung von Weltrauminseln, die ausreichend Wohnraum für die gegenwärtige Weltbevölkerung bieten und wo jedem einzelnen 200 Kilowatt aus Sonnenwärme gewonnener elektrischer Energie zu Diensten stehen, würde sich über weniger als 3000 Kilometer erstrecken. Unter der Voraussetzung, daß genügend Energie vorhanden wäre, könnte im All eine normale Reisegeschwindigkeit von 3000 Kilometern pro Stunde durchaus erreicht werden, und zwar für ein Fahrzeug ohne Triebwerk, das von einem Elektromotor beschleunigt würde. Daher wäre einem Raumbewohner des Jahres 2100 innerhalb einer Reisezeit von einer Stunde oder noch weniger eine ganze Welt mannigfaltiger Lebensräume zugänglich.

Während das Realeinkommen der Raumsiedler ansteigt, ist es ziemlich unwahrscheinlich, daß die L5-Bewohner sich entschließen, weiterhin unter den doch recht beengten Umständen der frühen Habitate zu leben. Auf der Erde haben wir uns an die Vorstellung gewöhnt, daß mit jedem Jahr, das vorübergeht, mehr freies Land eingezäunt wird, Geschäftszentren auf zuvor grünen Wiesen entstehen und der Druck auf die Gebiete mit noch unberührter Natur wächst. In L5, wo das Maß der Neulandgewinnung nur durch die Produktivität begrenzt sein wird, können wir erwarten, daß die Bevölkerungsdichte im Verlauf eines Jahrhunderts sich eher verringern als ansteigen wird, was immer auch die absolute Größe der Bevölkerung und deren Zuwachsrate sein mögen. Die Bevölkerungsdichte eines im Jahr 2100 neu gebauten Raumhabitats können wir grob abschätzen, indem wir die derzeitigen Zahlenwerte für die Produktivitätszuwachsrate und die Wachstumsrate der Weltbevölkerung zugrunde legen. (Wir wollen hoffen, daß dies zu hoch gegriffen ist; sollte das zutreffen, wird die Antwort günstiger ausfallen, als wir jetzt berechnen.) Nehmen wir den derzeitigen US-Wert für den arbeitenden Bevölkerungsanteil (ca. 40 %) und nehmen wir an, daß ein Viertel der Arbeitskräfte mit dem Bau neuer Habitate beschäftigt ist, so zeigt sich, daß auf jeden Neusiedler des Jahres 2100 fast zweitausend Tonnen Strukturmaterial kommen.

Um uns das deutlicher auszumalen, benötigen wir ein Modell. «Insel Zwei» ist dazu geeignet; jede dieser Bernal-Kugeln hätte eine Strukturmasse von einigen Millionen Tonnen. Das Fazit der Berechnung ist: Jede «Insel Zwei» mit fast sieben Quadratkilometern Lebensraum wäre nur von 2600 Leuten, der Einwohnerschaft eines kleinen Dorfes, bewohnt. Wahrlich das reinste Landleben! Industrie und Landwirtschaft wären im Weltraum selbstverständlich in zusätzlichen Gebieten außerhalb der Wohnhabitate untergebracht, so daß die Bodenfläche uneingeschränkt für Wohn- und Erholungsgebiete zur Verfügung stünde und manche Regionen dem Wildwuchs überlassen werden könnten (viele unserer gegenwärtigen Erholungsgebiete mit natürlichem Wildwuchs hier auf der Erde waren vor einem Jahrhundert noch gerodet und in landwirtschaftlicher Nutzung; deshalb sollte uns eine künstlich angelegte Wildnis nicht befremden). Auch vor den Korrekturen für die Landwirtschafts- und Industriebereiche wäre die Bevölkerungsdichte derjenigen einiger Länder Westeuropas vergleichbar (in den Niederlanden kommen etwa 400 Einwohner auf einen Quadratkilometer und in Italien etwa 190, wobei sämtliche Landwirtschafts-, Industrie- und Gebirgszonen in das Verhältnis einbegzogen sind).

Sogar unter der Annahme einer erfolgreichen Geburtenkontrolle wird auf der Erde irgendwann im nächsten Jahrhundert die Gesamtbevölkerung auf mindestens zehn Milliarden anwachsen. Wir sollten daher erwarten, daß sich die Bevölkerungsdichten hier etwa verdreifachen werden, bis eine erhebliche Auswanderung zu den Weltrauminseln stattfindet. Die Raumnot auf der Erde ist in einigen Gebieten schon beängstigend, und wir müssen damit rechnen, daß sie noch schlimmer wird. Im Gegensatz dazu zeichnet sich bei der Entwicklung der Bevölkerungsdichte in L5 über ein weiteres Jahrhundert in die Zukunft hinein für die Raumhabitate eine Dichte ab, die nur knapp ein Drittel der heutigen Bevölkerungszahl der an Berg- und Weideland reichen Schweiz ausmacht und merklich unter dem Durchschnitt liegt, den die Erde insgesamt zu Beginn der neunziger Jahre unseres Jahrhunderts haben wird.

Es ist recht wahrscheinlich, daß mit fortschreitender Automation die genormten Teile eines neuen Habitats – äußere Hülle, Spiegel, Abschirmung, Wärmebestrahler und andere Außenteile – schließlich nahezu vollautomatisiert gefertigt werden. Eingriffe des Menschen werden dann nur dort nötig sein, wo es auf Kreativität und Ideenreichtum ankommt: in der Langschaftsgestaltung, der Architektur und vielleicht bei neuen Tätigkeiten mit künstlerischem Einschlag wie Wetterentwürfe und kreative Ökologie. Es wäre denkbar, daß eine Siedlergruppe, die ein neues Landgebiet in einem vollautomatisch gebauten Habitat in Besitz nimmt, lieber selbst letzte Hand anlegt, um dem Ganzen durch die Gestaltung der Landschaft und Architektur und durch die Wahl der Pflanzen und Tierarten ihren persönlichen Stempel aufzudrücken. Ihre ersten Jahre könnte sie ähnlich zubringen wie unsere

Pionier-Vorfahren; jedes vorübergehende Jahr würde sie mit Genugtuung und Stolz darüber erfüllen, dem Heim, dem Garten und dem Wald eine persönliche Note gegeben zu haben.

Die Experten streiten sich über die Gründe für die Inflation; aber auch jetzt, nach vielen Jahrzehnten des Forschens und Mühens, sind sich die Wirtschaftswissenschaftler nicht ganz einig über deren Ursachen. Die einfachste Erklärung ist immer noch genauso anerkannt wie jede kompliziertere: nämlich, daß die Inflation durch ständig steigende Nachfrage bei einem immer geringeren Warenangebot entsteht. Eine Anzahl der Faktoren, die die Spirale von Angebot und Nachfrage auf der Erde höhertreiben, wäre im Lebensraum des Alls nicht oder in stark verminderter Form gegeben. Wie schon gesagt, darf man erwarten, daß mit der Zeit die Energiekosten in L5 kontinuierlich sinken werden, da die Quelle umsonst und unbegrenzt ist und der technische Fortschritt den Wirkungsgrad, mit dem diese Sonnenenergie in nutzbare Formen umgewandelt wird, nur verbessern kann. Wenn erst einmal die Asteroiden für die Ausbeutung in erreichbare Nähe rücken, wird jedes chemische Element in Hülle und Fülle verfügbar sein, und die mit Sonnenenergie betriebenen Transportsysteme, mittels deren man jene Grundstoffe zum Ort ihrer Verarbeitung bringt, können sich in ihrer Leistungsfähigkeit nur verbessern und mit der technischen Weiterentwicklung kostengünstiger werden.
Hier auf der Erde gibt es einen Inflationsdruck klassischer Spielart – steigende Nachfrage bei abnehmendem Güterangebot –, den wir in seiner Auswirkung täglich beobachten können. Mit dem Ansteigen der Bevölkerungsdichte schnellen die Bodenpreise unweigerlich in die Höhe. Bei Beginn eines neuen Hausbauprogramms sind jeweils die Preise so niedrig wie möglich; dann, wenn die Zahl der freien Grundstücke abnimmt, steigen die Preise, so daß letzten Endes die Verkäufer ihre Forderung nach Belieben festsetzen können. Sucht man inflationäre Bodenpreise, so braucht man sich nur begehrte Gegenden anzuschauen, wo von Gesetzes wegen die

Erschließung neuer Grundstücke für die Bebauung beschränkt ist, wo aber eine Menge reicher Käufer Land erwerben möchte; die Schweiz ist ein hervorragendes Beispiel hierfür.

In den Weltraumgemeinden sollte die Bevölkerungsdichte eher ab- anstatt zunehmen. Es sollte dort weder Energie noch Materialknappheit geben. Daher bietet vielleicht der Weltraum die besten Bedingungen für eine nicht inflationäre Wirtschaft. Wenn aber auch im All eine starke Inflation über einen Zeitraum von vielen Jahrzehnten andauern sollte, dann müßten unsere Nachkommen daraus schließen, daß die Hauptursachen der Inflation psychologischer und nicht materieller Art sind. Aber selbst auf diesem Gebiet können die Raumgemeinden im Vorteil sein. Wie wir wissen, ist ein vorrangiger, psychologischer Grund für die Inflation in der Angst zu suchen, der Angst, daß ein lebensnotwendiges oder ein zwar nicht wesentliches, aber doch sehr begehrtes Produkt auf einmal nicht mehr zu haben sein könnte, so daß ein überhöhter Preis dafür gerechtfertigt wäre: das Syndrom des «Hamsterns». Nach den ersten Jahrzehnten des Wachsens und Lernens wird es unter den Bedingungen der Weltraumgemeinden schwierig sein, bei den Siedlern die Vorstellung zu erzeugen, daß ein materielles Gut bald knapp werden würde.

Über die Zukunft lassen sich keine genauen Vorhersagen machen, noch viel weniger über mögliche langfristige Auswirkungen der Weltraumumgebung auf die Dauer menschlichen Lebens. Auch wenn man gute Gründe für die Behauptung anführen kann, ein Menschenleben dauere im All länger, so wird doch noch einige Zeit vergehen, bis diese Voraussage geprüft werden kann.

Vor allem sollten die Grundbedingungen für die Lebenserhaltung im Weltraum mindestens ebenso günstig sein wie im Durchschnitt bevorzugter Lebensräume auf der Erde und weit besser als in den Gegenden, wo zurzeit die meisten Menschen leben. Armut ist ein Mörder; der Reichtum des Weltalls sollte es aber fast allen Menschen ermöglichen, der Armut zu entkommen. Atmosphäre, Temperatur und Sonneneinstrahlung können im Weltraum so gewählt werden, daß optimale Bedingungen für die Gesundheit und das Wohlbefinden der Menschen bestehen. Die Abschirmung vorausgesetzt, die man durch entsprechende Verwertung der Industrieschlacke erzeugen könnte, dürfte die Strahlungsintensität in einem Raumhabitat nicht höher sein als auf der Erde, und auch das Risiko eines Unfalltodes sollte im Weltall eher niedriger denn höher sein. Wie steht es aber um die älteren Leute? Hier auf der Erde muß mit zunehmendem Alter der Körper immer mehr von seinen Energiereserven aufwenden, um nur gegen die Schwerkraft anzukämpfen. In den Altenheimen ist ein großer Teil der Einrichtungsgegenstände überwiegend der Aufgabe gewidmet, den Körper in seinem ewigen Kampf mit der Schwerkraft zu unterstützen.

Im Gegensatz dazu könnten wir uns vorstellen, daß sich Gehbehinderte in einem Weltraumhabitat vorwiegend in höheren Breiten aufhalten, wo die Schwerkraft geringer ist; all diejenigen, die auf der Erde ans Bett gefesselt wären, könnten dort in einer Region nahezu völliger Schwerelosigkeit sich voller Bewegungsfreiheit erfreuen.

Herzgefäßleiden gehören zu den häufigsten Todesursachen älterer Menschen. Im Weltraum können Leute mit Kreislaufbeschwerden in Regionen ziehen, wo die Schwerkraft geringer ist und wo sie sich infolgedessen frei bewegen und mit Maßen leichten Sport treiben können. Alles zusammengenommen scheint es recht gut möglich, daß die Menschen in Weltraumhabitaten ein höheres Alter erreichen werden, als dies auf der Erde der Fall wäre. Wichtiger ist vielleicht noch, daß sie die Jahre ihres Alters in größerer Freiheit und Unabhängigkeit verbringen können, als es ihnen ihre physische Verfassung auf unserem Planeten erlauben würde.

In der ersten technischen Publikation über die moderne Entwicklung der Weltraumkolonisierung erwog ich die Möglichkeit, daß etwa ab der Mitte des nächsten Jahrhunderts die Erdbevölkerung durch Auswanderung ins Weltall abnähme[2]. Dabei betonte ich nachdrücklich den Unterschied zwischen

Möglichkeit und Vorhersage, was ich stets tun muß, wenn dieses Thema zur Sprache kommt. Wenn der Aufbruch des Menschen ins All tatsächlich stattfindet, dann wird im Prinzip sicherlich auch irgendwann einmal eine Auswanderung größten Ausmaßes möglich sein; das kann man mit dem einfachsten Taschenrechner beweisen, und zwar unter Verwendung der Zahlen, die ich auf den letzten paar Seiten für die Masse eines «Insel Zwei»-Habitats angegeben habe, dessen Bewohnerzahl mit 140 000 angenommen werden soll. Eine weitere Angabe ist erforderlich: der Anteil der beim Habitatbau beschäftigten Arbeitskräfte, den wir auf die Hälfte der Bewohnerzahl ansetzen wollen. Möglicherweise gestalten sich die Verhältnisse noch günstiger, als wir sie mit einer «Insel Zwei»-Geometrie angenommen haben, denn das strukturelle Pro-Kopf-Gewicht einer «Insel Eins» ist nur halb so groß. Auch ohne einen höheren Produktivitätszuwachs als den derzeit in der Schwerindustrie auf der Erde üblichen von 25 Tonnen anzunehmen, erhält man nur sieben Jahre als Verdoppelungszeit der Bodenfläche im Raum.

Ich gehe einmal davon aus, daß der heutige Produktivitätswert auch dann noch Gültigkeit besitzt, wenn die erste «Insel Eins» fertiggestellt sein wird. Dies soll unsere «Stunde Null» sein. Danach mag es eine «hingebungsvolle» Periode intensiver Bautätigkeit geben, in der viele Nationen der Welt sich beeilen, im Weltraum Fuß zu fassen. In jener Pionierzeit könnte die Mehrzahl der Raumsiedler (vielleicht vier Fünftel) arbeiten, und zwei Fünftel ihrer Produkte könnten hauptsächlich neue Habitate und erst in zweiter Linie andere Güter wie Satellitenkraftwerke sein. In diesem Fall betrüge die Zeitspanne für eine Bodenverdoppelung im Raum sogar nur zwei Jahre, und in lediglich acht Jahren könnten bereits 160 000 Menschen dort leben.

Wir wollen einmal verfolgen, was geschähe, wenn dann der Anteil der arbeitenden Bevölkerung auf den US-Durchschnitt abfiele, die Siedler zum Bau der größeren «Insel Zwei»- Habitate übergingen, die Produktivität so wie bisher langsam anstiege und – um nur einmal ein Rechenbeispiel zu geben – der gesamte Produktivitätsausstoß der Weltraumindustrie in neuen Habitaten bestünde. Wie schnell könnte dann die Bevölkerung im Weltall wachsen? (Man beachte, ich sage: könnte, nicht wird.) Dies ist wiederum mit Hilfe des kleinsten Taschenrechners leicht zu beantworten:

Jahr	Bevölkerung
10	290 000
15	1,5 Millionen
20	9,2 Millionen
25	68 Millionen
30	631 Millionen
35	7,3 Milliarden

Ehe man diese Zahlen anzweifelt, sollte man sich klarmachen, daß ihnen die Annahme einer stetigen Produktivitätssteigerung zugrunde liegt, wenn auch nur mit den heutigen kleinen Zuwachsraten; ohne diese Voraussetzung wären die Zeitspannen etwas länger, wenn auch nicht viel: Die Bevölkerungszahl für das Jahr 30 in der Tabelle zum Beispiel wäre etwa fünf Jahre später erreicht.

Der wesentliche Punkt dieser Rechnung ist, daß, wenn die heute schon auf der Erde erreichte Produktivität sich im energie- und rohstofffreien Weltall entfalten kann, dies in weniger als zwei Generationen zu einer Produktionsrate neuer Landflächen führen könnte, die so groß wäre, daß auch der Bevölkerungsüberhang von der Erde untergebracht werden könnte. Wenn die Zahl der Menschen auf unserem Planeten auf zehn Milliarden ansteigt und die Zunahme unkontrolliert erfolgt, so wird sich die Zuwachsrate auf 200 Millionen Menschen jährlich belaufen. Vom Zeitpunkt der Fertigstellung der ersten Gemeinde an müßten nach der Tabelle nur dreißig Jahre vergehen, bis sich die Landflächen bereits hinreichend schnell vergrößerten, um selbst einen derartigen Zuwachs aufzunehmen.

Diese Übung soll nicht als ein «optimales Szenario» betrachtet werden. Tatsächlich sähe ich es lieber, wenn unsere Wachstumsrate auf der Erde mit der Zeit abnähme; dies sollte freilich nur aus vernünftigen Beweggründen geschehen, wie Sicherheit, angemessener Lebensstandard und Entscheidungsfreiheit, und nicht aus mir falsch erscheinenden Gründen wie gesetzlicher oder ökonomischer Zwang.

Der zweite Teil dessen, was das «Auswanderungsproblem» genannt werden könnte, ist der Transport. Ist es vernünftig, ein Transportsystem mit einer so großen Beförderungskapazität überhaupt in Erwägung zu ziehen? Erstaunlicherweise scheint auch hier die Antwort positiv zu sein. In Kapitel 10 beschrieb ich ein Fahrzeugsystem, das schon in relativ naher Zukunft in Betrieb genommen werden könnte und das nur auf Technologien beruht, die wir heute zu verstehen glauben. Die von mir geschilderte Fahrzeugflotte wäre in der Lage, innerhalb eines Jahres etwa 500 000 Leute von der Erde nach L5 zu befördern. Bei schnellstmöglichem Aufbau könnte diese Auswanderungsrate ungefähr um das Jahr 15 nach Beginn der «Insel Zwei»-Ära erreicht werden, und eine Beförderungsrate von zweihundert Millionen jährlich wäre etwa fünfzehn Jahre später zu erzielen. Um diese größere Beförderungsrate zu bewältigen, brauchten wir für die Energieversorgung der Raumschiffe selbst Anlagen mit einer Masse, die geringfügig unter einer Tonne pro Megawatt liegt. Dies könnte erreicht werden, indem man entweder mehrere Jahrzehnte lang die Entwicklung der Solarzellentechnik vorantreibt oder indem man Mikrowellen oder Laser zur Energieübertragung im Weltraum verwendet. Bei einem solchen Leistungsstandard würde ein großes Schiff mit einer Massenschleuder als Antriebsaggregat für die Hin- und Rückreise nur 12 Tage brauchen, wobei der Hinflug nur $3^1/_2$ Tage dauerte, weniger als das schnellste Passagierschiff zur Überquerung des Atlantiks braucht. Wenn jedes Raumschiff 6000 Passagiere aufzunehmen hätte, was im Lauf von 15 Jahren gegenüber den Zeiten der «Ziolkowsky» und «Goddard» ein vergleichsweise bescheidener Kapazitätszuwachs wäre, so würden insgesamt etwa 1100 Schiffe benötigt. Das entspricht in etwa der Anzahl der großen Ozeanschiffe, die jetzt die Gewässer der Erde befahren. Wenn wir die zum Bau von 1100 Raumschiffen erforderliche Produktivität errechnen, so finden wir, daß ihre Gesamtmasse sich auf einige 10 Millionen Tonnen Nettogewicht beliefe und daß sie in nur 3 Jahren von weniger als 0,1 Prozent der L5-Bewohner des Jahres 25 fertiggestellt werden könnten.

Der Transport von der Erde zu niedrigen Erdumlaufbahnen geschähe zur gleichen Zeit vermutlich in Fahrzeugen mit Passagierkabinen so groß wie die einer Boeing 747. Verglichen mit dem Fassungsvermögen der derzeitigen Raumfähre bedeutet dies über einen Zeitraum von rund 50 Jahren eine Steigerung, die bescheidener ist als die Zuwachsrate, die wir von der Zivilluftfahrt kennen: in nur 30 Jahren von der DC-3 mit 24 Passagieren zur 747 mit 400 Fahrgästen. Die Reise von der Erde zu niederen Umlaufbahnen würde unabhängig von der Fahrzeuggrröße weniger als eine halbe Stunde dauern, und der Bedarf an Transportkapazität, der bei einer Reisezeit von vier Stunden für den Hin- und Rückflug erforderlich wäre, könnte von einer weniger als 200 Schiffe umfassenden Flotte gedeckt werden. Das ist nur ein winziger Bruchteil der Anzahl großer Flugzeuge (ca. 4000), die schon jetzt zur kommerziellen Jetflotte der Welt gehören.

Berechnen wir die Reisekosten auf dieselbe Weise, wie wir das schon früher getan haben, so erhalten wir ungefähr 4500 Dollar pro Kopf in heutigem Dollarwert. Das kommt den Kosten einer Weltreise gleich und entspricht nur etlichen Monatsverdiensten in den Raumgemeinden.

In den Industriegesellschaften Nordamerikas jagen wir jährlich etwa 10 Tonnen Verbrennungsprodukte pro Kopf der Bevölkerung in die Atmosphäre. Es entfallen daher auf jedermann während seiner Lebenszeit mehr als 600 Tonnen Verbrennungsabgase und Rauch. Im Gegensatz hierzu wöge der Treibstoff, der benötigt würde, um einen Auswanderer von der Erdoberfläche auf eine niedere Umlaufbahn zu bringen, und zwar mit Fahrzeugen, die nicht fortschrittlicher als die heutigen sind, weniger als 3 Tonnen – also genausoviel, wie der Betreffende innerhalb von vier Monaten auf der Erde verbrauchen würde. Jedesmal wenn ein Emigrant die Erde verläßt, entlastet er gleichzeitig ihre Ressourcen und erspart der Atmosphäre die Bürde seines Energieverbrauchs, und zwar auf Dauer, wenn man von seinen späteren Besuchen des Heimatplaneten absieht. Sollte der Verkehr zwischen Erde und Weltraum jemals die im Beispiel angegebene Intensität erreichen, so wird es sehr wichtig sein, Maschinen zu konstruieren, die den Treibstoff sauber verbrennen und so der empfindlichen Ozonschicht der Atmosphäre in besonderem Maße Rechnung tragen. Man wird mindestens vierzig Jahre Zeit haben, das Problem zu erforschen, ehe es gelöst werden muß. Daraus können wir meiner Meinung nach schließen, daß es keine ernsthaften Hindernisse gibt, selbst das erwähnte hohe Verkehrsaufkommen zu bewältigen.

Wenn wir diese mögliche Reduzierung der Erdbevölkerung durch Auswanderung betrachten, so ist es wesentlich, Möglichkeit und Vorhersage voneinander zu trennen. Wie wir gesehen haben, würde die Kombination von Technik und natürlichem Wachstum unserer Fertigkeiten und Kenntnisse uns in die Lage versetzen, eine solche Auswanderung im Prinzip zu bewältigen. Ob Emigration großen Stils stattfinden wird oder nicht, dürfte davon abhängen, wie dringend wir darauf angewiesen sind und wie attraktiv die Weltraumsiedlungen sein werden. Mit vier Milliarden Menschen ist die Erde in vielen Gebieten bereits übervölkert; viele mögen es vorziehen, einer Erde mit zehn bis fünfzehn Milliarden zu entfliehen.

Die Aussicht auf hochbezahlte Arbeit, gute Lebensbedingungen und bessere Chancen für die Kinder in den Raumhabitaten mag einen beachtlichen Anteil der Erdbevölkerung zur Auswanderung bewegen, selbst wenn es mit der Überbevölkerung nicht gar so schlimm sein wird, wie wir zurzeit befürchten müßen. Ich vermute, daß die Weltraumindustrie wegen der unbegrenzten Verfügbarkeit billiger Energie, der in Hülle und Fülle vorhandenen Materialien und der effizienten Kombination attraktiver Wohngegenden mit nahegelegenen Produktionsstätten langfristig der Erdindustrie auf wirtschaftlichem Gebiet überlegen sein wird. Wenn dem so sein sollte, werden viele ihr Glück in einer neuen Welt versuchen wollen, und das bedeutet Auswanderung.

Eine Erde, frei von Industrie und mit einer Bevölkerung von vielleicht einer Milliarde Menschen, könnte weit schöner sein, als sie es heute ist. Tourismus aus dem Weltall könnte eine Haupterwerbsquelle sein und wäre ein starker Anreiz, bereits bestehende Grünflächen zu erweitern, neue anzulegen und historische Sehenswürdigkeiten zu restaurieren. Die aus einer von Umweltverschmutzung nahezu freien Umgebung kommenden Touristen wären wohl gegen Schmutz und Lärm auf der Erde recht intolerant, und auch dies wäre ein Ansporn, die verbleibenden Quellen der Umweltverschmutzung hier zu beseitigen. Ähnliche Kräfte hatten während der zurückliegenden zwanzig Jahre eine sehr wohltuende Auswirkung auf Touristenzentren in Europa und den Vereinigten Staaten. Die Vision einer industriefreien, idyllischen Erde, auf der viele landschaftlich reizvolle Gebiete ihre Ursprünglichkeit wiedererlangen, mit wachsendem Vogel- und Tierbestand und mit einer relativ kleinen, wohlhabenden Bevölkerung ist für mich weit attraktiver als eine kontrollierte Welt, deren Bewohner unsicher auf dem schmalen Pfad einer statischen Gesellschaftsordnung wandeln. Wenn die Menschheit sich den Weltraum erschließt, könnte dieser Traum Wirklichkeit werden.

Die Verfasser von Science-fiction-Romanen bedienen sich mit Vorliebe so passender Hilfsmittel wie Reisen mit Überlichtgeschwindigkeiten («Warp Factor Six, Mr. Sulu»), extrem verlangsamter Lebensfunktionen und Teletransport. Wenn schon spekuliert werden soll, dann finde ich es viel reizvoller, sich zu überlegen, wie weit wir, nur gestützt auf die naturwissenschaftlichen Erkenntnisse unserer Zeit, gehen könnten.

An früherer Stelle beschrieb ich ein Forschungsschiff, das zu den Asteroiden reisen und als «Labordorf» mit einigen hundert Leuten das innere Sonnensystem durchstreifen könnte. Da man im Weltraum viel größere Fahrzeuge bauen kann als auf der Erde, spricht im Prinzip nichts dagegen, ein Habitat von der Größe der «Insel Eins» mit einem lichtelektrischen Antriebssystem, wie es in Kapitel 11 beschrieben wurde, auszurüsten und auf die Reise zu schicken. Populationen von

10 000 Menschen haben in der Geschichte unseres Planeten über Zeiträume von vielen Generationen in Isolation gelebt; eine solche Zahl von Individuen muß Männer und Frauen mit den verschiedensten Fähigkeiten und Begabungen umfassen. Raumbewohner werden für weite Reisen psychologisch gut vorbereitet sein, und wenige Jahrzehnte nach Beginn der Weltraumbesiedlung durch den Menschen könnte es bereits größere Gruppen von Leuten geben, die auf langfristigen Forschungsmissionen die äußeren Bereiche unseres Sonnensystems durchstreifen. Diese Gruppen könnten durch Funk und Fernsehen mit der übrigen Menschheit in engem Kontakt stehen und müßten nicht isoliert bleiben, es sei denn, sie selbst wünschten es. Selbst im Bereich von Pluto, dem entferntesten bekannten Mitglied unserer Planetengruppe, könnten Theater- und Konzertsendungen mit einer Verzögerung von nur wenigen Stunden empfangen werden.

Wir können die ungefähren Grenzen, die einem Habitat auf seiner Reise durchs All gesetzt sind, abschätzen, wenn wir folgende Punkte voraussetzen: Seine Einwohner möchten genausoviel Sonnenlicht wie auf der Erde haben, die gesamte Bodenfläche für Wohnbereich und Landwirtschaft soll so groß wie die von «Insel Eins» sein, ein lichtelektrischer Generator, der dem Habitat die dem derzeitigen Pro-Kopf-Verbrauch der USA entsprechende Energiemenge liefert, wäre eine wünschenswerte Zugabe, und die Masse eines Kollektorspiegels zum Einfangen des Sonnenlichts dürfte nicht mehr als doppelt so groß wie die des Habitats selbst sein. Wenn die mittlere Spiegeldicke von der Stärke einiger Lichtwellenlängen ist, dann liegt die entsprechende Entfernungsgrenze ungefähr bei vier Lichttagen, das ist etwa zehnmal so weit draußen wie die Bahn des Pluto. Diese mehr geschätzte als genau berechnete Grenze gleicht einer Art «Kontinentalschelf» für unser Sonnensystem; jenseits davon liegt der Abgrund des interstellaren Raums. Gleichwohl scheint es keinen Grund zu geben, warum innerhalb dieser Grenzen eine solche Gemeinde auf großer Fahrt nicht unter ähnlich luxuriösen Bedingungen leben sollte wie die Habitatbewohner in Erdnähe.

Eine solche in die Tiefen des Weltraums vorstoßende Forschungsstation bestünde aus einem riesigen Parabolspiegel, in dessen Zentrum das abgeschirmte Habitat wie eine Spinne sitzen und die von einer mehrere tausend Quadratkilometer großen Fläche aufgefangene Sonnenenergie absorbieren würde. Ich nehme an, daß die Landschaft im Innern der reisenden Forschungsstation so gestaltet würde, daß sie den Bedürfnissen der Einwohner nach psychologischem Ausgleich durch eine üppige Vegetation Rechnung trägt. Die Dauerbewohner solcher Gemeinden würden möglicherweise eine Leidenschaft fürs Gärtnern entwickeln, und zwar nicht nur der Blumen wegen, sondern auch um ungewöhnliche Gemüse- und Gewürzpflanzen zu züchten.

Die Bevölkerung, die in diesem Fall notwendig konstant gehalten werden müßte, bestünde zu etwa einem Viertel aus jungen Leuten im Schüler- und Studentenalter, genug, um eine kleine Universität zu rechtfertigen. Die Hälfte der Bevölkerung wäre im normalen Arbeitsalter, und deren Hälfte wiederum könnte für sämtliche Dienstleistungen in der Gemeinschaft benötigt werden: im Unterricht, in der Landwirtschaft und für Wartungsarbeiten, als Ingenieure, Navigatoren, Kaufleute und für die Arbeit in Druckereien, Kinos, Krankenhäusern, Bibliotheken und Restaurants. Der Ersatz langlebiger Güter durch moderne Einrichtungsgegenstände, die nach Plänen hergestellt werden müßten, die per Funk von L5 aus übermittelt würden, könnte ein weiteres Fünftel der Arbeitskräfte beschäftigen. Die noch verbleibenden etwa 2000 Leute könnten sich direkt Forschungsaufgaben widmen, als da sind: planetare Astronomie, Geologie, Geophysik, interstellare Astronomie und der Betrieb eines weit ausgedehnten Radio-Teleskop-Systems in Partnerschaft mit Forschungsstätten nahe der Erde. Ein Laboratorium dieser Größe wäre mit einem großen nationalen Forschungslabor unserer Tage zu vergleichen; es wäre groß genug, um über eine Reihe von Jahren hinweg eine gründliche und systematische Erforschung der äußeren Planeten durchzuführen, indem man bemannte und unbemannte Erkundungsflüge zu kurzen Besuchen auf die Planetenoberflächen entsendet.

Das Leben in solch einer Gemeinschaft ähnelte dem einer Universitätsstadt mit einer spezialisierten Hochschule, und man könnte wie dort erwarten, daß eine große Zahl von Theatergruppen, Orchestern, Vortragsreihen, Sportvereinen und Flugsportclubs gegründet und viele unvollendete Bücher geschrieben würden. Stellt man Vermutungen über die Aktivitäten im tiefen Raum an, die sich innerhalb der Grenzen des Kontinentalschelfs unseres Sonnensystems während des nächsten Jahrhunderts entfalten mögen, so werden sich diese meiner Meinung nach auf die Ausbeutung der Asteroiden, auf Kreuzfahrten von Forschungsgruppen durch das Sonnensystem und auf kleine feste Forschungszentren auf bewohnbaren Planeten beschränken. Der Hauptteil menschlicher Aktivität würde sich vermutlich auf die erdnahen Regionen und den Asteroidengürtel konzentrieren. Alle Beteiligten wären dabei untereinander durch ein Kommunikationsnetz verbunden, dessen Verzögerungszeiten durch die Lichtgeschwindigkeit gegeben sind und daher etwa eine halbe Stunde nicht überschreiten.

Erste genauere Beobachtungen von Sternsystemen werden möglicherweise durch große, aus vielen Spiegeln zusammengesetzte Teleskope erfolgen, die, wenn auch nicht direkt in den Weltraumgemeinden, so doch in ihrer Nähe stationiert sein werden. Vielleicht wird unseren Nachkommen irgendwann in den nächsten hundert Jahren ein wenige Lichtjahre von uns entfernter Stern interessant genug erscheinen, um ihn genauer zu untersuchen. Dies könnte der Fall sein, wenn mit Hilfe teleskopischer Beobachtung bewiesen wäre, daß der Stern z. B. Planeten hätte. Träfe dies zu, so könnte eine automatische Raumsonde auf eine viele Jahre dauernde Reise geschickt werden. Die wirtschaftlichste Art, Informationen über ein anderes Sternsystem zu erlangen, wäre die des «Fly-by» (Vorbeiflug): Die Sonde würde einfach ihren ganzen Energievorrat und ihre gesamte Reaktionsmasse allein für die Beschleunigung verbrauchen, um die Reisezeit möglichst kurz zu halten. Sie würde sich ihrem Ziel möglicherweise mit einem Zehntel der Lichtgeschwindigkeit nähern, innerhalb weniger Stunden das Sternsystem durchrasen und dabei alle Informationen sammeln, die ihre Meßinstrumente erfassen könnten. Anschließend würde sie über einen Zeitraum, der sich über mehrere Jahre erstrecken könnte, die gesamten, während weniger Stunden intensiver Aktivität gesammelten Daten ihren Erbauern zufunken. Betrachten wir die rasche Entwicklung der Computer und der Mikroelektronik, so darf man mit einiger Gewißheit sagen, daß in hundert Jahren eine vollautomatische Raumsonde weit zuverlässiger und vielseitiger arbeiten wird als jedes noch so gut ausgewählte Menschenteam. Darum wird die erste genauere Beobachtung eines anderen Sternsystems mit aller Wahrscheinlichkeit nicht durch das menschliche Auge erfolgen.

Könnte sich eine Raumgemeinde jemals über unser Kontinentalschelf hinauswagen und sich auf die Reise zu einem anderen Stern begeben? Wenn die Gemeinde groß genug wäre, um eine vollständige Gesellschaft bilden zu können, und wenn das Sozialgefüge einer isolierten, großen Gruppe sich als hinreichend stabil erweisen sollte, so würde eine solche Reise sicher nicht die Grenzen physischer Möglichkeiten überschreiten. Dafür müssen wir aber mit unseren Spekulationen über die Grenzen der heutigen Technologie hinausgehen. Fahrzeuge, die mit Maschinen auskommen sollen, die schon bald, nämlich innerhalb der nächsten Jahre, gebaut werden können und die zur Aufrechterhaltung erdähnlicher Bedingungen auf Sonnenenergie angewiesen sind, könnten sich allenfalls einige Lichttage von der Sonne entfernen. Für interstellare Reisen müßte eine Energiequelle an Bord mitgeführt werden. Obwohl die Technologie der (in den USA vielbeachteten) Fernsehserie «Star-Trek» in vielen Fällen mit unserem heutigen Verständnis der Physik unvereinbar ist, sind doch einige der darin vorkommenden Techniken auch von unserem gegenwärtigen Kenntnisstand aus nicht völlig unvernünftig. Insbesondere könnten die «Materie-Antimaterie-Hülsen», um die Ingenieur Scott ständig bangt, in ein oder zwei Jahrhunderten technologisch durchaus realisierbar sein. Ganz besonders im Weltraum, wo uns die Erdschwere nicht behindert, wäre es möglich, eine gewisse Menge Antimaterie zu produzieren. Die Energiekosten hierfür wären ungeheuer hoch, und zurzeit sind unsere Methoden für die Herstellung von Antimaterie primitiv und ineffizient, aber es gibt keinen Grund, warum dies immer so bleiben sollte. Am günstigsten würde man die Antimaterie in flüssiger oder fester Form mit sich führen; gefrorener Anti-Wasserstoff mit einer Temperatur von nur wenigen Graden über dem absoluten Nullpunkt wäre gut geeignet. Seine Atome bestünden aus Antiprotonen, die von Positronen umkreist würden.

Um auf das Beispiel der «Insel Eins»-Gemeinde zurückzukommen, die für Fernreisen ausgerüstet wäre: wir können uns vorstellen, daß die für einen Spiegel veranschlagte Masse in deren Massenbudget durch eine gleich große Menge gefrorenen Wasserstoffs und Anti-Wasserstoffs ersetzt wird. Da keine Schwerkraft herrscht, wäre es möglich, daß elektrostatische Felder gewissermaßen das «Gefäß» für die Antimaterie bilden. Sie könnte vor dem Kontakt mit normaler Materie in Form von Staubteilchen oder kosmischer Strahlung durch eine sie berührungslos umgebende Hülle aus normaler Materie geschützt werden. Auf diese Weise könnte der Antimaterievorrat sehr lange aufbewahrt werden. Berechnet man, wie lange eine Raumgemeinde mit einem Energiehaushalt wie unter Erdbedingungen mit dem eingelagerten Antimaterie-Treibstoff existieren könnte, so ergibt sich eine mögliche Lebensdauer von mehreren Milliarden Jahren! Gewiß reichlich Zeit für eine interstellare Reise.

Im zweiten Kapitel dieses Buches zitierte ich Professor Richard Heilbroners Schlußfolgerung bezüglich der Zukunftsaussichten der Menschheit, wenn ihr ökologischer Lebensraum einzig auf unseren Planeten beschränkt bleibt. Auf die Frage, ob es eine Hoffnung für den Menschen gebe, die Herausforderung der Zukunft zu überwinden, ohne einen schrecklichen Preis dafür zu zahlen, lautet seine Antwort: Nein, es gibt keine Hoffnung.

Diejenigen unter uns, die sich von Geburt an eines angemessenen materiellen Lebensstandards erfreuten oder sogar im Überfluß lebten, sind schnell bereit, materiellen Wohlstand

als nur zweitrangig zu betrachten; der größere Teil der Weltbevölkerung aber, dessen Weg von der Wiege bis zum Grab
von Leid und Armut gesäumt ist, denkt anders. Betrachten
wir einmal die Probleme, vor denen heute die Menschheit
insgesamt steht, so scheint es weniger denn je entschuldbar
zu sein, daß es jetzt, im zweiten Jahrhundert der industriellen
Revolution, noch so vielen unserer Mitmenschen selbst am
Notwendigsten für ein gesundes, menschenwürdiges Leben
mangelt. Selbstverständlich könnten unter einer diktatori-
schen Weltregierung mit überwältigender militärischer
Stärke das Gleichheitsprinzip verwirklicht und die großen
Unterschiede im Reichtum der Nationen und Individuen
weitgehend ausgeglichen werden. Eine derartige Herrschaft
zu akzeptieren, auch wenn es irgeneinen gangbaren Weg zu
ihrer Verwirklichung gäbe, würde nach meinen Maßstäben
tatsächlich bedeuten, einen «schrecklichen Preis» zu zahlen.
Betrachten wir die Zeiten der menschlichen Geschichte, auf
die wir sehr stolz sind, so können wir nicht umhin feststellen,
daß sie zugleich auch Zeiten der Gegensätze und Rivalitäten
waren, unberechenbar und voller Verwirrung. Mit Bewunderung und Stolz erzählen wir noch immer von den philosophischen und künstlerischen Leistungen der griechischen Stadt-
staaten; in jener Zeit entstanden viele der uns heute so teuren
Ideen von der Freiheit und Würde des Individuums. Ist es
reiner Zufall, daß die klassische Ära gleichzeitig eine Zeit
großer Vielfalt war, in der unterschiedliche Ideen kleiner, oft
nur ein paar tausend Personen zählender Gemeinschaften
miteinander im Widerstreit lagen?
Auch das dunkle Zeitalter, das dem Monolith der römischen
Weltherrschaft folgte, gibt mir Rätsel auf. Wenn überhaupt je
in ferner Vergangenheit, so war damals ein organisiertes
Staatswesen entstanden, das sehr nahe daran war, die Herrschaft über die ganze Welt zu übernehmen, ein Staat mit
Idealen und einem Zivilisationskonzept, das selbst unseren
modernen Ansichten nicht völlig zuwiderläuft. Dennoch
folgten jener kurzen Periode einer supranationalen Organisation viele hundert Jahre, in denen aus unserer heutigen Sicht
wenig geschah, was wir «Fortschritt» nennen. Gibt es im

Konzept einer universalen Organisation etwas, das der Menschheit grundlegend fremd ist – etwas, wogegen sich der menschliche Geist auflehnt? Vielleicht ja. Die nächste Periode, die uns als Menschen mit Stolz erfüllt, ist die Renaissance und das Zeitalter der Entdeckungen; gewiß eine Zeit tiefer Gegensätze, großer Unsicherheit und nie dagewesener Mobilität.

Mit Blick auf die kommenden Jahrzehnte und die sich eröffnende Möglichkeit, der Menschheit das Weltall zu erschließen, kann man eines mit Gewißheit sagen: In diesen Jahren wird sich viel Unvorhergesehenes ereignen. Neue Horizonte haben sich aufgetan und mit ihnen buchstäblich eine neue Dimension, in der sich die Menschheit bewegen kann. Plötzlich bietet sich uns die Gelegenheit, aus «Flachländlern» zu Raumbewohnern des dreidimensionalen Sonnensystems zu werden. Unsere erste Aufgabe heißt klar und deutlich, die Materialfülle des Weltraums zu nutzen, um die dringenden Probleme zu lösen, denen wir heute auf der Erde gegenüberstehen: Wir müssen einerseits den Lebensstandard in den ärmsten Gebieten der Welt auf ein Mindestmaß anheben, ohne mit Krieg und Strafaktionen gegen diejenigen vorzugehen, die bereits in materiellem Wohlstand leben, und andererseits für eine heranreifende Zivilisation die zum Überleben unentbehrliche Energiegrundlage bereitstellen.

Dies sind die dringendsten Aufgaben, und ich habe zu zeigen versucht, wie wir sie selbst lösen können; dazu bedarf es keiner Supermänner mit übermenschlichen Fähigkeiten zu Organisation, Kooperation und Selbstverleugnung.

Man mag den Einwand erheben, die Erforschung und Besiedlung des Weltraums seien nicht mehr als ein naiver technologischer Lösungsvorschlag für Probleme, die auf einer höheren, mehr intellektuellen Ebene bewältigt werden sollten. Wir sind jedoch durch unsere Evolution eng an die materielle Welt gebunden; wir sind Nachfahren der jeweils Überlebenden vieler Generationen, während derer sich das Leben nur im täglichen Kampf mit der materiellen Welt erhalten und durchsetzen konnte. Unsere Geschichte legt keineswegs den Gedanken nahe, daß wir in der Lage wären, uns gleichermaßen über Nacht in eine Gattung zu verwandeln, der materieller Wohlstand nichts mehr bedeutet, deren Hauptsorge mehr der Menschheit im allgemeinen als einer beschränkten Gruppe gilt. Loyal verhalten wir uns tatsächlich zunächst nur den wenigen Personen gegenüber, mit denen wir genetisch eng verbunden sind; nur widerstrebend dehnen wir unsere Anteilnahme auf die Stadt, den Staat, die Nation und die Welt aus. Als Gattung haben wir unsere Probleme über Jahrtausende mit technischen Mitteln gelöst, und es wäre in der Tat erstaunlich, wenn wir unseren Charakter so vollständig verändern und somit der Methoden entraten könnten, mit deren Hilfte wir bisher überlebt haben.

An früherer Stelle habe ich die neuen Ideen in diesem Buch den Philosophien der klassischen Utopien gegenübergestellt. Werden die Raumgemeinden frei von Fehde, Not und Elend sein? Sicherlich nicht, solange sie menschlich sind. Wir können lediglich hoffen, daß sie die Erfolgsaussichten jenes oft so vergeblichen menschlichen Bemühens, des «Strebens nach Glück», vergrößern. Unser Land, in dessen Verfassung das «Streben nach Glück» als ein Grundrecht verankert ist, hat die ersten zweihundert Jahre seiner Geschichte nicht auf der Grundlage eines verheißenen Glücks überlebt, sondern in der Zuversicht, daß es stets eine Fortsetzung der Suche nach Glück geben wird. Ich hoffe und denke, daß jene Leute, die sich das Konzept der Erschließung des Weltalls für die Menschheit so sehr angelegen sein ließen, dies nicht in einer fehlgeleiteten Erwartung getan haben, auf diese Weise eine perfekte Gesellschaft schaffen zu können. Aus ihren Briefen und den Unterhaltungen mit ihnen glaube ich mit Recht schließen zu dürfen, daß sie sich durchaus im klaren darüber sind, wie schwierig die Umstände und Herausforderungen sein werden, auf die sie in dem neuen Zeitalter der Erforschung und Entdeckung stoßen werden. Gleichwohl ist allein schon die Gelegenheit, neue Ideen zu erproben und zu neuen Ufern aufzubrechen, mehr, als man in einer für immer auf die Grenzen unseres Planeten beschränkten Welt erhoffen konnte. Immerhin sind erst ein paar tausend Jahre, vielleicht hundert Menschenalter, vergangen, seit der Mensch zum ersten Male sein Nomadendasein des Jägers gegen die Stabilität von Haus und Hof eintauschte. Kein Wunder also, daß selbst nach so vielen Jahren tief in uns noch ein zwanghaftes Bedürfnis wurzelt, Grenzen zu sprengen und neue Wege zu erforschen.

Was wird aus Kunst und Literatur in einer neuen Periode der Erweiterung des menschlichen Geistes? Kreativität ist eine der menschlichen Eigenschaften, über die kaum Vorhersagen gemacht werden können, aber die Tatsache, daß das Zeitalter von Kolumbus und Drake zugleich auch das eines Michelangelo und Shakespeare war, berechtigt doch zumindest zu Hoffnungen[3]. Auf einem anspruchsloseren Niveau wurden in unseren Romanzen immer Tätigkeiten gefeiert, denen ein Hauch von Offenheit und Nomadendasein anhaftet; im modernen Song hat der Lastwagenfahrer, der immer unterwegs ist, den Platz eingenommen, den vor hundert Jahren der Cowboy innehatte. Das Abenteuer des ersten Außenpostens im Weltraum und die Reisen all derer, die sich mit ihren Familien auf den Weg zu den einsamen Asteroiden begeben, sollten genügend Stoff für Lieder und Geschichten liefern.

Bei der Betrachtung der Zukunft des Menschen im Raum sind wir uns im klaren darüber, daß dieses Unternehmen wie jedes menschliche Unterfangen den Keim zu Gut und Böse in sich trägt; gleichwohl scheinen gute Gründe dafür zu sprechen, daß das Öffnen des Tors zum Weltall die menschlichen Lebensbedingungen auf der Erde verbessern kann. Wenn der Druck, mit anderen Nationen um die schwindenden Ressourcen unseres Planeten ringen zu müssen, auch nur ein wenig nachließe, so könnten wir auf eine friedlichere Zukunft hoffen, als sie uns andernfalls beschieden sein dürfte. Großzügigkeit in der Unterstützung der dritten Welt bei ihrem Versuch, den Hunger zu überwinden und ihren Platz innerhalb der Völkergemeinschaft einzunehmen, dürfte uns leichter fallen, wenn diese Großmut aus neuen, unbegrenzten Ressourcen schöpfen kann, anstatt auf solche zurückgreifen zu müssen, die schon jetzt knapp zu werden drohen.

Wichtiger als materielle Belange aber ist, wie ich glaube, die berechtigte Hoffnung, daß das Öffnen eines neuen weiten

Lebensraumes das Beste in uns auf den Plan rufen wird, daß das Neuland, das im Weltraum auf seine Entstehung wartet, uns neue Unabhängigkeit in der Suche nach besseren Regierungsformen, Sozialstrukturen und Lebensweisen gewährt und daß unsere Kinder dadurch eine Welt vorfinden mögen, die ihnen dank unserer Anstrengungen während der kommenden Jahrzehnte reichere Möglichkeiten bieten soll.

Anhang I
DIE ENTSTEHUNG UND AUSBREITUNG EINER IDEE

In den späten sechziger Jahren hatte weite Kreise der Öffentlichkeit eine tiefe Skepsis gegenüber den Wissenschaften erfaßt. Das schlug sich in massiven Kürzungen der Forschungsbudgets nieder. Doch trug in derselben Periode das mehrere Jahre zuvor, zu einer Zeit des Vertrauens in amerikanische Macht und Fähigkeiten begonnene Apollo-Projekt seine Früchte: Die ersten Menschen landeten auf dem Mond. Wie schon andere sagten, wird man sich unserer Zeit vielleicht einmal wegen keiner anderen Leistungen erinnern als wegen dieses ersten großen Schrittes von der Erdoberfläche zu einem anderen Himmelskörper.

Zur selben Zeit hatten die Schrecken des Krieges in Südostasien in den amerikanischen Universitäten eine Auflehnung gegen Autorität und Technik hervorgerufen. An vielen Colleges gab es Krawalle und in Extremfällen gewalttätige Auseinandersetzungen mit Todesopfern. Princeton blieb relativ ruhig, aber selbst in unseren stillen Gefilden kam es zu Versammlungen und Demonstrationen gegen die akademischen Autoritäten. Studenten der Natur- oder Ingenieurwissenschaften wurden in die Defensive gedrängt und von ihren Kommilitonen bezichtigt, sich mit «irrelevanten» Dingen zu befassen oder sich gar «gesellschaftsschädigend» zu verhalten.

Auf dem Höhepunkt jener Zeit der Unruhe in den Universitäten war ich an der Reihe, unseren größten Physikkurs für die Anfangssemester zu leiten. Das Niveau des Kurses war relativ hoch, Integral- und Differentialrechnung wurden verlangt; folglich umfaßte die Hörerschaft zukünftige Physiker und Mathematiker, Ingenieure und ein paar andere angehende Naturwissenschaftler und gelegentlich auch einen Medizinstudenten, der bereit war, um den Preis weniger guter Zensuren Physik auf einem höheren Niveau zu erlernen, als es der Studienplan vorschrieb.

Mit der Aussicht auf ein Jahr mit doppelter Lehrbelastung lag es nahe, die Reorganisierung und Modernisierung des Kurses als interessante und hoffentlich auch nützliche Aufgabe zu betrachten. Einige Änderungen waren unbedeutend. Die traditionelle Tafel wurde zugunsten eines Tageslichtschreibers abgeschafft, so daß man dicht vor der vordersten Reihe der Hörer stehen konnte und die Studenten ansah, statt ihnen den Rücken zuzuwenden. Wir schafften die wöchentlichen zur Benotung einzureichenden Hausaufgaben ab und statt dessen «Lernhilfen» an, nämlich Hefte mit programmierten Lernanweisungen, in denen jeder Student auch beim Selbststudium Hilfe und Anleitung finden konnte. Zur schnellen Eigenkontrolle der Studenten griffen wir auf den schon etwas altmoidischen Brauch wöchentlicher Kurzprüfungen zurück, die sofort zensiert wurden.

In Princeton gab es wie in den meisten forschungsorientierten Institutionen für die Studenten außerhalb der Vorlesungsstunden ein weitgefächertes Angebot an Hilfe und Beratung. Einige Mitglieder des Lehrkörpers, deren Forschungsgeräte mehrere tausend Kilometer von der Universität entfernt standen, waren trotz guten Willens oft unerreichbar. Um hier Abhilfe zu schaffen, richteten wir ein gemeinschaftliches Sprechstundensystem ein, und zwar in der Art, daß zu jeder Stunde des Tages, zu der ein Student Rat suchen mochte, einer unserer Dozenten im Büro anwesend war und Auskünfte erteilte.

Zur Vereinheitlichung des Kurses brauchten wir ein Jahresthema. Die Wahl fiel leicht: Die erste Mondlandung durch Apollo 11 hatte gerade zwei Monate vorher stattgefunden, und Apollo 12 sollte nur zwei Monate nach Semesterbeginn starten. Obwohl wegen seiner «Irrelevanz» hinsichtlich der Bedürfnisse der Innenstädte unter heftigem Beschuß, faszinierte das Apollo-Projekt dennoch und bot viele Illustrationsmöglichkeiten für Physikstudenten im ersten Semester. Diesem Plan folgend wurde während des akademischen Jahres 1969/70 jedes in diesem Kurs behandelte Gebiet der Physik mit Beispielen aus der Serie erster menschlicher Reisen in den Weltraum veranschaulicht: Kraft, Energie und Impuls; Himmelsmechanik, Thermodynamik und Theorie der Elektrizität. Für eine unserer Übungsstunden wurde ein Simulator aufgebaut, dem eine frühe, einfache Version eines elektronischen Taschenrechners zugrunde lag; damit konnten die Kursteilnehmer eine Mondlandung simulieren. Wenn sie sich bezüglich der optimalen Richtungen und Zeiten für die Raketenzündungen irrten, so wurde ihnen etwa hundert Meter über dem Mondboden der Treibstoff knapp, und wenn das passierte, wuchs die Spannung im Labor.

In jedem großen Kurs muß man das Lehrziel nach dem Klassenmittel ausrichten und dann besondere Vorkehrungen für diejenigen treffen, die viel schlechter oder viel besser als der Durchschnitt sind. Im Fall des Physikkurses 103 wurde nach den genannten Veränderungen den schwächeren Studenten die erforderliche Hilfe gegeben; so mußten wir uns nur noch um diejenigen besonders kümmern, deren Vorbildung, natürliche Begabung oder Motivation so weit über dem Durchschnitt lagen, daß sie durch den normalen Unterricht nicht genügend gefordert wurden. Während der ersten Monate der Vorlesung, ehe die Arbeitslast für alle Studenten zu drückend wurde, hielt ich deshalb ein kleines Seminar ab.

Ausgehend von den besonderen Problemen einer Universität im Jahre 1969 lag es nahe, sich mit der Stellung des Naturwissenschaftlers und des Ingenieurs innerhalb der Gesellschaft der nächsten Jahrzehnte zu befassen. Die Tage blinden Vertrauens in Wissenschaft und Fortschritt waren offensichtlich vorbei. Nicht nur wegen der realen Bedürfnisse der Umwelt, sondern auch wegen der Selbstzweifel und Fragen der zukünftigen Naturwissenschaftler war es wichtig, relevante Probleme der Umwelt, der Verbesserung menschlicher Lebensbedingungen und der Wechselwirkung zwischen Wissenschaft und Gesellschaft zu untersuchen.

Das traditionelle Bild des Wissenschaftlers und das Wertsystem, das herkömmlich mit hervorragenden Leistungen in den Naturwissenschaften verbunden wurde, sind auf Spezialisierung ausgerichtet. Die abgedroschene Phrase vom «immer mehr über immer weniger wissen» gibt diese Ansicht recht gut wieder, und bis vor kurzem wurden Wissenschaftler, die die Grenzen zwischen Spezialgebieten überschritten, von ihren Kollegen mit erheblichem Argwohn betrachtet. Diese Haltung kann man nicht so leichtfertig abtun. Wer sich auf ein ihm nur wenig vertrautes Gebiet begibt, macht leicht Fehler, und wer auf verschiedenen Gebieten arbeitet, wird schwerlich auch nur auf einem einzigen wirklich Erstklassiges leisten. Es gibt Fälle, wo tüchtige Wissenschaftler die Grenzen zwischen wissenschaftlichen Fachgebieten zu überschreiten wagten, um dann meist unter Schmerzen und nach Jahren vergeblichen Mühens feststellen zu müssen, daß sie es in dem neuen Fach in der ihnen verfügbaren Zeit nicht zu angemessener Meisterschaft bringen konnten.

Dennoch waren die Studenten des Jahres 1969 auf Relevanz in der eigenen Karriere bedacht, indem sie nach Wegen suchten, auf denen ihre Begabung für technische Fächer ihren Mitmenschen zugute kommen könnte. Vor allem wollten sie eine zu begrenzte Spezialisierung vermeiden, die sie in die traurige Kategorie derer eingereiht hätte, von denen Dickens schreibt[1]: «... Der Jammer bei ihnen allen bestand ganz offensichtlich darin, daß sie in guter Absicht versuchten, auf menschliche Angelegenheiten Einfluß zu nehmen, die Fähigkeit dazu aber bereits für immer verloren hatten.»

In unserem wöchentlichen Seminar, an dem gewöhnlich etwa acht bis zehn Studenten teilnahmen, beabsichtigte ich, großtechnische Probleme zu diskutieren, die verschiedene Eigenschaften in sich vereinten: Sie sollten einen möglichst weiten Bereich umfassen, damit sie die Teilnehmer genügend forderten, und ihre Lösungen sollten einem möglichst breiten Spektrum der Menschheit Nutzen bringen, insbesondere denjenigen, die durch Geburt und Lebensumstände benach-

teilig sind. Sollten die Studenten unseres Seminars diese
Aufgaben in Angriff nehmen können, so durften die entsprechenden Lösungen weder Materialien noch Techniken oder
Ingenieurkenntnisse erfordern, die über die siebziger oder
frühen achtziger Jahre unseres Jahrhunderts hinausgingen.
Nachdem wir einmal das erste Thema zur Diskussion ausgewählt hatten, waren wir so sehr damit beschäftigt, daß wir
niemals mehr zu einem zweiten kamen.

Oft wurde ich gefragt, warum ich als erste Frage die folgende
gewählt hatte: «Ist die Oberfläche eines Planeten der rechte
Ort für eine expandierende technische Zivilisation?» Darauf
gibt es keine klare Antwort, es sei denn, daß mein persönliches Interesse am Weltraum als einem möglichen Gebiet für
menschliche Aktivitäten bis in die Tage meiner Kindheit zu-
rückreicht und daß ich selbst immer von Beschränkungen
und Reglementierungen frei sein wollte. Die statische, von
Verwaltungsvorschriften und Gesetzen eingeengte Gesellschaft, wie sie anfangs von denen propagiert wurde, die sich
mit den Grenzen des Wachstums beschäftigten, war mir von
jeher zuwider.

Das Niveau, auf dem wir diese Frage anpacken konnten, war
zwangsläufig bescheiden. Im Oktober ihres ersten Studien-
jahres waren für die Studenten des Physikkurses 103 gerade
erst vier Monate seit ihrem Highschool-Abschluß vergangen.
Zuerst galt es, die Energiefrage zu erörtern: Im Weltall wäre
Sonnenenergie zu jeder Zeit verfügbar. Wir konnten uns
keine sauberere, unerschöpflichere und letztlich billigere
Energiequelle für eine Gesellschaft vorstellen, die aller Voraussicht nach expandieren und in ihrem technischen Vermögen, wenn auch nicht unbedingt in der Bevölkerungszahl
wachsen würde. Der Gedanke, andere Planeten zu besiedeln,
könnte, abgesehen von der Tatsache, daß sie sich für die
Nutzung der Sonnenenergie nicht eignen, noch aus einem
anderen Grund aufgegeben werden: Die verfügbare Fläche
reicht nicht aus; Mond und Mars würden den der Menschheit als Ganzes zur Verfügung stehenden Lebensraum knapp
verdoppeln, und bei unserer gegenwärtigen Wachstumsrate
wäre dieser Zuwachs in nur 35 Jahren aufgebraucht.

Wie aber stünde es mit Kolonien direkt im freien Raum? Als erstes stellte sich die Frage nach ihrer möglichen Größe. Wir dachten von Anfang an in erdähnlichen Maßstäben, an etwas, das nicht nur eine Raumstation sein sollte. Die Möglichkeit zu normalem menschlichem Leben, mit allem, was dazugehört, wie Schwerkraft, Atmosphäre und Sonnenschein, mit Pflanzen, Bäumen und Tieren, sollte gegeben sein.

Es war klar, daß nur drei geometrische Grundformen, die eine Atmosphäre einschließen und durch Rotation künstliche Schwerkraft erzeugen, als Hülle für das Leben im All in Frage kamen: Kugel, Zylinder und Rad (Torus). Letzteres wurde in den fünfziger Jahren ausführlich diskutiert und schien uns besser für eine Raumstation als für eine Miniwelt geeignet zu sein. Die Kugel erschien uns für unser Vorhaben weniger brauchbar als der Zylinder, weil wir eine möglichst große nutzbare Fläche mit annähernd normaler Erdschwere haben wollten.

Im Rückblick erscheinen unsere ersten Annahmen reichlich naiv: Wir gingen bei unseren Überlegungen von völlig normalen atmosphärischen Druckverhältnissen und von einer etwa eineinhalb Meter dicken Bodenschicht aus – weit mehr, als die meisten Pflanzen zu ihrem Wachstum benötigen. Trotzdem zeigten unsere ersten Rechnungen, daß eine Stahlhülle, die zur Erzeugung eines erdähnlichen Schwerezustands rotiert und mit der gesamten Bodenschicht und Atmosphäre beladen wäre, in einer Größenordnung von mehreren Kilometern Durchmesser gebaut werden könnte. Diese ersten Zahlenwerte überraschten uns und regten uns zu weiteren Überlegungen an.

Wie war es um den Raum zur Expansion bestellt? Zu jener Zeit hatten wir nur eine sehr vage Vorstellung von der Gesamtmenge an Material, das im Asteroidengürtel zur Verfügung steht, aber es hatte den Anschein, daß das Asteroidenmaterial ausreichen würde, um Weltraumkolonien mit einer Gesamtfläche zu bauen, die viele tausendmal größer als die der Erde wäre. Freeman Dyson wies mich über ein Jahr später auf die gesuchte Informationsquelle, Allens Astrophysical Quantities, hin, worin die genauen Zahlen zu finden waren[2].

Nun galt es noch einen Weg zu finden, auf dem das Sonnenlicht in den rotierenden Zylinder gelenkt werden könnte, wobei möglichst der optische Eindruck der normalen Sonnenscheibe und ihrer langsamen Wanderung über den Himmel im Laufe eines jeden Tages erhalten bleiben sollte. Ungefähr zu unserem vierten oder fünften Seminar brachte ich ein aus Papier-, Klebstreifen- und Plastikfetzen gebasteltes Modell eines Zylinders mit. Er setzte sich aus sechs Segmenten zusammen, von denen drei transparent waren, so daß durch äußere Planspiegel Sonnenlicht hineingestrahlt werden konnte.

Nach Beendigung des Seminars setzte ich die Berechnungen in meinen Mußestunden am Wochenende oder spät in der Nacht fort, oft auch, wenn mich meine Verpflichtungen zwangen, einen oder mehrere Tage in einem anderen Land fern meiner üblichen Forschungs- und Lehrtätigkeit zu verbringen. Je mehr Probleme ich untersuchte, die mit dem Bau von Siedlungen im Weltall zusammenhingen, desto deutlicher zeigte es sich, daß es auch für jedes Problem vernünftige Lösungen geben sollte. Diese Erfahrung macht ein Wissenschaftler selten; in den meisten Fällen zerrinnt eine neue Idee schon mit den allerersten Rechnungen. So bekommt man ein Gespür für die Ausnahmen. Ein deutliches Gefühl des «déjà vu» stellte sich ein. Schon dreizehn Jahre früher, 1956, hatte ich das Glück, dieselbe mit einer Entdeckung zusammenhängende Erregung zu verspüren, verbunden mit dem gleichen Gefühl, einen neuen logischen Weg zu erforschen, und zwar als ich begann, mich mit den Möglichkeiten des Baus von Speicherringen zu befassen.

1956 war ich neunundzwanzig und hatte zwei Jahre lang als Dozent an der Universität Princeton gearbeitet. Auf Ersuchen von Professor M. G. White hatte ich mich entschlossen, am Entwurf eines großen neuen Protonenbeschleunigers zu arbeiten. Die Arbeit machte mir Spaß; vielleicht war es überhaupt nur in jenen so fernen Tagen um die Mitte der fünfziger Jahre, als sich die Physik tatkräftiger Förderung erfreute und nur relativ wenige sich aktiv mit ihr befaßten, für einen so jungen Menschen möglich, an dem Großforschungsprojekt eines Systementwurfs maßgeblich mitzuwirken.

Im mittleren Westen hatte Professor Donald Kerst mit einer großen Gruppe begonnen, die theoretischen Möglichkeiten zum Bau eines besonderen Beschleunigertyps zu untersuchen, in dem gleichzeitig zwei Teilchenströme in entgegengesetzten Richtungen kreisen sollten. In einer solchen Maschine käme es gelegentlich zu Zusammenstößen zwischen den Teilchen, und diese Kollisionen wären die energiereichsten, die der Mensch in Laboratorien herbeiführen könnte. Das Energieniveau dieser Stöße läge so weit über dem der Kernreaktionen, daß man weder zu hoffen noch zu fürchten brauchte, daß ähnlich wie in einem Reaktor oder bei einer Atombombe Kernenergie freigesetzt würde. Der Einsatz der Maschine war nur für die reine Forschung vorgesehen und sollte uns Informationen über die Bestandteile des Neutrons und des Protons liefern.

Leider wäre der spezielle Beschleuniger nach dem Entwurf von Professor Kersts Gruppe sehr massiv und teuer gewesen, und an die Region, in der sich die Elementarteilchen-Wechselwirkungsprozesse abspielen sollten, war mit den Detektoren nur schwer heranzukommen. Wie die Dinge standen, sah es so aus, als könnte die Idee der aufeinanderprallenden Strahlen zwar theoretisch verwirklicht werden, jedoch mit einem sehr hohen Kostenaufwand und unter so großen Schwierigkeiten, daß an eine praktische Durchführung wohl niemals zu denken wäre.

Bei der Betrachtung des Problems lag die Frage nahe: «Müssen die Kollisionen unbedingt in derselben Maschine stattfinden, in der die Protonen beschleunigt werden?» Berechnungen in Princeton wiesen darauf hin, daß die beiden Probleme, Beschleunigung und Speicherung, getrennt behandelt werden könnten. So begann die moderne Entwicklung dessen, was wir jetzt «Speicherringe» nennen. Ähnliche Ideen, aber offensichtlich in nicht so überzeugender Form, daß sie einen größeren Zeitaufwand gerechtfertigt hätte, muß ein europäischer Ingenieur, Rolf Wideröe, während des Zweiten Weltkrieges gehabt haben. Wideröes Arbeit, auf die er mich ein paar Monate nach meiner Veröffentlichung aufmerksam machte, wurde während der Kriegszeit als deutsches Patent angemeldet und als solches praktisch begraben, da sie – soweit mir bekannt – auch in der Folgezeit nicht veröffentlicht wurde. William Brobeck vom Cyclotron-Laboratorium in Berkeley erfand etwa zur selben Zeit wie ich die Speicherringe zum zweiten Male.

Zehn Jahre mühevoller Arbeit lagen zwischen der ersten Idee und ihrer praktischen Verwirklichung in Form eines Hochenergieexperiments. Beim Bau der Maschine schlossen sich mir Mitarbeiter aus Princeton und Stanford an, und 1965 führte unsere Gruppe das erste Experiment mit hochenergetischen, aufeinanderprallenden Strahlen durch. Es bewies, daß die Ladung des Elektrons auf ein winziges Volumen beschränkt ist, das weniger als ein Tausendstel dessen eines Protons beträgt.

Auch dann noch wäre es unmöglich gewesen, sich vorzustellen, daß das einst so umstrittene Konzept der Speicherringe innerhalb von zehn weiteren Jahren nicht nur allgemein akzeptiert, sondern auch weiteste Verbreitung finden würde. Seit 1976 beruhen fast alle Entwicklungen neuer Teilchenbeschleuniger auf dem Prinzip der Kollisionsspeicherringe, und zwar in jedem Land, das auf diesem Gebiet aktiv ist. Vielleicht war es die Erfahrung dieses vorhergegangenen Umschwungs von der Skepsis zur Anerkennung, die mich 1969 und in den frühen siebziger Jahren ermutigte, meine Arbeit über die Weltraumgemeinden fortzusetzen; das war auch wieder so eine «verrückte Idee» mit ganz ähnlichem logischem Unterbau. So wie 1956 kamen auch 1969 wieder «die richtigen Zahlen heraus».

In den Jahren 1969/70 brachten die doppelte Lehrverpflichtung und die Hochenergieforschung eine außergewöhnliche Arbeitsbelastung mit sich; aber da die Rechnungen bezüglich der Weltraumkolonien weiterhin gute Ergebnisse brachten, wuchs mein Wunsch, auch anderen davon zu erzählen. Zunächst geschah dies formlos und beiläufig – ich sprach davon zu meinen drei Kindern auf langen Spaziergängen in den Wäldern um Princeton an frischen Tagen im Spätherbst oder zeitigen Frühjahr. Es erschien mir wichtig, mit meinen Kindern eine neue Möglichkeit zu diskutieren, die ihnen für ihr eigenes Leben erheblich größere Zukunftschancen eröffnen könnte. Manchmal redete ich mit Freunden über meine Arbeit, aber ich hatte zu jener Zeit Hemmungen, mit meinen Kollegen von so gewagten Überlegungen auf der Grundlage leichter, elementarer Physik zu sprechen.

Eines Abends schlug jemand im Haus eines Freundes vor, diese Ideen für eine bekannte Monatsschrift niederzuschreiben. Daraus ergab sich ein erfreulicher Briefwechsel mit dem Herausgeber. Er zeigte sich sehr interessiert und stellte viele Fragen, die in einer zweiten Fassung des Manuskripts beantwortet wurden. Danach kam ein freundlicher Ablehnungsbrief: «Es tut mir leid, die Sache fasziniert mich zwar, aber nachdem Sie meine zehn Fragen beantwortet haben, möchte ich am liebsten noch hundert weitere stellen und fürchte, daß dies kein Ende nehmen wird.»

1971/72 setzte ich meine Versuche fort, die neuen Ideen öffentlich zur Diskussion zu stellen. Dabei stieß ich auf ein Phänomen, das sehr vielen angehenden Schriftstellern bekannt ist, mit dem ich aber bisher nicht konfrontiert worden war: das Karussell der Ablehnungsbescheide. Gemäß den Vorschriften wurde der Artikel jeweils nur einer Zeitschrift eingereicht.

Es folgten gewöhnlich vier bis sechs Monate, während deren das Manuskript praktisch blockiert war und nirgendwo sonst eingereicht werden konnte. Ich wollte meinen Aufsatz nicht in eine Science-fiction-Erzählung umarbeiten, weil ich befürchtete, daß eine solche «Lösung» den Entwurf in den Bereich der Phantasie rücken würde. Von dort aber wäre eine Rückkehr zu ernsthafter Diskussion ungleich schwieriger. Es schien ratsam, einen Versuch bei naturwissenschaftlich orientierten Zeitschriften zu unternehmen, die bereits Arbeiten von mir publiziert hatten. Zwei entsprechende Zeitschriften kamen in Frage, die weite Verbreitung fanden und in denen ich in den sechziger Jahren jeweils zwei Artikel veröffentlicht hatte. Die erste und etwas weniger fachgebundene der beiden wies meine vorsichtige schriftliche Anfrage brüsk zurück; der Herausgeber wollte nicht einmal das Manuskript sehen. Dies war zumindest eine prompte Antwort. Der Herausgeber der zweiten Zeitschrift erbot sich, das Manuskript zu lesen und es begutachten zu lassen. Inzwischen war es Mitte 1972. Fast drei Jahre waren seit dem Entstehen der grundlegenden Idee vergangen.

Die zweite, wissenschaftlich orientierte Zeitschrift lehnte auf den Rat ihrer beiden Gutachter hin das Manuskript ebenfalls ab. Der Herausgeber war immerhin so freundlich, mir Auszüge aus den Kommentaren der Gutachter zu schicken. Es lohnt sich, ihre Begründungen wiederzugeben. Ein Gutachter geriet in einen schockähnlichen Zustand, als er sich den neuen Ideen gegenübersah. Seine Argumentation könnte wie folgt zusammengefaßt werden: «Niemand sonst stellt solche Überlegungen an, darum müssen sie falsch sein.» Der zweite Gutachter, der seine Antwort besser durchdacht hatte, ging von einer Anzahl von Voraussetzungen aus, die innerhalb der Hauptströmung zeitgenössischen Denkens durchaus vernünftig waren, die sich aber nun einmal nicht auf die neue Dimension der Möglichkeiten anwenden ließen, die sich durch das Projekt einer Besiedlung des Weltalls ergaben. Durch einen seltsamen Zufall sollte ich diesen zweiten Gutachter einige Monate später kennenlernen und mich mit ihm unterhalten.

Wenn ich an jene Periode vor einigen Jahren zurückdenke, als es für mich so schwierig war, Gehör zu finden, so kann ich nicht umhin, ein paar Worte über die Selbstbesinnung zu sagen, der so viele Männer zwischen ihrem vierzigsten und fünfzigsten Lebensjahr obliegen. In diesem Alter steht man auf dem Höhepunkt seiner beruflichen Laufbahn, obwohl einige von uns die Hoffnung hegen, auch nach ihrer Pensionierung noch schriftstellerisch produktiv zu sein und am Ideenaustausch weiterhin teilzunehmen. In diesem Lebensabschnitt pflegt man, Rückschau zu halten und versucht, ein Muster in den eigenen Schwächen und – hoffentlich – auch Begabungen zu erkennen. In meinem eigenen Fall ist es leicht, die Schwächen aufzuzählen – es sind ihrer viele. Die Begabungen sind schwerer zu entdecken. Vergleiche ich meine Arbeit mit der von Kollegen, kann ich in der eigenen ein bescheidenes Maß üblicher Fachkompetenz auf den Gebieten der Mathematik, Physik, der Gerätekonstruktion und dergleichen finden, aber ich kann kaum mehr als die berufsübliche Qualifikation auf jenen Gebieten für mich in Anspruch nehmen. Wenn ich auf zwei außergewöhnliche Perioden zurückblicke, in denen ich etwas einführte, das sich als lohnend erwies, das aber niemand sonst weiterverfolgte, so fallen mir in beiden Entwicklungen starke Ähnlichkeiten auf. Sowohl von den Speicherringen wie auch über das Projekt der Erschließung des Weltalls für den Menschen kann gesagt werden, daß dazu keine große mathematische Begabung noch hohes theoretisches Abstraktionsvermögen nötig waren. Wenn hierbei überhaupt eine besondere Fähigkeit im Spiel war, so schien es eher die zu sein, einfache Lösungen für Probleme in großtechnischen Systementwürfen zu finden. In beiden Fällen war es erforderlich, eine neue Richtung einzuschlagen, die von dem Pfad, dem andere folgten, abwich. Sowohl im Fall der Speicherringe als auch der Weltraumsiedlungen mußte ich für Untersysteme zuerst bestimmte erfolgsentscheidende Vorrichtungen erfinden, bevor die neue Synthese stattfinden konnte. Im ersten Fall handelt es sich um eine Vorrichtung, genannt «delay-line inflector», die innerhalb eines winzigen Bruchteils einer Millionstelsekunde einen Teilchenstrahl von einer Bahn auf eine andere umleiten konnte. Im Fall der Besiedlung des Weltraums durch den Menschen scheint die Massenschleuder, d. h. die Maschine, die Material von der Mondoberfläche in den Weltraum jagt, die wesentliche Erfindung zu sein. Wahrscheinlich in beiden Fällen, ganz sicher aber im ersten, war das «technologische Schlüsselelement» nur die erste und einfachste Lösung eines Problems, das im Lauf der Zeit auf mehrere verschiedene Arten gelöst werden konnte.

Diese Begabung, sofern sie eine ist, ist nicht weiter bemerkenswert, aber vielleicht ist eine gewisse Genugtuung darüber gerechtfertigt, daß sie dem Anschein nach zu Entwicklungen von einigem Wert führt.

Im Sommer 1972 begann ich mir ernsthaft Sorgen darüber zu machen, ob sich jemals die Gelegenheit bieten würde, die neuen Möglichkeiten in die öffentliche Diskussion einzubringen. Zu dieser Zeit hatte sich die Serie der Ablehnungsbescheide schon über mehr als zwei Jahre hingezogen, und die Liste der noch nicht angeschriebenen Publikationsorgane, die in Frage kamen, war zusammengeschrumpft. Einen Monat zeltete ich mit meinen Kindern im nördlichen Teil des Staates New York und in New England. Damals erlernte ich das Segelfliegen und erlebte zum erstenmal das wunderbare Gefühl der Gelöstheit, das einen beim Aufstieg in den dreidimensionalen Raum der Freiheit und angesichts der innigen Wechselwirkung zwischen der Maschine, dem Piloten und der unsichtbaren, immer aktiven Atmosphäre draußen erfüllt. Auf dem Rückweg von unseren Zelt- und Fliegerferien in Franconia und Elmira legten wir einen eintägigen Zwischenaufenthalt bei alten Freunden, Brian und Joyce O'Leary, ein. Fünf Jahre zuvor waren Brian und ich uns in San Antonio als Teilnehmer der Schlußrunde einer Testreihe für wissenschaftliche Nutzlastexperten für Weltraumflüge begegnet. Später war Brian dem Astronautenkorps beigetreten, hatte sich aber in der Folgezeit wieder zurückgezogen und lehrte im Jahre 1972 Astronomie am Hampshire College. Brian und ein anderer Freund aus den Tagen in San Antonio, Professor Georg Pimentel von Berkeley, ermutigten mich, den traditionellen Weg der akademischen Publikation zu umgehen. «Bring es unter die Leute», rieten sie mir, und Brian regte an, daß ich im Herbst des gleichen Jahres einen Vortrag vor Studenten des Hampshire College halten sollte. Als ich nach Princeton zurückkehrte und das neue Semester begann, gab mir ein anderer langjähriger Freund, Professor John Tukey, den gleichen Rat. Wir führten ein langes Gespräch bei einem ausgedehnten Mittagessen im Fakultätsclub, bei dem John aus seinem Adreßbüchlein Namen von Leuten aus vielen akademischen Fachgebieten heraussuchte, an die ich mich mit der Bitte um Stellungnahme zu den neuen Ideen wenden konnte. John genießt in Princeton einen legendären Ruf. Man erzählt sich, daß in den Tagen vor der Erfindung des elektronischen Computers der akademische Stundenplan in Princeton jedes Jahr durch ein einfaches Verfahren erstellt wurde: John Tukey pflegte an drei aufeinanderfolgenden Morgen auf einer Couch zu liegen, während jemand ihm alle unvereinbaren Stundenplanforderungen jeder an der Universität abgehaltenen Lehrveranstaltung vorlas. John lag entspannt da und nahm alles in sich auf, um dann am vierten Tag den kompletten, kollisionsfreien Stundenplan für das kommende Jahr zu diktieren, ohne auch nur ein einziges Mal Papier und Bleistift zur Hand genommen zu haben. Inzwischen wurde John in dieser Aufgabe von einem Computer «abgelöst» und hat daher jedes Jahr ein paar Tage mehr zur Verfügung, an denen er sich seinen Pflichten als Vorstand des Department of Statistics widmen kann[3].

Am Ende unserer Diskussion saß John in seinen Stuhl zurückgelehnt, schaute – wie es seine Gewohnheit ist – ruhig und unverwandt zur Decke und schloß mit einer außerordentlich wohlwollenden Bemerkung, die für mich einen Platz jenseits all meiner Aspirationen andeutete. «Denk an Goddard», sagte er, «und laß dich nicht entmutigen.»

Im Oktober 1972 übernahm ich nochmals das doppelte Maß an Lehrverpflichtungen, um so Vorarbeit zu leisten für ein Semester, in dem ich mich ganz der Forschung in der Hochenergiephysik an der Stanford University zuwenden wollte. Mein Stundenplan war ziemlich vollgepackt, und sollten in Princeton keine Stunden ausfallen, so konnte ich den Vortrag in Hampshire nur halten, wenn ich einen ganzen Nachmittag mit der viereinhalbstündigen Fahrt nach Amherst verbrachte und am nächsten Morgen um drei Uhr aufstand, um die Rückreise anzutreten. Zum Glück sind terminliche Verpflichtungen dieser Art in der experimentellen Hochenergiephysik an der Tagesordnung, so daß ich sehr wohl daran gewöhnt war.

Brian hatte seinen Studenten den Vortrag angekündigt, und Mundpropaganda hatte für ziemlich weite Verbreitung der Information im College gesorgt, Der Vortrag begann um acht Uhr abends und war von Studenten und Fakultätsangehörigen gut besucht. Dias von meinen ersten groben Entwürfen genügten, um den Leuten die wesentlichen Ideen vorzuführen, und ich sprach eine knappe Stunde.

Die Reaktion der Studenten war lebhaft und positiv und ermutigte mich. Eine Stunde lang wurden noch Fragen gestellt, dann stand einer meiner Gastgeber, Dekan Everett Hafner von der School of Science in Hampshire, auf und sprach zu den Hörern.

«Ich möchte nur sagen,» begann er, «daß ich diese Ideen für verrückt hielt, als ich zum ersten Male davon erfuhr. Nun, nachdem ich diese Diskussion gehört habe, habe ich meine Meinung geändert und möchte, daß Sie alle das wissen. Sie sollten auch wissen, daß der Referent eine weite Reise vor sich hat, um morgen früh um acht Uhr vierzig zur Vorlesung in Princeton zu sein; ich schlage deshalb vor, daß wir fünf Minuten Pause machen und daß die wenigen, die dann noch Fragen haben, sie anschließend stellen.»

Zu diesem Zeitpunkt waren vielleicht zweihundert Leute im Saal; wenige waren gegangen. Zu meiner Überraschung, Freude und – Erschöpfung nahm nach der Pause mindestens die Hälfte von ihnen einfach wieder Platz, und die Fragen gingen noch eine Stunde weiter, bis man mich schließlich freigab.

Auf der Heimfahrt zum Haus des Dekans, wo ich die Nacht verbringen sollte, begann mein Gastgeber ziemlich seltsame, tastende Fragen zu stellen.

«Fühlen Sie sich persönlich getroffen durch all diese Ablehnungsbriefe?» fragte er. «Geht Ihnen das Scheitern oder Gelingen Ihrer Bemühungen, die Leute zur Auseinandersetzung mit diesem neuen Konzept anzuregen, an die Nieren?»

Ich lachte und sagte: «Nein, meine berufliche Karriere beruht auf meiner Forschung in der Hochenergiephysik und auf meiner Lehrtätigkeit, und ich hatte keinerlei Schwierigkeiten, meine regulären Arbeiten zu veröffentlichen. Es frustriert mich nur allmählich, wenn ich daran denke, daß ich etwas wirklich Lohnendem auf der Spur bin, das von allgemeinem Nutzen sein könnte, aber niemand scheint gewillt zu sein, meine Vorschläge zu drucken.»

«Es war mir wichtig, dies zu fragen,» fuhr der Dekan fort, «denn jetzt kann ich Ihnen sagen, daß ich einer der Gutachter war, der Ihren Artikel ablehnte. Nach dem heutigen

Abend meine ich allerdings, daß ich dem Herausgeber schreiben und ihm mitteilen sollte, ich hätte meine Ansicht geändert.»

Auch jetzt noch, drei Jahre später, erinnere ich mich an die Freude und Erleichterung, mit der mich die Wärme und das Verständnis der Hörerschaft in Hampshire erfüllten. Ich hielt noch viele weitere Vorträge an Colleges, und es fehlte nicht an begeisterten Reaktionen, aber Hampshire stand am Anfang, und das werde ich nie vergessen.

Später in diesem Herbst sprach ich in Princeton bei einem Kolloquium unseres Physik-Departments. Ein Student kam am Tag des Vortrags auf mich zu, als er die Kolloquiumsankündigung mit dem Thema «Weltraumkolonisierung» sah. «Das soll ein akademischer Witz sein, nicht wahr?» wollte er wissen. «Ich nehme an, Sie werden über relativistische Raum-Zeiten vortragen.»

Ein paar Leute blieben nach Schluß des Vortrags lange da, um die Ideen zu diskutieren. Einer von Ihnen, Professor Freeman Dyson vom Institute for Advanced Study, das günstigerweise nur fünf Minuten von unserer Universität entfernt liegt, blieb am längsten von allen, und sein freundliches Interesse führte zu einer Korrespondenz, die noch andauert. Professor Dyson hatte Jahre zuvor über das Thema fortgeschrittene Zivilisationen und deren wahrscheinliche Entwicklung einer Technologie zum Wohnen im Weltraum geschrieben. Er deutete in der Tat an, eine wirklich fortgeschrittene Zivilisation könne Wohneinheiten im Weltall bauen, die eine vollendete Kugel bilden und dabei das Licht ihrer Sonne so vollständig nutzen, daß nur die Infrarotstrahlung dem Sternsystem entkäme[4]; die entsprechende Spektralverschiebung könnte ein Anhaltspunkt für die Existenz einer derartig hochentwickelten Gesellschaft sein. An jenem Tag machte mich Professor Dyson auf die ersten Arbeiten von J. D. Bernal aufmerksam und äußerte ebenfalls die Vermutung, daß es frühe Schriften von Konstantin Ziolkowsky geben dürfte, die von Bedeutung sein könnten.

Ehe ich Ende Dezember 1972 nach Kalifornien ging, erkühnte ich mich, einen neuen Angriff auf das Establishment akademischer Publikationen zu unternehmen. Diesmal nutzte ich meine Erfahrung aus den Jahren der Verantwortung als Leiter einer Hochenergiephysik-Gruppe. Ich wußte, daß es oft nötig war, persönlich mit den Mitgliedern eines Entscheidungsgremiums zu sprechen, um die Annahme eines neuen experimentellen Vorschlags zu erreichen. Diesmal wollte ich jemanden aufsuchen, den ich kannte, und ihm meine Ideen im persönlichen Gespräch vortragen, anstatt nur einfach zu schreiben. Dr. Harold Davis, der Herausgeber der Zeitschrift «Physics Today», die die nichtspezialisierten Veröffentlichungen des American Institute of Physics herausbrachte, war ein alter Freund aus der Studienzeit. Ich fuhr nach New York, sprach beim Lunch mit Hal und überließ ihm die letzte Fassung meines so oft zurückgewiesenen Manuskripts. Viele Monate später, nach Begutachtung und Überprüfung, schrieb Hal, daß «Physics Today» meinen Artikel drucken würde, wenn ich ihn neu schriebe, um viele weitere detaillierte Fragen zu beantworten. Die Neuschrift nahm die ganze Zeit in Anspruch, die mir während des akademischen Jahres 1973/74 noch verblieb.

Als ich 1973 in Stanford am Stanford Linear Accelerator Center (SLAC) ausschließlich mit einem Experiment an dem neuen, großen, «Spear» genannten Speicherring beschäftigt war, hielt ich eine Reihe von Vorträgen an Colleges der Westküste, so am Cal Tech in Stanford und an den Dependancen der University of California in San Diego, Los Angeles, Berkeley und Santa Cruz. In den meisten Fällen gab es begeisterte Reaktionen, und Einzelpersonen trugen dazu bei, daß sich die Kunde von dem neuen Entwurf zu verbreiten begann. Damals erreichten mich die ersten Briefe, die etwa wie folgt anfingen: «Ich erfuhr erst von Ihrem Vortrag, als er bereits stattgefunden hatte, aber ein Freund erzählte mir darüber, und ich möchte gern mehr wissen . . .»

Ein Brief, der Ende 1973 eintraf, stammte von einem sehr jungen Studenten am M.I.T., Eric Drexler. Eric schrieb: «Als ich an die Universität kam, hielt ich Ausschau, wer über die Weltraumkolonisierung arbeitete; für mich war es selbstverständlich, daß dies jemand tat. Ich versuchte herauszufinden, ob es stimmt, daß man jedermann in der Welt mit Hilfe von höchstens fünf Telefonanrufen oder Unterredungen erreichen kann, und Prof. Philip Morrison riet mir, Ihnen zu schreiben.» So begann eine Freundschaft, die sich mit der Zeit vertiefte, insbesondere auch durch den Besuch Erics und seines Freundes David Anderson von der Columbia University Anfang 1974 in Princeton. Jetzt gab es also drei Leute, die den Mut aufbrachten, sich an einem Ort zu treffen und über die Besiedlung des Weltraums zu sprechen! Im Februar 1974, als wir wußten, daß der Artikel in «Physics Today» in wenigen Monaten erscheinen würde, glaubten wir es sogar wagen zu können, eine kleine Konferenz zu diesem Thema abzuhalten.

Eric Drexler, David Anderson und ich vereinbarten zusammen mit einem Princeton-Studenten namens Eric Hannah einen der ersten Maitage unmittelbar nach Vorlesungsschluß als Termin für unser Treffen. Wir hatten weder die Zeit noch die Möglichkeit, eine sorgfältig vorbereitete Tagung zu veranstalten, aber aus prinzipiellen Gründen wollte ich versuchen, wenigstens einen kleinen Geldzuschuß für die Konferenz zu bekommen. Schließlich hatten wir für den Vietnamkrieg mehr als hundert Milliarden Dollar ausgegeben und lassen uns die Wohlfahrtsprogramme und die Arbeitslosenunterstützung ungefähr die gleiche Summe jährlich kosten. Mir schien, daß die Kolonisierung des Weltalls in einem keineswegs unbedeutenden Zusammenhang mit Problemen wie bewaffneten Konflikten, menschlichem Wohlergehen und Beschäftigungslage stand.

Ich begann mit den etablierten Stiftungen und stellte bald fest, daß keine bereit war, einen ernsthaften Versuch zu wagen. Stiftungen haben im allgemeinen recht eng gefaßte Richtlinien, und ihre Verwaltungen sträuben sich gewöhnlich, von ihrem einmal eingeschlagenen Weg der Forschungsförderung abzuweichen. Einige Stiftungen stehen zwar in dem Ruf, neue Forschungsrichtungen zu unterstützen, aber auch da fand ich bald heraus, daß mit «neuen Richtungen» nicht wirklich neue gemeint waren.

Nachdem ich bei einer Anzahl von Stiftungen, die als aufgeschlossen galten, angeklopft hatte und von allen abgewiesen worden war, stieß ich auf eine sehr kleine und spezielle Organisation, die Point Foundation von San Francisco. Ihr Büro bestand aus einer winzigen Zweizimmerbude auf dem Dach der Glide Methodist Church, die ich (an einem San-Francisco-Regentag) auf Holzplanken erreichte, die vom Treppenhaus quer über das Dach gelegt waren. Wie ich erfahren sollte, verdankte Point ihre Existenz dem «Katalog der ganzen Erde» (The Whole Earth Catalog), einer erfolgreichen Erfindung von Stewart Brand. Ein Teil des Gewinns aus dem Verkauf des Katalogs floß Point zu, und die Organisation der Stiftung war ausdrücklich so angelegt, daß sie zu Neuerungen ermutigen und engstirniges Denken bekämpfen sollte. Kein Funktionär oder Angestellter der Point-Stiftung, nicht einmal die Halbtagskraft, die die Korrespondenz tippte, konnte die Stelle dort länger als drei Jahre innehaben. Jedem der sechs Vorstandsmitglieder wurde jeweils zu Jahresbeginn eine nicht gerade üppige Summe zur Verfügung gestellt, die er völlig nach eigenem Gutdünken für jeden ihm förderungswürdig scheinenden guten Zweck ausgeben konnte. Es gab weder Ausschüsse noch Gutachten, noch wurde Einstimmigkeit oder auch nur Übereinstimmung zwischen den Vorstandsmitgliedern verlangt.

Während es draußen in Strömen regnete, fand ich in der Bude zwei gemütliche kleine Büros, an deren Wänden sich die Bücher stapelten. Richard Austin, der Sekretär der Point Foundation, erwartete mich. Er empfing mich herzlich und freundlich, ohne das Gehabe des «Geschäftsführers einer Stiftung», er bekundete sein persönliches Interesse, und bald gesellte sich noch Michael Phillips zu uns, ein Vorstandsmitglied, von Haus aus Mathematiker und jetzt vielseitig interessiert. Bei einem guten Mittagessen im nahen San Francisco-Hilton erklärte Michael sich bereit, die Konferenz zu unterstützen, und er tat dies mit einer Zuwendung von sechshundert Dollar, was an sonst üblichen Maßstäben gemessen sehr wenig, aber für Point doch erheblich war. In kluger Voraussicht schlug Michael vor, das Geld als formelle Spende der

Universität zukommen zu lassen, damit, wie er sich ausdrückte, «das Establishment gezwungen ist, die Existenz Ihrer Arbeit zur Kenntnis zu nehmen, weil es dabei Formulare auszufüllen gibt und eine Menge Bürokratismus entfaltet werden muß. In vielen Institutionen ist dies die einzige Realität, die man versteht.»

Als der Konferenztermin herannahte, zeitigte Michaels Rat eine Reaktion, die mir damals wenig bedeutete, die sich aber als wichtig herausstellte. Ich hatte niemals daran gedacht, unser Treffen öffentlich bekanntzumachen; es überhaupt abzuhalten, schien schon kühn genug. Als jedoch die Beihilfe ausgezahlt wurde, war der von Michael vorausgesagte Bürokratismus bereits in Gang gesetzt und die Bekanntmachung der Zuwendung gehörte mit dazu. Diese wurde automatisch an das Büro für Öffentlichkeitsarbeit der Universität geschickt. Dort sah sie Florence Helitzer und dachte an die Möglichkeit einer Pressemitteilung. Zuerst reagierte ich ablehnend auf ihren Vorschlag; ich fürchtete, daß wir uns damit zu weit vorwagten. Schließlich gab ich Florence doch die Erlaubnis, die Meldung zu schreiben, und sie tat es. Nur dank dieser Kette von Ereignissen gab es eine Berichterstattung über die erste Konferenz zur Weltraumkolonisierung.

Unsere Veranstaltungen begannen mit einer nichtöffentlichen Halbtagssitzung, an der die zwei Erics, David, Freeman Dyson, Professor Gary Feinberg von der Columbia University, George Hazelrigg von der Princeton Engineering School, Gerald Sharp und Bob Wilson von der NASA-Hauptzentrale und Joe Allen, Wissenschaftsastronom von der NASA in Houston, teilnahmen, um die Vorträge für den folgenden öffentlichen Tag zusammenzustellen. In den vorangegangenen Monaten hatte ich die Einzelheiten für die Massenschleuder ausgearbeitet und ihre Brauchbarkeit als Triebwerk in Betracht gezogen. Seit Ende 1972 hatte ich in meinen Vorträgen auch ein weiteres mondstationiertes Schleudergerät diskutiert, den «Rotary Pellet Launcher» («rotierende Kügelchenschleuder»), der ebenfalls für die Verwendung als Raketenmotor geeignet schien.

Eric Hannah und Bob Wilsons Berechnungen der Transportkosten bei Verwendung einer aus der Raumfähre entwickelten Schwerlastrakete stimmten im großen und ganzen überein, da die NASA uns freundlicherweise Dokumente über
Leistung und Kosten der Raumfähre zur Verfügung gestellt
hatte. Es schien, daß Nutzlasten mit einem Kostenaufwand
von 950 Dollar pro Kilogramm oder weniger nach L5 gebracht werden könnten und daß der Preis für das gesamte
Konstruktionsprogramm des ersten Habitats von dem des
Apollo-Projekts nicht wesentlich abweichen würde, vorausgesetzt, die Habitatgröße könnte in bescheidenen Grenzen
gehalten werden.
Der 10. Mai, der Eröffnungstag der Konferenz, brach dunkel
und regnerisch an, aber etwa hundert bis hundertfünfzig
Leute trotzten dem Wetter, um bei der Eröffnungssitzung da-
beizusein. Walter Sullivan, Wissenschaftsredakteur der
«New York Times», war anwesend sowie Reporter von einer
Reihe lokaler Zeitungen. Bis dahin war ich viel zu sehr mit
Konferenzdetails beschäftigt, als daß ich mir Gedanken darüber hätte machen können, ob wir bald auf die Nase fallen
würden.
Die Sitzungen des Tages verliefen gut, und die Fragen waren
im allgemeinen interessiert und wohlmeinend. Joe Allen
hatte in seinem Privatflugzeug, einem T-38-Jet, aus Houston
einen kurzen Film über die Experimente mitgebracht, die
eine der Skylab-Besatzungen während ihres Ruhetages gemacht hatte. Dabei sahen wir erstmals so ideale Experimente
für Anfänger-Physikvorlesungen wie die Bildung eines mehrere Zentimeter dicken Wassertropfens in Schwerelosigkeit,
der mit einer niedrigen Frequenz unter dem Einfluß der
Oberflächenspannung langsam zwischen Kugel- und Ellip-
senform oszillierte. Ebenso sahen wir den Effekt der inneren
Reibung auf einen mit Flüssigkeit gefüllten, rotierenden Behälter.
Unser privates Treffen am Vorabend hatte mit einem Abendessen abgeschlossen, das meine Frau für die Referenten zu-
bereitet hatte, und der zweite Konferenztag endete mit einer
Cocktailparty in unserem Haus. Erleichtert entspannten wir.

Die Konferenz schien gut gelaufen zu sein, und wir gedachten uns wieder in Ruhe weiteren Berechnungen unter Einschluß der von den Konferenzrednern vorgebrachten Zahlenangaben zuzuwenden.

Nach einem Wochenende, ausgefüllt mit Packen und Planen für einen Sommer, der der Arbeit in der Hochenergiephysik gewidmet sein sollte, brachen meine Frau und ich am Montag nach der Konferenz in Richtung Kalifornien auf. Unterwegs besuchten wir eine Großtante in Denver, und dort begann uns klar zu werden, was uns erwartete. Die British Broadcasting Corporation hatte mich ausfindig gemacht und wollte ein Interview haben; anscheinend hatte Walter Sullivan einen Artikel über die Konferenz geschrieben, und die Herausgeber der «New York Times» hatten beschlossen, ihn auf der Titelseite dieser Morgenausgabe zu bringen. Bald folgten andere Rundfunksender, Zeitungs- und Zeitschriftenreporter standen nicht viel nach, eine Welle öffentlicher Aufmerksamkeit und allgemeinen Interesses begann sich auszubreiten, und bis heute ist keinerlei Anzeichen für ein Abflauen dieses Interesses zu erkennen, vielmehr scheint es mit jedem Monat noch zu wachsen. Es setzte ein lange vor der Publikation des ersten wissenschaftlichen Artikels über Weltraumsiedlungen (der sollte erst im folgenden September herauskommen) und mehr als sechs Monate vor Erscheinen der ersten Arbeit über den direkten wirtschaftlichen und energetischen Nutzen. Das ist zu berücksichtigen, wenn man nach den Gründen für die öffentliche Aufmerksamkeit fragt. Offensichtlich gab es da etwas Fundamentales im Entwurf der Raumgemeinden, das vielen Leuten auch ohne detaillierte Erörterungen und Pläne vernünftig erschien. Auf der Grundlage der bei mir eingehenden Briefe und der Gespräche im Anschluß an Vorträge versuchte ich, die Gründe für die unmittelbare positive Reaktion zu verstehen. Das Folgende sind nicht mehr als Vermutungen:

1. Während der vergangenen Jahre hat unter den Menschen ein Gefühl zunehmender Beschränkung, ein Gefühl sich verengender Horizonte und schwindender Möglichkeiten Platz

gegriffen. Da tauchte das Projekt der Erschließung des Weltalls als eine neue Möglichkeit auf, und viele verspüren eine Art Erleichterung und Befreiung, vielleicht eine Ahnung, daß es eine Zukunft mit weiten Horizonten, mit neuen Freiheiten und Reizen geben könnte.

2. Das Raumfahrtprogramm hat, so wertvoll es in vielerlei Hinsicht auch war, bei vielen Leuten den Eindruck hinterlassen, man verlange von ihnen, sie sollten für einen «elitären» Ego-Trip zahlen, an dem nur ein Bruchteil der Menschheit persönlich teilhaben kann, wobei jedem einzelnen beinahe übermenschliche Bravourleistungen an physischer Ausdauer, Gewandtheit und technischer Kompetenz abverlangt werden. Die Freude, die Apollo-Astronauten gewissermaßen stellvertretend für alle den Fuß auf die Mondoberfläche setzen zu sehen, verblaßte in der Tat sehr schnell gegenüber dem Gefühl: «Schön und gut für sie, aber was schaut für mich dabei heraus? Bezahle ich dafür meine Steuergelder, damit irgend so ein Kerl auf dem Mond Golf spielt?» In der Erschließung des Weltraums für die Menschheit sehen viele Leute die Möglichkeit direkter, persönlicher Teilnahme an einem Abenteuer, das aufregender als selbst die großen Entdeckungen der Vergangenheit ist. Populäres Interesse und Unterstützung kann zumindest teilweise solchen Wünschen nach Freiheit und Dabeiseinwollen entstammen, weil dies unmittelbare, aus dem Innersten kommende Reaktionen sind, die ihrerseits die logischen Argumente untermauern.

Als die Artikel über Weltraumsiedlungen erschienen und die Interviews begannen, setzte eine Flut von Briefen ein, die zunächst aus der englischsprechenden Welt und später aus allen Kontinenten kamen. Von Anfang an waren zwei Eigenschaften dieser Post ermutigend: erstens, das Verhältnis der zustimmenden Briefe zu den ablehnenden betrug etwa hundert zu eins; zweitens, die in irgendeiner Art irrationalen Briefe machten nicht mehr als insgesamt ein Prozent aus. Der typische Brief war wohlüberlegt, ausführlich und zeugte von intensiver Beschäftigung des Schreibers mit der Materie.

Schon deshalb konnte die Post nicht in nachlässiger Form oder routinemäßig beantwortet werden; ein sorgfältiger, durchdachter Brief verlangte eine gleichwertige Antwort. Über ein Jahr lang bemühte ich mich, die Briefe selbst zu beantworten, aber ihre Zahl nahm ständig zu, die Qualität blieb hoch, und um die Mitte des Jahres 1975 wurde die Last schließlich zu groß. Von da an wurden viele Briefe und Informationswünsche von einer Gruppe Freiwilliger beantwortet, von denen jeder ein Experte auf einem bestimmten Forschungsgebiet war. Mit einigen besonders gehaltvollen und hilfreichen Briefen muß ich mich immer noch selbst befassen, und wenn ich sie lese, bedaure ich, daß ich nicht genug Zeit habe, um alle Post zu beantworten. Ganz gewiß erreicht uns täglich eine riesige Menge an Informationen und lohnenden Ideen, und es ist für mich ein Verlust, daß ich vieles davon erst aus zweiter Hand erfahre.

Gelegentlich verschicken wir einen kurzen Rundbrief, in dem wir auf neue Veröffentlichungen hinweisen und die Interessierten auf wichtige Ereignisse – vergangene oder zukünftige – aufmerksam machen[5]. Der nächste wichtige Schritt zur Verbreitung des Gedankens der Weltraumkolonisierung wurde im späten August und frühen September des Jahres 1974 getan, und zwar mit dem Erscheinen einer Kurzveröffentlichung im «Nature»[6] und des lange verzögerten Artikels in «Physics today»[7]. Hal Davis, der Herausgeber von «Physics Today», brachte auf der Titelseite des Septemberheftes das Bild eines Weltraumhabitats, ein Werk von Walter Zawoijski, das später noch in anderen Publikationen erschien.

Gegen Ende Mai 1974 hörte Barbara Hubbard vom Committee of the Future, einer Bürgervereinigung, von unserer Arbeit und rief an, um uns ihrer begeisterten Unterstützung zu versichern. Zu diesem Zeitpunkt mußte meine Reaktion darauf zwangsläufig einen praktischen Zweck im Auge haben. Es war klar, daß das Problem der chemischen Aufbereitung von Mondmaterial noch intensiv untersucht werden mußte. Der M.I.T.-Student Eric Drexler hatte während des Sommers Zeit, und es lag ihm daran, sein Bestes zu tun, um unsere

Kenntnisse auf diesem Gebiet zu vertiefen. Ich bat Mrs. Hubbard, Eric Drexlers und damit unsere Arbeit zu unterstützen, und das tat sie unverzüglich in Form einer Spende von 1000 US-Dollar, die das Komitee nicht leicht erübrigen konnte. Eric leistete gute Arbeit in jenem Sommer, und sicherlich geschieht es nicht oft, daß mit so wenig Geld so viel erreicht wird. Als Gradmesser für das schnelle Wachstum in jedem Forschungsgebiet der Weltraumindustrialisierung sei erwähnt, daß 1976 zur Abfassung einer von der NASA finanzierten Studie die volle Arbeitszeit von sechs Leuten der gleichen Aufgabe der chemischen Aufbereitung gewidmet wurde; nur ein Jahr später befaßten sich mit einer von der NASA finanzierten Sommerstudie vierzehn Leute, die großenteils über lange Berufserfahrung verfügten und das gleiche Problem bearbeiteten. 1977 wurde die erste langfristige Forschungshilfe für dieses Aufgabengebiet gewährt.

Die Publikation des «Physics today»-Artikels brachte den Plan der Weltraumkolonisierung an die Öffentlichkeit und verhalf ihm zur Begutachtung durch etwa 15 000 Physiker – ein gewiß so großes und kritisches Gutachtergremium, wie man es sich nur wünschen kann. Selbstverständlich gab es auch Versuche, Formfehler in der Beweisführung herauszufinden, Rechenfehler zu entdecken oder auf mögliche Ungereimtheiten in den Voraussetzungen hinzuweisen. Im Herbst des Jahres 1974 mußte ich eine Menge Zeit der detaillierten Beantwortung jener Kritiken widmen. Einige umfaßten zwanzig Seiten schlüssig durchdachter Beweise und Rechnungen und waren entsprechend zu beantworten.

In qualitativer Hinsicht wurzelte die ganze Kritik in der meiner Meinung nach unzulässigen Verbindung von Zahlen, die für den heutigen Tag gelten, mit technischen Problemen, die vielleicht erst nach vielen Jahren auftreten werden. So berechneten mehrere Kritiker die erforderliche Transportquote für den Fall, daß die Weltraumkolonisierung jemals eine signifikante Auswanderung von der Erde erlauben sollte. Sie schlossen, daß die dazu erforderlichen Transportquoten absurd hohe Werte erreichen müßten. Für die Jahre 2010 bis 2050, in denen man möglicherweise mit ihnen konfrontiert wird, sind diese Zahlen aber nicht absurd, und es ist irrelevant, daß sie bis 1980 nicht erreicht werden können. Sehr häufig sah man auch deshalb Anlaß zu Kritik gegeben, weil das Projekt nicht von einem viele Jahre andauernden allmählichen Wachstum der industriellen Leistungsfähigkeit im Weltall ausging. Zur Konstruktionsanlage für das erste Raumhabitat dürfte eine Aluminiumfabrik mit einer Kapazität von vielleicht nur 10 000–30 000 Tonnen jährlich gehören. Wenn aber die Industrie im Weltall ihre Kapazität alle paar Jahre verdoppelte, was sicher nicht unmöglich ist, so wäre ihr Ausstoß im Jahr 2050 fürwahr sehr groß.

Gegen Ende des Jahres 1974 hatten Verhandlungen mit der Advanced Planing Division des Office of Manned Spaceflight bei der NASA-Hauptzentrale in Washington begonnen. Nach intensivem Bemühen endeten diese Verhandlungen damit, daß ab 1. Januar 1975 seitens dieser Behörde eine kleine Forschungsbeihilfe an die Universität Princeton zur Unterstützung unserer Studien gewährt wurde. Eric Hannah, der gerade promoviert hatte, war uns mehrere Monate lang eine wertvolle Hilfe, und gegen Ende dieses Jahres stieß zu unserer Arbeitsgruppe in Princeton auch Brian O'Leary, ein alter Freund, wissenschaftlich hervorragend qualifiziert und erfahren im Umgang mit Regierungsstellen. Dr. O'Leary war für den ersten Vortrag über die Erschließung des Weltraums am Hampshire College verantwortlich gewesen.

Innerhalb der Organisationsstruktur der NASA, die sich auf die Hauptzentrale in Washington und acht größere, über die Vereinigten Staaten verteilte NASA-Zentren stützt, ist das Ames Research Laboratory in Mountain View, Kalifornien, für die Erforschung und Entwicklung neuer Systeme und weitgesteckter Projekte verantwortlich. Im September 1974 hielt ich in Ames einen Kolloquiumsvortrag und traf erstmals den Direktor des Labors, Dr. Hans Mark (später Unterstaatssekretär für die Air Force in der Regierung Carter). Dr. Mark, der als Physiker zu Anfang seiner Karriere mit kernphysikalischen Problemen militärischer Art befaßt gewesen war, steht in dem Ruf, mindestens sechs Tage die Woche zu arbeiten, jeweils morgens um 7 Uhr 30 zur Arbeit zu erscheinen und das Labor erst spät abends, wenn alle außer der Nachtschicht gegangen sind, zu verlassen. Es war ein Vergnügen, sich mit ihm zu unterhalten, und bald verabredeten wir, der Weltraumkolonisierung «insgeheim» einen kurzen, aber intensiven Forschungsschub zu verschaffen, indem wir sie zum Thema der NASA/Ames/Standford Summer Study erhoben. Diese Studie, eine aus einer jährlichen Reihe, die die NASA unterstützte und in Zusammenarbeit mit der American Society of Engineering Education (ASEE) durchführte, war bereits finanziert, und der Direktor des Laboratoriums konnte das Studienthema jedes Jahr frei wählen.

Als eine Folge des «Physics today»-Artikels erhielt ich im akademischen Jahr 1974/75 mehr als fünfzig Einladungen zu Vorträgen, und um die neuen Ideen einer kritischen und kompetenten Zuhörerschaft zur Beurteilung zu überlassen, hielt ich es für meine Pflicht, viele davon anzunehmen. Einmal folgten Physikkolloquien in Yale und Harvard am Freitag und Montag desselben Wochenendes und eine Sondersitzung mit einer M.I.T.-Gruppe aufeinander.

Rückblickend glaube ich, daß diese öffentlichen Diskussionen wenn auch anstrengend, so doch notwendig war, aber im darauffolgenden akademischen Jahr mußte ich wählerischer werden. Das Projekt der Erschließung des Weltalls hatte den Punkt überschritten, an dem ein Kolloquium im Fachbereich das angemessene Diskussionsforum war. Das Thema ist von der Sache her interdisziplinär, deshalb sind Vorträge, die einen weiteren Hörerkreis erreichen, vorzuziehen: Berichte im Rahmen einer Universtitäts- oder College-Vortragsreihe, Vorträge bei Berufsvereinigungen, größeren Firmen und Forschungsstätten und Interviews, die über den lokalen Bereich hinaus Verbreitung finden. Jede Gruppe, die ein ernsthaftes Interesse hat, mehr über die neuen Möglichkeiten zu erfahren, sollte eine Antwort auf ihre Fragen bekommen, und so gebe ich die Einladungen, die ich selbst nicht annehmen kann, an qualifizierte Kollegen weiter.

Im Oktober 1974 wurden mehrere, in der Raumforschung aktive Leute in das Goddard Spaceflight Center in Washington eingeladen, um das NASA-Komitee «Outlook for

Space» (Ausblick ins All) zu informieren. Diese Gruppe unter Vorsitz von Dr. Donald Hearth war beauftragt, für die NASA eine Liste der Aufgaben zusammenzustellen, die noch in diesem Jahrhundert im Weltraum zu bewältigen sein könnten. Krafft Ehricke, Bruce Murray, George Field und ich brachten unsere Ansichten vor, und dort hörte ich zum erstenmal Dr. Peter Glaser von der Arthur D. Little Company in Boston von seinen Vorstellungen über die Erzeugung elektrischer Energie aus Sonnenenergie im Weltraum und deren Übertragung auf die Erde mittels eines Mikrowellenstrahls berichten.

Obwohl ich eine vage Vorstellung von den Ideen Dr. Glasers hatte, hatte ich sie bis dahin als nichtpraktikabel abgetan in der Annahme, daß das Problem der Mikrowellenübertragung unlösbar sei. Zu meiner Überraschung erfuhr ich, daß auf diesem Gebiet mittlerweile große Fortschritte erzielt worden waren und daß die verbleibenden Hauptprobleme in logistischen Fragen wie Gewicht, Kosten und Transport von der Erde in eine geostationäre Umlaufbahn bestanden. Im Anschluß an die Tagung am Goddard Spaceflight Center stellte ich einige Berechnungen an und fand bald heraus, daß die Konstruktion von Satelliten-Sonnenkraftwerken aus Material von der Mondoberfläche im Industriebereich einer Raumkolonie auf hoher Umlaufbahn mit ziemlicher Wahrscheinlichkeit die schwierigsten Probleme lösen würde, denen sich Dr. Glaser mit seinem Plan damals gegenübersah. Die Berechnungen bildeten die Grundlage eines Artikels, den ich gegen Ende Dezember 1974 an die Zeitschrift «Science» schickte. Er wurde sofort angenommen und nach gründlicher Überarbeitung am 5. Dezember 1975 publiziert[8]. Die Herausgeber brachten ihn an erster Stelle und wählten als Titelbild das Gemälde eines frühen Raumhabitats.

Zu Beginn des Jahres 1975 konzentrierte sich ein Großteil unserer Anstrengungen auf die Organisation einer zweiten Konferenz. Innerhalb weniger Monate hatte sich die Situation tiefgreifend geändert. Die erste Konferenz hatte mehr zwanglosen, inoffiziellen Charakter und wurde von einer kleinen Stiftung mit einer geringen Spende bedacht. Die zweite war eine offizielle Princeton-University-Konferenz, die außerdem durch besondere Geldzuwendungen der NASA und der National Science Foundation gefördert und vom American Institute of Aeronautics and Astronautics (AIAA), der Berufsvereinigung aller im Luft- und Raumfahrtbereich Tätigen, mitfinanziert wurde. Die Konferenz sollte zweieinhalb Tage dauern und von etwa dreißig geladenen Referenten bestritten werden.

Bei der Organisation der zweiten Konferenz war es wichtig, auf ein hohes Niveau beruflicher Sachkenntnis und Seriosität zu achten. Ein Jahr zuvor waren wir eine kleine, frohe Schar von Revolutionären; nun, mit zunehmender Anerkennung durch Berufs- und Regierungsgremien, war es sowohl wünschenswert als auch nötig, eine konservative und pragmatische Haltung an den Tag zu legen. Als Motto wählte ich «Princeton University Conference on Space Manufacturing». Außerdem gab es noch das kleine, aber bedeutsame Detail der eigentlichen Konferenz-Ankündigung. Die wesentlichen Bestandteile des Raumsiedlungsprojekts hingen nicht von einer bestimmten Wahl der Geometrie des ersten Habitats ab, und um diese Tatsache hervorzuheben, wählte ich für den Umschlag der Ankündigung nicht die Abbildung eines Habitatentwurfs, sondern das Foto des Woodrow-Wilson-Gebäudes in Princeton. In diesem modernistischen, hochragenden Bauwerk, das ein spiegelndes Wasserbassin mit einem Springbrunnen ziert, sollte die Konferenz stattfinden.

Die Konferenz von 1975 wurde als großer Erfolg gewertet. Vorträge über Raketenökonomie wurden durch Untersuchungen über die gesetzlichen, historischen, psychologischen und humanitären Aspekte der Besiedlung des Weltalls ergänzt. Die Notwendigkeit der Weltraumindustrialisierung zur Lösung der Energiekrise auf der Erde wurde mit Nachdruck hervorgehoben. Am letzten Konferenzmorgen wurden vier zusammenfassende Vorträge gehalten, jeweils einer für die vorangegangenen Halbtagssitzungen. Dr. Jerry Grey, ein Mitarbeiter der AIAA und früherer Professor der Raumfahrttechnik in Princeton, hielt das erste zusammenfassende

Referat. Ihm folgten Dr. John Billingham, Chef der Arbeitsgruppe Life-Science im Ames Labor, und Dr. Albert Hibbs
vom Jet Propulsion Laboratory (JPL) des Cal Tech. Das JPL
hatte viele der Raumsondenmissionen zum Mond und zu den
Planeten durchgeführt.
Wie im Jahr zuvor gab es bei den Medien eine starke Reaktion auf die Konferenz, und eine neue Runde von Berichten
und Interviews setzte ein. Bald nach Konferenzschluß brach
ich mit meiner Frau auf, um knappe zehn Tage in einem völlig anderen Rhythmus zuzubringen, beim Camping mit
einem Wohnwagenzelt auf einem kleinen Grasflugplatz in
Pennsylvania, wo ich mein Segelflugzeug steuern und außerdem den Motorflug erlernen konnte. Im Rückblick erscheint
uns dieser kurze Zeitabschnitt wie eine Oase der Ruhe und
stillen Freude in einem Jahr, das sonst meistenteils viel zu
hektisch war.
Die Ames-Studie von 1975 war die erste in einer Reihe weiterer, aber sie war die einzige, die aus dem ASEE-Programm
finanziert wurde. Am ersten Tag der Studie übergab ich den
Teilnehmern meine sämtlichen Notizen und Berechnungen
aus sechs Jahren Forschung über die Weltraumkolonisierung, damit jeder sie für seinen persönlichen Gebrauch ko-
pieren konnte. Kurz danach verschickte ich von Princeton
aus auch Kopien der 1974er und 1975er Konferenzvorträge.
Gemäß den Richtlinien für ASEE-Studien mußten die Aktivitäten dieses Sommers hauptsächlich erzieherischen Zielen
dienen. Von den Teilnehmern wurde weder die Ausführung
eines «möglichst wahrscheinlichen» oder «möglichst ökonomischen» Übungsentwurfs gefordert, noch gab es die Auf-
lage, einem vorgefaßten Plan zu folgen. Die Teilnehmer
wählten als Aufgabenstellung den Entwurf der notwendigen
Elemente zur Errichtung einer Kolonie im Weltraum, die
10 000 Menschen beherbergen und unterhalten könnte. Zu
Beginn der Studie hatte die Gruppe entschieden, daß das
Hauptziel nicht die Lieferung von Energie oder Gewinnen an
die Erde sein sollte, sondern der Entwurf und die Konstruktion eines Habitats, das einer zufällig ausgewählten Bevölke-
rungsgruppe, darunter auch Leuten mit gewissen gesundheit-

lichen Problemen, schwangeren Frauen, Kindern und solchen mit einer außergewöhnlichen Anfälligkeit für Übelkeit bei ungleichförmiger Bewegung, ständige Unterkunft bieten könnte. Die Anforderungen schränkten die weiteren Entwurfsmöglichkeiten für die Habitatdetails ein, führten aber zu einer gründlichen und wertvollen Erforschung der Geometrie des «Rads». Die nützlichsten Teile einer Entwurfsstudie in der Anfangsphase eines Projekts sind diejenigen größter Allgemeinheit, die also am wenigsten an spezielle Entwurfscharakteristika gebunden sind. Unter diesem Gesichtspunkt könnten sich die Arbeiten auf den Gebieten der Produktivität (in Tonnen pro Person und Jahr), der intensiven Landwirtschaft, der Ökologie in abgeschlossenen Systemen und der chemischen Verarbeitung als besonders nützliche Ergebnisse der Sommerstudie von 1975 erweisen[9]. Die hervorragendste Einzelentdeckung machte Dr. Eric Hannah, der die informativsten Artikel und Berichte über die Intensität kosmischer Strahlung in einiger Entfernung von der Erde aufspürte.

Die folgenden Studien waren von der Finanzierung und von den Zielen her völlig anders: Sie wurden von der NASA-Hauptzentrale mit dem Ziel gefördert, kurzfristige, praktikable Wege zur Weltraumindustrialisierung zu entwickeln, und betonten die Produktion von Satellitenkraftwerken und anderer nützlicher Produkte aus hoher Umlaufbahn. Von daher betrachtete man die Habitate für die Arbeitskräfte nicht als Selbstzweck, sondern vielmehr als notwendige Bestandteile eines umfassenden Systems. Die Ergebnisse der Habitat-Entwürfe konzentrierten sich auf Fertigteile und auf die effiziente Verwendung der Struktur- und Abschirmmassen. Das kugelförmige «Insel Eins»-Modell, das recht sparsam in seinem Massebedarf ist, blieb als ein wahrscheinlicher Anwärter für eine Raumsiedlung übrig. Andere Entwürfe, die in ihren Anforderungen für die Abschirmung ähnlich und hinsichtlich der Verwendung der Strukturmasse noch effizienter sind, wurden für die frühesten Etappen der Weltraumindustrialisierung als noch wahrscheinlicher angesehen. In diesen späten Studien ging man von der Voraussetzung aus, daß ein aus einigen tausend Leuten bestehender Arbeitstrupp getestet und ausgewählt würde, um jene wenigen unglücklichen Individuen auszusondern, die vielleicht außergewöhnlich empfindlich auf durch Rotation verursachte Störungen des Innenohrbereichs reagieren. Das «Rad»-Modell, das bei gleicher Nutzfläche um ein Vielfaches massiver ist als «Insel Eins», scheint nach diesen späteren Studien aus Kostengründen mit den fortgeschritteneren Entwürfen nicht mehr konkurrieren zu können.

Während der 1975er Sommerstudie wurde ich nach Washington gerufen, um dort vor dem durch den Kongreßabgeordneten Donald Fuqua geleiteten Unterausschuß des Committee on Space Science and Applications des U.S. House of Representatives auszusagen[10]. Ich wurde freundlich empfangen, und der Diskussion wurde ziemlich viel Zeit gewidmet. Selbstverständlich betonte ich den energetischen und ökonomischen Nutzen der Industrieproduktion auf hoher Erdumlaufbahn, da die anwesenden Abgeordneten weit mehr an diesen Aspekten interessiert waren als an den längerfristigen philosophischen Fragen, die sich mit dem befassen, was Krafft Ehricke so treffend als den «extraterrestrischen Imperativ» bezeichnet. Das Jahr 1975 brachte uns ein gutes Stück voran. Obwohl das öffentliche Interesse an der Kolonisierung des Weltraums schon ein beachtliches Maß erreicht hatte, so wurde doch zu Jahresbeginn außer in Princeton fast nirgendwo sonst an diesem Thema gearbeitet. Bis zum Jahresende hatten aktive Gruppen von Studenten und Dozenten an Universitäten wie dem M.I.T. und dem New York Polytechnic Institute auf freiwilliger Basis mit Forschungsarbeiten begonnen, und jeder Teilnehmer an der Sommerstudie von 1975 war mit Interesse und Begeisterung für weitere entsprechende Arbeiten an seine Heimatuniversität zurückgekehrt und vertrat die Grundideen in Vortragsveranstaltungen. Es hatten sich von Princeton unabhängige Bürgergruppen, insbesondere die L5 Society[11], gebildet, um Informationen über die neuen Möglichkeiten bereitzustellen und Kommentare in der Form von Rundbriefen zu veröffentlichen.

Während der ersten Monate des Jahres 1976 gab es zwei Entwicklungen von besonderer Bedeutung. Erstens entschied man sich trotz eines sehr schmalen Budgets bei der NASA, eine besondere Studie während des Sommers 1976 zu finanzieren. Diese Studie fand im Ames-Laboratory der NASA statt und konzentrierte sich in Zusammenarbeit mit der Institutsleitung von Ames auf drei technische Zentralprobleme: die Massenschleuder, die chemische Aufbereitung des Mondbodens zur Gewinnung von Sauerstoff, Metallen und klarem Glas und die Entwicklung der «Insel Eins» aus einer ersten «Bauhütte» in L5 unter Berücksichtigung der nötigen Abschirmung gegen kosmische Strahlung und einer annehmbaren physiologischen Umgebung für den Bautrupp.

Glücklicherweise gelang es uns, für diese Studie ein Team hochqualifizierter Fachkräfte aus der Luft- und Raumfahrt zu gewinnen, die alle eine Fülle von Dokumenten und Rechnungen aus vielen Jahren praktischer Erfahrung beim Lösen wissenschaftlicher und technischer Probleme mitbrachten. Unterstützt von einer Gruppe hervorragender Studenten packten sie schon wenige Stunden nach ihrer Ankunft die drei ihnen gestellten technischen Aufgaben an, und in der zweiten Studienwoche erhielten sie Verstärkung durch ausgezeichnete Spezialisten, die als Berater hinzugezogen wurden.

Das Gefühl, auf der richtigen Fährte zu sein, verstärkte sich durch einige Entwicklungen am Anfang der 1976er Studie. Alle Spezialisten vertraten nachdrücklich die Auffassung, daß die kritischen Zahlen, von denen wir bisher ausgegangen waren und die in diesem Buch aufgeführt sind (Beschleunigung und Leistung der Massenschleuder, Frachtraketen-Transportkosten, Masse für die Energiestation auf dem Mond usw.), viel zu vorsichtig geschätzt seien und durch wesentlich optimistischere ersetzt werden könnten, ohne daß dabei technisch riskante Annahmen gemacht werden müßten. Professor Henry Kolm vom M.I.T., der Leiter einer Gruppe, die die Entwicklung der Magnetschwebebahn bis zu einer Reihe erfolgreicher Erprobungen eines Modells mit supraleitenden Spulen - einem «Eimer» der Massenschleuder in der Größe vergleichbar – vorangetrieben hatte, brachte detaillierte Informationen über die Forschungen zum magnetischen Schweben, die gegenwärtig sowohl in Japan als auch in Deutschland durchgeführt und mit mehr als jeweils 100 Millionen Dollar jährlich finanziert werden. Aufgrund aller gesammelten technischen Erfahrungen schien es, daß die Massenschleuder mit einem Wirkungsgrad von 80 bis 90 Prozent arbeiten und statt des in meinen früheren Berechnungen angenommenen 29fachen der Erdbeschleunigung mehr als ein 100faches erzielen kann.

Dr. James Arnold vom Jet Propulsion Laboratory des Cal Tech hielt es für sehr wahrscheinlich, daß es in den permanent im Schatten liegenden Gebieten des Mondes reiche Lagerstätten an Wasserstoff, Kohlenstoff und Stickstoff in Form von Eis oder anderen Zusammensetzungen gibt. Dr. Arnold arbeitet intensiv an den Plänen für ein Raumfahrzeug, das den Mond auf einer über die Pole geführten Umlaufbahn umkreisen und möglicherweise den bezeichnenden Namen «Prospector» (Schatzsucher) erhalten soll.

Dr. Brian O'Leary verfolgte die wissenschaftliche Spur einer besonderen Klasse von Asteroiden, die unter der Bezeichnung Apollo/Amor bekannt sind. Abweichend von den Asteroiden des Hauptgürtels, auf die sich meine wirtschaftlichen Berechnungen in Kapitel 11 gründeten, sind die des Typs Apollo/Amor von L5 durch Geschwindigkeitsintervalle von nur zwei oder drei Kilometern pro Sekunde entfernt gegenüber 10 km/sec für die des Hauptgürtels. Durch ein glückliches Zusammentreffen wurde nur wenige Tage nach Beginn unserer 76er Studie der erste Apollo/Amor-Asteroid vom kohleartigen Typ, d. h. reich an Kohlen-, Stick- und Wasserstoff, entdeckt.

Wie schon 1975, mußte ich während der Studie kurz nach Washington reisen, diesmal zu einem Treffen mit Dr. James Fletcher, dem Chef (Administrator) der NASA, und seinem Stellvertreter, Dr. Lovelace. Auf Dr. Fletchers Ersuchen hin stellte ich in Zusammenarbeit mit der Studiengruppe eine Liste von über hundert Forschungsthemen zusammen, an denen unbedingt gearbeitet werden muß, wenn das Projekt der Weltraumindustrialisierung – um mit Goddard zu sprechen –

von «der Hoffnung des Heute in die Wirklichkeit des Morgen» übergeführt werden soll.

Eine weitere Entwicklung des Jahres 1976 war, daß die NASA den Entwurf der Weltraumsiedlungen als eines von vier größeren Themen für die Ausstellung im Rahmen der Third Century America Exposition im Kennedy-Spaceflight Center in Florida auswählte, die während des Sommers 1976 drei Monate lang gezeigt wurde. Diese Ausstellung war 1977 sechs Monate lang in der California Academy of Sciences in San Francisco zu sehen und wurde in der Folge auch noch in anderen großen Museen gezeigt.

Mein Forschungsfreisemester des Jahres 1976/77 verbrachte ich einer entsprechenden Einladung folgend als Professor für Luft- und Raumfahrt am M.I.T. Es war ein sehr produktives Jahr, und im Oktober 1976 konnte ich der NASA die Arbeiten mit den Ergebnissen der Sommerstudie des gleichen Jahres vorlegen. Später wurden diese Artikel nach Begutachtung durch erfahrene Experten für einen Band der Serie «Progress in Aeronautics and Astronautics» des Amerikanischen Instituts für Luft- und Raumfahrt (AIAA) ausgewählt und 1977 veröffentlicht.

Gegen Ende des Jahres 1976 interessierte ich mich besonders für die Entwicklungsmöglichkeiten von Massenschleudern und hielt im Frühjahrssemester 1977 vier aufeinanderfolgende Seminare zur Theorie der Massenschleuder mit dem Thema «Raumfahrt mit Hilfe der Maxwellschen Gleichungen». Das ganze Jahr über eng mit Prof. Henry Kolm vom M.I.T. zusammenzuarbeiten war ein besonderes Vergnügen. Gemeinsam entwarfen wir ein zwei Meter langes Modell der Massenschleuder, und eine Gruppe freiwilliger Studenten des M.I.T. und anderer benachbarter Universitäten baute dieses Modell innerhalb von vier Monaten.

Ich beschäftigte mich mit der Anwendung des Prinzips der Massenschleuder auf ein Raketentriebwerk, das in der Lage wäre, Nutzlasten von vielen hundert Tonnen, die aus solchen der Raumfähre in niedriger Erdumlaufbahn zusammengestellt werden könnten, in geostationäre oder Mondumlaufbahn zu bringen. Als die Seminarreihe 1977 fortgesetzt wurde, fand ich heraus, daß die Leistung eines solchen Triebwerks wesentlich besser sein könnte als die der besten chemischen Rakete, daß es hinreichend leichtgewichtig wäre, um mit nur vier bis sechs Shuttle-Flügen in niedrige Erdumlaufbahn gebracht zu werden, und daß es als Reaktionsmasse das sonst vergeudete Material der äußeren Treibstofftanks der Raumfähre benutzen könnte, die nach den ursprünglichen NASA-Plänen bei jedem Flug weggeworfen werden sollten. Die Verbindung der letzten Daten der 1976er Studie mit den neuen Erkenntnissen aus den jüngsten theoretischen Entwicklungen legte den Schluß nahe, daß die Kosten zur Erreichung des «Zündpunktes» für die Weltraumindustrialisierung erheblich reduziert werden könnten, und zwar auf nur ein Viertel der früheren 100 Milliarden Dollar Schätzsumme. Diese Arbeit, als «The Low (Profile) Road to Space Manufacturing» veröffentlicht, bildete den Ausgangspunkt für eine Studie im Jahr 1977. Diese zeigte auch, daß sowohl die Entwicklung abgeschlossener ökologischer Systeme als auch großer monolithischer Habitate, die man vorher als wesentliche Voraussetzung für die Weltraumindustrialisierung angesehen hatte, ohne weiteres auf einen späteren Zeitpunkt verschoben werden konnte, wenn bereits eine hohe Produktivität erreicht sein würde.

1977 wurden noch raschere Fortschritte auf dem Weg zur Besiedlung des Weltalls gemacht: Auf der Konferenz dieses Jahres in Princeton, die, mit finanzieller Unterstützung der AIAA, von Regierungsstellen und seitens der General Electric Corporation abgehalten wurde, kamen nahezu zweihundert Leute zusammen. Das Modell der Massenschleuder, das unter Aufsicht von Dr. Kolm am M.I.T. gebaut worden war, wurde auf der Konferenz vorgeführt. Bezeichnenderweise erreichte sogar dieses erste Modell, das praktisch mit einem Nullbudget erstellt wurde, das mehr als Dreißigfache der Erdbeschleunigung. Dieser Wert lag über dem, den ich einst als die oberste Grenze für Massenschleudern angesehen hatte. Inzwischen war von seiten der NASA die regelmäßige finanzielle Unterstützung eines langfristigen Forschungsprogramms zu diesem vielversprechenden neuen Konzept zugesagt worden. Ungefähr zur gleichen Zeit waren auch die nötigen Gelder für die weitere Forschung zur chemischen Aufbereitung von Mondmaterial bereitgestellt worden, und neben dem Ames Laboratory begannen noch andere NASA-Zentren dessen Nutzungsmöglichkeiten zu untersuchen.

Mit Unterstützung verschiedener NASA-Zentren und der Hauptzentrale wurde 1977 eine weitere Studie durchgeführt, die mehr als viermal so umfassend wie die vorhergehende war. Eine ihrer Aufgaben bestand in der Erstellung eines Forschungsplans mit mehreren Optionen, dessen Ziel ein Programm war, mit dem in den 80er Jahren unseres Jahrhunderts Produktionsstätten im Weltraum verwirklicht werden können. Die Universities Space Research Association mit 55 Mitgliedsuniversitäten vervollständigte den Beratungsstab für eine Arbeitsgruppe über große Strukturen im Weltraum; mit der Zusammensetzung des Ausschusses wurde für die Praxis der U.S.R.A. ein Präzedenzfall geschaffen, da diesem nicht nur Repräsentanten aus Technik und Wissenschaft, sondern auch Vertreter der Elektrizitätsversorgungsunternehmen, Gewerkschaften und Finanzgesellschaften angehörten. Die Leitung dieser Studien und der Vorsitz der U.S.R.A.-Arbeitsgruppe wäre für mich sicher zu einer nicht zu bewältigenden Aufgabe geworden, wenn nicht hochqualifizierte und engagierte Freunde und Mitarbeiter im Verlauf dieser Jahre zu unserer Arbeitsgruppe gestoßen wären. Wir erreichen jetzt gerade jene sehr produktive Phase der Zusammenarbeit, bei der es oft nicht mehr möglich ist, den Beitrag irgendeines einzelnen zu einer erfolgreichen neuen Idee zu identifizieren.

1977 wurde in Princeton durch die Großzügigkeit interessierter Freunde als Hilfsorganisation das Institute of Space Studies, Inc. (Institut für Raumstudien, e.V.), gegründet. Als gemeinnützig anerkannt und daher von Steuern befreit, kann das Institut[12] Spenden sammeln und so unsere Arbeit in mehrfacher Weise unterstützen, insbesondere durch die Bezahlung von Schreib- und anderen Hilfskräften, die die Tausende von Anfragen bearbeiten, welche jährlich im Zusammenhang mit der Weltraumbesiedlung eingehen. Die Institutsvertreter arbeiten ehrenamtlich.

Die Nachfrage bezüglich neuer Informationen sowohl hier als auch im Ausland hält an, und in der geringen Zeit, die mir neben der andauernden Forschung bleibt, muß ich Vorträge halten und Interviews geben. Häufig finden Besprechungen mit Leuten aus Regierungs- und Industriekreisen statt. Noch haben wir es nicht so weit gebracht, daß irgendeine einzelne Stelle das Risiko auf sich nähme, die finanzielle Unterstützung zu garantieren, die für die intensiv und in vollem Umfang betriebene Forschung benötigt würde; dennoch ist der Fortschritt in der Bejahung und Förderung der neuen Ideen allein in einem einzigen Jahr so groß, wie man sich ihn noch ein Jahr zuvor nicht hätte vorstellen können. Man darf jetzt in der Tat sagen, daß die Erschließung des Weltraums heute eine der wahrscheinlichsten und vielleicht auch erregendsten und lohnendsten aller Möglichkeiten zu sein scheint, die der Menschheit im letzten Viertel des 20. Jahrhunderts offensteht.

Am Schluß dieses Berichtes darüber, wie der Entwurf zur Besiedlung des Weltraums entstand und die ersten Jahre überlebte, ist es mir eine besondere Freude, vielen Freunden für ihre Ideen und ihre Unterstützung zu danken. Obwohl es nicht möglich ist, alle zu nennen, die sich Verdienste um diese Arbeit erworben haben, möchte ich doch einige ausdrücklich erwähnen und ihnen auch auf diesem Weg danken.

George Pimentel, John Tukey, Brian O'Leary und Freeman Dyson, die diese Arbeit von Anfang an unterstützten;

Janet, Roger und Ellie O'Neill, die ihre Kinder-Ideen und -Anregungen beisteuerten;

Harold Davis, dessen Bereitschaft, neue Möglichkeiten unvoreingenommen zu betrachten, zur ersten Publikation über dieses Thema führte;

Eric Drexler und Eric Hannah, deren Interesse und Tatkraft weitgehend für das Zustandekommen der 1974er Konferenz verantwortlich waren, sowie Bob Wilson, Joe Allen und Gerald Feinberg für ihre Konferenzbeiträge; Stewart Brand und Michael Phillips danke ich für die Unterstützung, die sie der Konferenz gewährten;

Margaret Mead und John Stroud, die schon 1960 die Problemlage erkannten und in Richtung vieler der hier vorgelegten Schlußfolgerungen arbeiten;

Wernher von Braun, für den während mehrerer Jahrzehnte das höchste Ziel seiner Arbeit der Aufbruch des Menschen ins All war;

Krafft Ehricke, dessen Originalität und Schwung sich in Ideen zu fast allen Entwicklungen der Raumfahrt niedergeschlagen haben;

John Yardley, Robert Freitag, Jesco von Puttkamer, George Deutsch und Stanley Sadin von der NASA-Hauptzentrale für ihre Unterstützung der Arbeit in Princeton in schwierigen Zeiten der Budgetkürzungen durch die Regierung;

Hans Mark, dessen Einsicht und Unterstützung das NASA Ames Laboratory zu einem idealen Zentrum für das intensive Studium neuer Ideen machten;

Jerry Grey, René Miller, Albert Hibbs, Gerald Driggers und David Criswell, die ein hohes Niveau an beruflicher Erfahrung und Sachkenntnis in die Arbeit einbrachten;

Stephen Cheston, dem zuverlässigen und gewissenhaften Führer durch das Labyrinth von Washington;

Paul Donovan, der uns mit Rat und Tat zur Seite stand; dem Abgeordneten Donald Fuqua und dem Senator Wendell Ford, die mit Einsicht und Weitblick öffentliche Anhörungen abhielten, in denen dieses Thema zur Sprache kam;

Paul Ehrlich für die Perspektiven, die er als Biologe und Bevölkerungsexperte einbrachte;

Robert Heilbroner, der die Erlaubnis gab, aus einem jüngst erschienenen Buch zu zitieren;

Mark Hopkins für seinen Nachhilfeunterricht in elementarer Wirtschaftswissenschaft;

Keith und Carolyn Henson, Richard Hoagland und Tom Heppenheimer, die jeder auf seine Weise versuchten, neue Ideen einer größeren Hörerschaft zugänglich zu machen;

Isaac Asimov, dessen Artikel und Vorträge die Expansion ins Weltall in beredter Weise verteidigen;

William B. O'Boyle, David Hannah und Barbara Hubbard für tatkräftige Unterstützung in kritischen Zeiten und allen

Mitarbeitern in Princeton, denen zu danken ich tagtäglich Anlaß habe: Pamela Csira, die Ruhe und Humor in einer Umgebung bewahrt, in der es nicht selten wie in einer Dampfkesselfabrik zugeht; ebenso Ginie Reynolds, die jetzt zum Personal gehört, die aber den größten Teil dieses Buches noch als freiwillige Mitarbeiterin tippte;

Ruth Miles, die bei der Zusammenstellung der Konferenzberichte mit überforderten Autoren und miserablen Tonbandaufnahmen fertig werden mußte;

Roger Miles, der nach dem Aufbau eines erfolgreichen Betriebs sein Organisationstalent unserem Kommunikationssystem zur Verfügung stellte;

Fran Arnold, Sara Michlem und Henk Ketchem für viele Stunden freiwilliger, studentischer Mitarbeit

und schließlich meine Frau, Tasha, die alle Probleme leichter und alle Freuden um so größer macht.

Anhang II
AUSZÜGE AUS «SONNENENERGIE VON SATELLITEN»

(Anhörungen vor dem Unterausschuß für Luft- und Raumfahrttechnologie und Nationale Belange des Ausschusses für Luft- und Raumfahrt, Senat der Vereinigten Staaten 94. Kongress, 2. Sitzung, 19. Januar 1976) Vorsitzender des Unterausschusses: Senator Wendell Ford, Kentucky.

AUSSAGE DES DR. GERARD K.O'NEILL, PROFESSOR, UNIVERSITÄT PRINCETON, PRINCETON, N.J.
Dr. O'NEILL: Vielen Dank, Senator. Meine Ausführungen werden dem Geist nach ähnlich, im Detail aber etwas verschieden sein, und ich will versuchen, mich kurz zu fassen, um möglichst viel Zeit für Fragen zu lassen.
Meine Ausführungen werden den Standpunkt bekräftigen, daß die eingehende Erforschung der Satelliten-Sonnenkraftwerke in allen Punkten intensiv vorangetrieben werden sollte. Mein Beitrag baut auf der bahnbrechenden Arbeit von Dr. Peter Glaser und auf der späteren Arbeit der Herren Woodcock, Stine und anderer auf.
Es ist wichtig, daß wir nach wirtschaftlich gangbaren Wegen zur Errichtung von Satelliten-Sonnenkraftwerken suchen. Unser Standort im Hinblick auf die Satellitenkraftwerke ähnelt dem einer Forschergruppe, die bis zu einer großen Bergkette vorgestoßen ist, die sich nach links und rechts bis zum Horizont zu erstrecken scheint. Ein direkter Frontalangriff birgt offensichtlich große Schwierigkeiten und Gefahren,

deshalb ist es vernünftig, nach links und rechts Erkundungen anzustellen, um herauszufinden, ob es nicht einen niedrigeren Übergang gibt, der uns einen leichten und sicheren Durchstieg erlaubt.

Es gibt, wie ich meine, zwei schwache Stellen im derzeitigen Satellitenkraftwerk-Konzept. Die erste ist das Risiko ökologischer Schäden durch den Mikrowellenstrahl niedriger Intensität. Diese Frage kann nur durch die Forschung beantwortet werden. Es gibt aber keinen Grund, warum diese Forschung mit teuren Operationen im Weltraum verbunden sein müßte.

Die zweite, wahrscheinlich sehr viel ernstere Schwäche beruht auf der Tatsache, daß Satellitenkraftwerke aus Material von der Erde nur dann zu einem wirtschaftlichen Erfolg werden können, wenn mehrere Ziele, von denen gegenwärtig keines erreichbar ist, in vollem Umfang verwirklicht werden. Das schwierigste dieser Ziele ist die ganz erhebliche Verminderung sowohl der Kraftwerksmasse als auch der Kosten für deren Transport in geostationäre Umlaufbahn. Der ursprüngliche Satellitenkraftwerk-Entwurf ging von einer unteren Massengrenze aus, die immer noch mehr als 15mal größer ist als die Masse, die die NASA heutzutage für ihre Satellitengeneration der achtziger Jahre anzusetzen bereit ist. Die entsprechenden Anforderungen an die Transportfahrzeuge verlangt Neuerungen, die weit über dem liegen, was durch direkte Weiterentwicklung der Space Shuttle erreicht werden kann.

Bei dem neueren Turbogeneratorenverfahren zur Nutzung der Sonnenenergie, von dem wir gerade gehört haben, gibt es augenscheinlich keine Möglichkeit, so niedrige Massenwerte zu verwirklichen, und darum sind die Anforderungen an die Transportfahrzeuge sowohl was ihre Tragfähigkeit als auch was ihre Wirtschaftlichkeit betrifft noch größer: Ihre Betriebskosten dürften nur etwa ein Zehntel derjenigen eines aus der Raumfähre entwickelten Transporters betragen.

Um den Energiebedarf der Nation voll zu decken, wäre sowohl bei der Sonnenzellen- als auch bei der Turbogeneratorenmethode eine so große Transporterflotte nötig, daß Dutzende Millionen Tonnen an Verbrennungsprodukten in die obere Atmosphäre ausgestoßen würden.

Vielleicht können alle diese Ziele erreicht werden, und es mag sein, daß keine Einwände von Umweltschützern gegen eine so große Transporterflotte vorgebracht werden. Ich weiß es nicht. Das Hauptproblem der Satellitenkraftwerksysteme, deren Komponenten alle von der Erde in den Weltraum gebracht werden müssen, besteht darin, daß man nichts sicher weiß – wir können nur vermuten.

Der alternative Weg ist so ähnlich wie das Suchen nach einem Paß in der Gebirgskette. Wenn es einen leichteren Weg gibt und wir nicht einmal danach suchen, werden wir später recht dumm dastehen. Wenn der einfachere Weg existiert, sollte er uns erlauben, das Ziel früher und mit geringerem Risiko und niedrigeren Kosten zu erreichen.

Um die Wirkung der Schwerkraft zu veranschaulichen, könnte man sagen, daß wir uns hier auf der Erdoberfläche gewissermaßen auf dem Boden eines über 6000 Kilometer tiefen Loches befinden. Alles, was wir auf geostationäre Bahnen bringen wollen, muß aus diesem Loch herausgehievt werden. Die Alternative – die wir die Judomethode nennen könnten, da wir die Kraft des Gegners nutzen, anstatt die eigene zu vergeuden – besteht darin, die schwersten Teile der Satellitenkraftwerke aus dem Material zu bauen, das uns bereits fast an der oberen Kante dieses mehr als 6000 Kilometer tiefen Loches erwartet.

Die Mondoberfläche befindet sich auf einem Schwerkraftniveau, bei dem man bereits 95 Prozent des Weges auf die geostationäre Umlaufbahn zurückgelegt hat. Da der Mond darüber hinaus über keine Atmosphäre und ein nur schwaches Gravitationsfeld verfügt, könnten wir Materialien vom Mond mit weit billigeren und effizienteren Methoden transportieren, als wir sie jemals von der Erde aus einsetzen können, nämlich mittels vom Boden aus operierender Maschinen.

Die wesentlichen Komponenten eines jeden Satellitenkraftwerks wären Metalle, Glas und möglicherweise Silizium. Vom Apollo-Projekt wissen wir, daß der gewöhnliche, wahllos von der Mondoberfläche genommene Boden dem Gewicht nach typischerweise aus 40 Prozent Sauerstoff, 20 Prozent Silizium und 20–30 Prozent Metallen besteht – genau den Elementen, die wir zum Bau fast eines gesamten Satellitenkraftwerks benötigen.

Die wesentlichsten Gründe, die für die Herstellung aller Satellitenkraftwerkskomponenten direkt in der Erdumlaufbahn sprechen, wären: erstens, durch die Nutzung der Materialien von der Mondoberfläche würde man sich den großen Erfolg des Apollo-Projekts voll zunutze machen; zweitens: die Brückenkopfmethode; d. h. von der Erde aus würde nur eine vergleichsweise kleine Menge an Material und Ausrüstungsgegenständen, etwa soviel wie die Gesamtmasse eines Kraftwerksatelliten, in den Raum entsandt. Die Ausrüstung wäre für einen Außenposten auf dem Mond gedacht, der der Materialgewinnung und -verschickung dienen soll, und für eine Fabrikanlage auf hoher Umlaufbahn.

Wenn erst einmal der regelmäßige Nachschub von Mondmaterial an die Orbitalstation gesichert ist, könnte die Station weitere gleichen Typs sowie auch Satellitenkraftwerke bauen. Auf diese Weise könnte mit der Zeit die Zahl der Satellitenkraftwerke in geometrischer Reihe anwachsen, also 1, 2, 4, 8, 16, 32 usw., und nicht nur in linearer Reihe, wie 1, 2, 3, 4, 5, 6, und dies alles ohne die Eskalation einer Flotte von Raumtransportern und die damit verbundene mögliche Umweltbelastung der oberen Atmosphäre.

Das wäre der Weg, um in kurzer Zeit große Erfolge zu erzielen.

Der dritte entscheidende Punkt wäre, daß wir nur auf die Technologie und auf Fahrzeuge angewiesen sind, mit denen wir vertraut sind: Kraftwerke auf dem gegenwärtigen technologischen Stand – d. h. ähnlich wie das Werk, auf das im vorangegangenen Vortrag Bezug genommen wurde und dessen Betrieb gerade in Oberhausen in Westdeutschland beginnt – und Frachtraketen, die schnell und mit niedrigen Kosten aus der Raumfähre unter Verwendung ihrer Haupttriebwerke entwickelt werden können. Auch die Raumfähre in der heutigen Form wäre ein wesentlicher Teil dieses Programms.

Um es nochmals deutlich zu sagen, es ist sicher sinnvoll und richtig, Forschung über Kraftwerke mit geringer Masse und über Hochleistungstransporter zu betreiben. Doch orbitale Industrieoperationen machen unserer Ansicht nach den Unterschied aus zwischen der Ermutigung zu jener Forschung und einer Haltung, die alles von deren vollem Erfolg abhängig macht. Wenn Energie aus Satellitenkraftwerken Erfolg haben soll, muß sie an irgendeinem Punkt privates Kapital anlocken; je früher dies geschieht, um so besser ist es. Ohne Satellitenenergie wird die Industrie innerhalb der nächsten 25 Jahre in den Bau von Kern- und Kohlekraftwerken rund 800 Milliarden Dollar investieren müssen.

Zum gegenwärtigen Zeitpunkt bestehen praktisch keine Aussichten dafür, daß von Unternehmerseite nennnenswerte Beiträge in die Satellitenkraftwerksforschung fließen könnten, da die Risiken zu groß sind und die Datenbasis zu unsicher ist. Dies dürfte sich erst ändern, wenn die Unsicherheitsfaktoren in Zukunft einmal so weit wie möglich eliminiert sein werden.

Meiner Meinung nach kann dies am besten dadurch geschehen, daß man die Technologie nicht überfordert, d. h. den Durchlaß in der Bergkette ausnutzt.

Ich wurde aufgefordert, mich zu Sonnenkraftwerken auf der Erde zu äußern. Sie scheinen mir der Forschung wert zu sein, aber bisher fand ich sie nicht gerade vielversprechend, weil die Sonnenenergie auf der Erdoberfläche nur tagsüber und auch dann nie mit Sicherheit vollständig zur Verfügung steht. Wenn spektakuläre Fortschritte sowohl in der Energieumwandlung als auch in der Energiespeicherung gemacht würden, dann könnte sich das Bild ändern.

In der schriftlichen Darlegung, die ich dem Ausschuß unterbreitete, gab ich eine Anzahl Empfehlungen für die Forschung. Ich möchte diese hier nicht wiederholen, sondern nur auf zwei ihrer Charakteristika hinweisen. Dabei liegt der Nachdruck darauf, daß man alles tun soll, damit nichts Wichtiges übersehen wird, und sich nicht zu früh auf eine Forschungsrichtung festlegt, die sich später möglicherweise als die nicht optimale herausstellt.

Zweitens: Fast alle Empfehlungen beziehen sich auf Forschungen, die hier auf der Erdoberfläche in einem bescheidenen Maßstab durchgeführt werden können und deren Kosten sehr niedrig sind im Vergleich zu denjenigen jeder Aktivität, die im Raum stattfinden müßte.
Die erste Abbildung zeigt schematisch eine von mehreren möglichen Geometrien für eine «Bauhütte» in hoher Umlaufbahn.

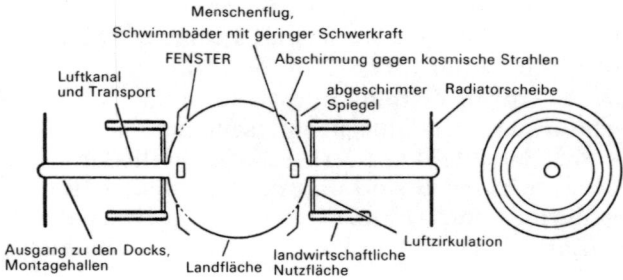

Dies ist von Bedeutung nicht wegen der besonderen Form – es gibt viele verschiedene mögliche Formen –, sondern wegen bestimmter Dinge, die allen gemeinsam sind. Auf diesem Bild sind die wichtigsten Elemente ein Werkstättenbereich für Leichtindustrie, ein Wohngebiet im Innern, das natürliches Sonnenlicht erhält, äußere landwirtschaftliche Nutzflächen, Abwärmeradiatoren, die die im Innern nicht direkt verbrauchte Wärme in den Weltraum abstrahlen, und schließlich die Abschirmung, die die Intensität der kosmischen Strahlung für die Arbeiter drinnen auf annähernd die gleiche Intensität reduzieren soll, wie sie auf der Erde besteht.
Die nächste Skizze zeigt eine Außenansicht dieser speziellen Geometrie mit den Abwärmeradiatoren, den landwirtschaftlichen Nutzflächen und vor allem die Abschirmung gegen die kosmische Strahlung, die nach unserer Ansicht aus Industrieabfall hergestellt werden könnte, der sowieso bei den dort stattfindenden industriellen Aktivitäten anfallen würde.

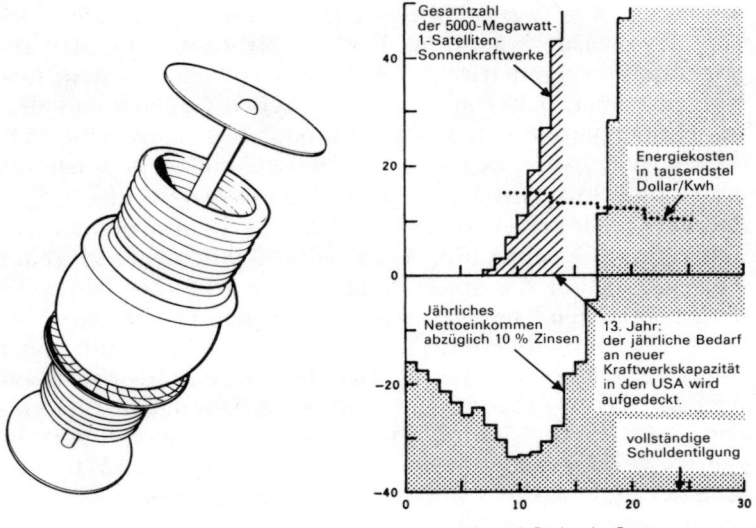

Jahre seit Beginn des Programms

Auf die letzte Abbildung will ich etwas mehr Zeit verwenden, weil sie in die ökonomischen Details geht. Ich sollte anfügen, daß es üblich ist, wie man mir sagte, die Zinsbelastung bei Vorausschätzungen wie dieser nicht zu berücksichtigen. Hier jedoch zeige ich ausdrücklich diese Zinsbelastungen, die mit 10 Prozent jährlich in konstantem Dollarwert von 1975 angesetzt sind; das bedeutet etwa einen Diskontsatz von 17 Prozent gemäß der unter Ökonomen üblichen Diskontierung. Wir nehmen hier einmal einen Zeitraum von etwa 6 Jahren an, während dessen die erste der «Bauhütten» errichtet würde. [Das erste Satellitenkraftwerk, das in der Raumstation gebaut wird, könnte ungefähr 1 bis 2 Jahre später in Betrieb genommen werden.]

Während dieser Zeit sieht man, daß die Investitionskosten zusammen mit den Zinsbelastungen die fallende Treppenkurve hervorrufen, die die Nettokosten des Projekts veranschaulicht. Wegen des angenommenen Vorgehens der «Brückenkopfbildung», d. h. der Tatsache, daß eine Satellitenfa-

299

brik außer Kraftwerksatelliten auch weitere Produktionsstätten bauen würde, wächst die Zahl der Kraftwerksatelliten exponentiell [=geometrisch] mit der Zeit – 1, 2, 4, 8 usw. Genaugenommen haben wir aus technischen Gründen für diesen Fall angenommen, daß der Aufbau etwas langsamer vonstatten geht. Aber wegen dieses exponentiellen Wachstums erzielt man in relativ kurzer Zeit eine große Wirkung.

Zweitens: Wir setzen voraus, daß die Sache nur dann wirklich vernünftig sein kann, wenn sie tatsächlich eine spürbare Auswirkung auf die Energiesituation des Landes hat. Und dementsprechend nehmen wir an, daß das Projekt sinnvollerweise innerhalb relativ kurzer Zeit den Markt für neue Energieerzeuger dominiert. Aus diesem Grund wiederum sind wir davon ausgegangen, daß die anfänglichen Energiekosten etwa 15 tausendstel Dollar, Wert 1975, nicht übersteigen sollten. Das steht gegen die Zahlen von 27 und 30 tausendstel Dollar, die wir von den vorhergehenden Rednern gehört haben.

Damit die Energie aus den Satelliten-Sonnenkraftwerken konkurrenzfähig und schließlich marktbeherrschend sein wird, haben wir angenommen, daß der Kilowattstundenpreis von anfänglich 0,015 Dollar im Laufe der Zeit auf 0,012, 0,01, 0,008 Dollar usw. absinken muß.

Wegen des raschen Wachstums aufgrund des «Brückenkopfprozesses» könnte schon im 13. Jahr eines Programms dieser Art dessen Vermögen, neue Kraftwerke zu produzieren, den jährlichen Bedarf der Vereinigten Staaten an neuer Generatorenkapazität decken.

Zum Vergleich sollen noch zwei Zahlen genannt werden. Die eine besagt, ungefähr im 11. Jahr eines solchen Programms – also 11 Jahre nach Beginn der ersten Einheit – würde eine Energiemenge in das Energieversorgungsnetz der Erde eingespeist werden, die die Spitzenkapazität der Alaska-Pipeline überträfe. Das entspricht in etwa 2 Millionen Barrels/Tag (3 272 000 hl/Tag) an Erdöl.

Und ungefähr um das Jahr 16 oder 17 in derselben Abbildung würde die gesamte, aus dem Weltraum nutzbringend in unser Versorgungsnetz eingespeiste Energiemenge bereits sämtliche heutzutage geschätzten Reserven des Nordens von Alaska übertreffen.

Ich möchte auch darauf hinweisen, daß bei einer Berechnung des sogenannten Kosten/Nutzen-Verhältnisses für ein Programm dieser Art, wie es unter Wirtschaftswissenschaftlern üblich ist, es sich zeigt, daß dieses Verhältnis viel größer als Eins ist. In der Abbildung wird dies durch die Tatsache deutlich, daß die anfängliche Investitionskurve umschwingt und nach einiger Zeit zu einer Gewinnkurve wird. Allem Anschein nach könnten die Gewinne sehr hoch sein.

Ich möchte noch auf eine andere Möglichkeit hinweisen, die diese sehr niedrigen Stromkosten eröffnen – wohlgemerkt keine Gewißheit, sondern nur eine Möglichkeit. Eventuell kann man diese Kosten so weit senken, daß es wirtschaftlich wird, synthetische Kraftstoffe hier auf der Erde herzustellen, die das Benzin ersetzen und auf diese Weise zu einer wirklichen Energieunabhängigkeit unseres Landes führen können. Wie wir wissen, beträgt die Energiesumme, die in Form von Elektrizität genutzt wird, nur etwa 40 Prozent des gesamten Energieverbrauchs unseres Landes. Die anderen 60 Prozent werden als Treibstoff im Transportwesen und auch direkt zu Heizzwecken in Industrie und Haushalten verbraucht. Werden die Stromkosten hinreichend niedrig, können wir auch diesen Markt bedienen.

Lassen sie mich abschließend sagen, daß meiner Meinung nach die gesamte Produktion in Erdumlaufbahnen mit geringstmöglichem Aufwand und optimal ausgewählten, stark motivierten und hart arbeitenden Leuten durchgeführt werden sollte – und ohne überflüssiges Drumherum.

Wenn wir bei der technischen Durchführung hinreichend gewissenhaft vorgehen und unsere Zahlen sich als richtig herausstellen, sollte es gelingen, dieses Unternehmen für private Geldanleger attraktiv zu machen, und zwar aus den guten Gründen hoher Gewinnerwartungen.

Zusammenfassung: Bei unserem Vorgehen kombinieren wir auf neue Weise eine Anzahl von Einzeltechnologien, die wir alle beherrschen, zu einem System. Hierfür ist kein Durchbruch in den Grundwissenschaften oder in der Materialtech-

nologie erforderlich. Aus diesem Grund empfehle ich, daß die vorgeschlagene Vorgehensweise weiter erforscht wird, da die Aussicht besteht, daß sie viel schneller zu einem Erfolg führt als einige ältere Pläne, die noch immer darauf warten, daß ihre wissenschaftlichen Grundlagen vollständig geklärt werden.
Vielen Dank.

(Im Originaldokument wurde an dieser Stelle eine vorbereitete technische Erklärung zum Verbleib bei den Akten eingefügt. Die Anhörung fährt mit den folgenden Fragen fort.)
Senator FORD: Ist das Paradies so schlecht? [Gelächter]
Dr. O'NEILL: Sir, ich muß zugeben, daß ich da gewisse Hintergedanken habe. Wenn man nämlich 10 000 hart arbeitende und hoch motivierte Leute in eine Situation versetzt, in der ihnen unbegrenzte Energie und große Materialreserven zur Verfügung stehen, so erwarte ich, daß sie sehr bald Mittel und Wege finden werden, um sich höchst attraktive Lebensräume zu gestalten.
Senator FORD: Ich selbst halte nach unbegrenzter Energie Ausschau. Welche Aussichten sehen Sie für die internationale Zusammenarbeit bei einem Unternehmen, wie Sie es vorschlagen?
Dr. O'NEILL: Zahlreiche Personen, von denen etliche mit anderen Regierungen als der unsrigen in Verbindung stehen, zeigten bereits großes Interesse an der Arbeit. In Tausenden von Briefen, die ich bereits erhalten habe, viele davon aus Übersee, kommt das zum Ausdruck.
Mir fällt auf, daß eine Frage, die in den Briefen aus anderen Ländern immer wieder auftaucht, die folgende ist: Soll dies Amerika vorbehalten sein, oder können wir auch dabei mitmachen? Und aus vielerlei Gründen hoffe ich, daß die Antwort lauten wird: Es wird ein internationales Programm.
Senator FORD: Vor kurzem sagten Sie, daß Sie abweichend von der üblichen Art der Kostenvoranschläge auch schon die Zinsen in ihren Zahlenangaben mitberücksichtigt haben. Ich fürchte, ich habe die Gesamtkosten Ihres Vorschlags nicht ganz erfaßt.

Können Sie uns für die Größenordnung der Gesamtkosten Ihres Vorschlags nicht eine ungefähre Zahlenangabe machen?

Dr. O'NEILL: Ich sollte Ihnen deren Variationsbreite nennen. Wenn wir die für die Ära der Raumfähre charakteristischen Transportkosten nehmen – diese liegen um einen Faktor von rund 10 höher als jene, die zum Beispiel der Herr von Boeing angenommen hat –, dann müssen wir die Investitionskosten auf 40 Milliarden bis 200 Milliarden Dollar veranschlagen. Das sind ungefähr 15 bis 25 Prozent der Investitionen, die die Energieversorgungsunternehmen für die nächsten 25 Jahre planen.

Senator FORD: Das ist eine recht beachtliche Variationsbreite – 40 bis 200 Milliarden Dollar.

Dr. O'NEILL: Physiker lieben große Spielräume.

Senator FORD: Und wie Ihnen bekannt ist, wollen die Steuerzahler wissen, was sie bezahlen sollen, und wir müssen uns ein Urteil bilden. Und wenn der Rahmen so weit abgesteckt ist, von 40 bis 200 Milliarden Dollar, so scheint mir, Sie könnten ihn noch etwas einengen bei all Ihrer Fachkenntnis.

Dr. O'NEILL: Ich bestreite die Fachkenntnis, Sir, aber was den Rahmen anbetrifft –

Senator FORD: Sie sind bescheiden. Fahren Sie fort.

Dr. O'NEILL: Das hängt sehr stark von den Auflagen ab, die man uns macht. Ich denke, wenn ich so vorgehen könnte, wie ich wollte, so bliebe ich wohl an der unteren Grenze des Kostenvoranschlags. Wenn wir aber gezwungen wären, dabei gleichzeitig eine Menge Sonderprogramme mit durchzuziehen, die notwendig sein mögen oder auch nicht, dann könnten wir an die obere Grenze stoßen.

Senator FORD: Ich glaube, Ihr Angebot ist ein attraktiver Vorschlag, und ich denke, die NASA sollte sich Ihre Idee einmal gründlich anschauen, insbesondere wegen der ökonomischen Aussichten.

Sie beschrieben den elektrischen Werfer, der Gestein vom Mond mit einer Geschwindigkeit von Tausenden von Stundenkilometern wegschleudern soll, aber ich frage mich, wie wohl Ihr Fänger am anderen Ende aussehen wird.

Dr. O'NEILL: Das hängt weitgehend von den Eigenschaften des Werfers ab. Wenn unsere Zahlen soweit richtig sind, so wäre die Treffunsicherheit des ankommenden Mondmaterials durch eine Scheibe mit einem Durchmesser von nur einigen Dutzend Metern gegeben. Und da sich das Material nur noch mit einem Zehntel oder einem Zwanzigstel der Geschwindigkeit bewegen würde, mit der es den Mond verließe, wäre es relativ leicht aufzufangen.

Eine der großen Schwierigkeiten besteht zurzeit bei diesem System darin, daß es noch bis vor kurzem keinerlei Forschungsunterstützung hierfür gab. Wir befinden uns auf der Schwelle, wo selbst eine sehr niedrige Investition in die Forschung sich hoch auszahlen würde in dem Sinne, daß alle Zahlenangaben präzisiert werden könnten.

Senator FORD: Was geschieht, wenn Ihr Fänger das Gestein verfehlt?

Dr. O'NEILL: Dann würde das Material einfach im Weltraum verschwinden und eventuell zurückkommen und wahrscheinlich auf dem Mond aufschlagen, aber erst nach Tausenden von Jahren.

Senator FORD: Würde das irgendein Navigationsproblem in der Umgebung der sogenannten Kolonie aufwerfen?

Dr. O'NEILL: Das glaube ich nicht, Sir, weil ich nicht erwarte, daß wir viel verfehlen werden.

Senator FORD: Na, wissen Sie, Verfehlen und Fangen ist zweierlei.

Dr. O'NEILL: Gerade darum brauchen wir noch mehr Forschung.

Senator FORD: Das Marshall Space Flight Center hat Ihren Vorschlag geprüft, glaube ich. Der entsprechende Bericht, der vor etwa einem Jahr abgegeben wurde, zeigte, daß Sie zwei neue Nuklearraketen und eine Schwerstlastrakete benötigen würden.

Weshalb brauchen Sie jetzt diese neuen Raketen nicht mehr, um Ihr System zu verwirklichen?

Dr. O'NEILL: Es handelt sich dabei um die Frage, auf welchem Weg Sie etwas erreichen wollen. Was das Marshall-Vorgehen betrifft, so scheint mir darin eine Wartelistenlogik zu stecken. Die haben gesagt, das ist eine neue Idee, und darum werden wir sie an das Ende einer Kette aus all den anderen Ideen setzen, von denen wir bisher gehört haben. Wenn sie also am Ende der Kette steht, dann müssen wir jeden anderen Entwurf, an dem wir interessiert sind, als Voraussetzung für die Durchführung dieses Programms ansetzen – und darum brachten sie solche Dinge wie Nuklearraketen und dergleichen ins Spiel.

Meiner Ansicht nach sind diese Dinge überflüssig. Ich glaube vielmehr, daß alles, was wir zu tun vorschlagen, innerhalb des Parameterrahmens der Raumfähre und der aus ihr entwickelten Fahrzeuge getan werden kann.

Senator FORD: Ich bin ein wenig verblüfft über Ihre Aussage, daß wir keinerlei neue Technologie zur Durchführung Ihres Planes entwickeln müssen.

Wenn ich Dr. Glaser und die Boeing Company recht verstehe, so werden wir ihrer Auffassung nach in den kommenden Jahren eine ganze Menge Technologie entwickeln müssen.

Glauben Sie, daß die meisten anderen Wissenschaftler, die der NASA eingeschlossen, mit Ihnen darin übereinstimmen, daß keine Notwendigkeit zu irgendwelchen zusätzlichen Forschungen besteht?

Dr. O'NEILL: Ich sprach mich nicht gegen eine Fortsetzung der Forschung auf diesen Gebieten aus, Sir. Vielmehr möchte ich sagen, daß die Methode, die wir vorschlagen, mehr dem Ausschauhalten nach einem Paß in der Bergkette als dem direkten Frontalangriff entspricht.

Wenn wir keine Alternative finden, wie wir die Kosten senken und die Beschränkungen lockern können, z. B. durch Nutzung des Mondmaterials, dann müssen wir den direkten Frontalangriff wagen. Und dies kann nur geschehen, indem die Masse für die Kraftwerke erheblich vermindert und die Transportkosten stark verringert werden. Aber bei unserem Vorgehen ist keines von beiden notwendig.

Senator FORD: Besitzen wir schon jetzt die Technologie, um, wie Sie sagen, aus Mondbrocken Aluminiumbarren herzustellen, um flüssigen Sauerstoff daraus zu gewinnen, sowie den Kohlenstoff durch Recycling-Prozesse immer wieder neu zu nutzen und die überschüssige Wärme in den Weltraum abzustrahlen?

Dr. O'NEILL: Soweit diese Frage von einer Studiengruppe am NASA Ames Laboratory im vergangenen Sommer beantwortet werden konnte, sind die erforderlichen chemischen Verarbeitungssysteme denjenigen sehr ähnlich, die bereits vom Bureau of Mines für Erze entwickelt werden, die den Monderzen sehr ähneln.

Darum glauben wir, daß es in dieser Hinsicht nichts grundlegend Neues gibt. Das heißt aber nicht, daß man darüber nicht intensiv forschen und arbeiten sollte.

Senator FORD: Wissen wir schon, wie riesige Strukturen im Weltall errichtet werden können? Ich dachte, das wäre etwas, was wir erst lernen würden, wenn einmal die Raumfähren soweit sind.

Dr. O'NEILL: Ich denke, das ist völlig richtig, Sir. Wir brauchen noch viel Erfahrung. Wenn ich sage, wir benötigen keinerlei grundlegend neue Technologie, so meine ich damit nicht, daß wir morgen früh hinausgehen, einen Kaufauftrag ausschreiben und kurz darauf Satellitenkraftwerke erhalten können. Es gibt noch viel zu tun.

Aber was ich damit sagen will, ist, wir müssen keine extremen Anforderungen an die Materialtechnologie, die Temperaturgrenzen usw. stellen.

Senator FORD: Wissenschaftler sagen uns – oder sagen mir –, daß eine Mondnacht 14 Tage dauert.

Woher nähmen Sie die Energie, um die Massenschleuder auf dem Mond zu betreiben?

Dr. O'NEILL: Die Marshall-Leute und auch die Sommerstudie des vergangenen Jahres am Ames Laboratory haben mich überzeugt, daß wir ein relativ kleines Kernkraftwerk auf dem Mond brauchen, um die Massenschleuder sowohl während des Mondtages als auch während der Mondnacht mit Energie zu versorgen.

Die Gründe dafür scheinen überzeugend zu sein.

Senator FORD: Besitzen wir die nötige Technologie, um Turbogeneratoren von der Größe zu bauen, wie sie für Ihren

Vorschlag gebraucht werden? Ich glaube, Boeing gibt an, daß wir für die Kraftwerksatelliten Turbogeneratoren von der sechsfachen Leistung der größten gegenwärtigen Turbogeneratoren benötigen.

Dr. O'NEILL: So wie ich den Boeing-Vorschlag verstehe, Sir, beabsichtigt man, eine Anzahl kleiner Elemente zu verwenden, weil man in ihrem Fall jeweils durch die Tragfähigkeit eines einzelnen Raumtransporters eingeschränkt wird. Mit der Methode, die Kraftwerke im Weltall aus Mondmaterialien zu bauen, wäre man von diesen Einschränkungen befreit und würde, so denke ich, einfach Turbogeneratoren bauen, die der gegenwärtig bekannten Technologie am besten entsprechen.

Senator FORD: Wie viele Raketenstarts wären zur Durchführung Ihres Plans erforderlich, und gäbe dies zu Umweltbedenken Anlaß?

Dr. O'NEILL: Die Anzahl der Starts, Senator, entspräche derjenigen, die nötig wäre, um einen Kraftwerksatelliten in den Weltraum zu befördern, wenn dies mit aus der Fähre entwickelten Raketen geschehen müßte. Dies bewegt sich in der Größenordnung von einigen hundert Starts über einen Zeitraum von etwa 5 bis 6 Jahren.

Die dadurch verursachte Umweltbelastung läge ungefähr in der Höhe von 1 Prozent der Umweltbelastung für den Fall, daß die Satellitenkraftwerke vom Erdboden aus gestartet würden, und zwar über eine entsprechende Zeitspanne von 5 bis 6 Jahren.

Senator FORD: Sie haben kürzlich vor einem Unterausschuß des Representantenhauses ausgesagt – und ich glaube, daß Sie folgendes erklärten:

Ein Betrag von einer halben bis 1 Million Dollar ist wahrscheinlich angemessen. Die Gewährung einer größeren Summe würde zum gegenwärtigen Zeitpunkt wahrscheinlich zu einer gewissen Verschwendung und Ineffizienz im Umgang mit den Geldern führen, die für dieses Gebiet im Haushalt vorgesehen sind.

Sind Sie immer noch der Ansicht, daß das alles ist, was zurzeit gebraucht wird?

Dr. O'NEILL: Für das nächste Jahr trifft das zu, Sir. Und wenn ich von dieser ½ bis 1 Million spreche, so beziehe ich mich dabei ausdrücklich auf die Forschung über den Bau von Satellitenkraftwerken im Weltraum aus Mondmaterial. Die zusätzliche Forschung zur Verbesserung der Transportraketen, der Kraftwerkstechnologie usw. hieße, etwas zu dem beizusteuern, was wir den Frontalangriff nennen könnten; dies ist die Angelegenheit von Dr. Glaser, Herrn Woodcock und anderen, die diese Vorgehensweise befürworten, und ich möchte mich nicht gegen diese zusätzliche Unterstützung aussprechen, um die sie nachgesucht haben.

Senator FORD: Demnach war also Ihre Aussage auf ein spezielles Gebiet begrenzt und bezog sich nicht auf die Gesamtheit der Bestrebungen zur Stromerzeugung aus Sonnenenergie?

Dr. O'NEILL: Das stimmt, Sir.

Senator FORD: Die NASA behauptet meines Wissens, daß es auf hoher Erdumlaufbahn Strahlungsprobleme gibt. Glauben Sie, daß dies ein ernsthaftes Hindernis für Ihren Plan darstellt?

Dr. O'NEILL: Ich glaube, daß es nur bei unserem Vorgehen eine direkte Lösung dieses Problems zu geben scheint, Sir. Ich halte das Problem für schwerwiegend, weil die Strahlungsintensität im freien Raum, d. h. auf geostationärer oder höherer Umlaufbahn, ungefähr 10 R/Jahr – 10 Röntgen pro Jahr – beträgt. Das liegt beträchtlich über dem Niveau, das für die Arbeiter der ERDA, die mit strahlendem Material umgehen, als vertretbare Dauerbelastung angesehen wird. Bei dem Vorgehen, an dem wir interessiert sind, kämen in der Umgebung der Produktionsanlagen im Raum ständig beträchtliche Materialmengen an. Viel davon fände beim Bau der Kraftwerksatelliten keine Verwendung – es wäre einfach Industrieabfall. Darum haben wir bisher in unseren Plänen vorausgesetzt, daß innerhalb von 2 bis 3 Jahren nach Installierung des bloßen Gerüsts einer Weltraumproduktionsanlage an dem vorgesehenen Ort eine Schutzschicht um sie herum angesammelt werden kann, deren Dicke ausreicht, um die Intensität der kosmischen Strahlung auf etwa das Niveau an der Erdoberfläche abzusenken.

Senator FORD: Herr Professor, ich glaube, das sind alle Fragen, die ich habe. Und ich möchte Sie zu Ihrem Einfallsreichtum und besonders auch zu Ihrem Einsatz auf diesem Gebiet beglückwünschen. Mir scheint das vorbildlich. Und bleiben Sie mit uns in Verbindung, nicht wahr, wir möchten so eng wie möglich mit Ihnen zusammenarbeiten.

Dr. O'NEILL: Danke, Sir.

Senator FORD: Vielen Dank, daß Sie heute gekommen sind.

Anmerkungen

1. Kapitel

1. Lukian von Samosata: «Wahre Geschichte» und «Ikaromenippus», um 160 n. Chr.
2. E. E. Hale: «The Brick Moon», *Atlantic Monthly*, Bd. XXIV, Oktober, November und Dezember l869.
3. J. Verne: «La chasse au météore», Paris, 1878.
4. K. Laßwitz: «Auf zwei Planeten», Leipzig, 1897.
5. K. E. Ziolkowski: «Träume von Erde und Himmel», Moskau, 1895.
6. K. E. Ziolkowski: «Die Weltraumrakete», Moskau, 1903.
7. R. H. Goddard: «The Ultimate Migration», Manuskript vom 14. Januar 1918.
8. R. H. Goddard: «2. Importance of Production of Hydrogen and Oxygen on the Moon and Planets», Manuskriptanmerkungen, März 1920.
9. H. Oberth: «Die Rakete zu den Planetenräumen», München, 1923.
10. G. von Pirquet: Aufsätze, «Die Rakete», Bd. II, 1928.
11. H. Noordung (Potocnik): «Probleme der Weltraumfahrt», 1929.
12. J. D. Bernal: «The World, the Flesh and the Devil», London, 1929.
13. O. Stapledon: *Starmaker*, London, 1929.
14. H. T. Rich: «The Flying City», *Astounding Stories*, August 1930.
15. F. Zwicky: «Morphological Astronomy», *The Observatory*, Bd. 68, August 1948.
16. H. E. Ross: «Orbital Bases», *J. British Interplanetary Society*, Bd. 8, Nr. 1, 1949.
17. A. C. Clarke: «Electromagnetic Launching as a Major Contributor to Space Flight», *J. British Interplanetary Society*, Bd. 9, 1950.
18. W. von Braun: «Griff nach den Sternen», 1952.
19. L. R. Shepherd: «Interstellar Flight», *J. British Interplanetary Society*, Juli 1952.
20. A. C. Clarke: «Islands in the Sky», Philadelphia, 1952.
21. I. M. Levitt und D. M. Cole: «Exploring the Secrets of Space», 1963.

22. F. J. Dyson: «Search for Artificial Stellar Sources of Infrared Radiation», *Science*, Bd. 131, Juni 1960.
23. V. P. Petrov: «Artificial Satellites of the Earth», Neu-Delhi, 1960.
24. K. P. Osminin: «Questions of Economics and International Cooperation in Space Operations», 25. Internationaler Raumfahrtkongreß 1974, Amsterdam.
25. K. A. Ehricke: «Space Stations — Tools of New Growth in an Open World», 25. Internationaler Raumfahrtkongreß 1974, Amsterdam.
26. A. Berry: «The Next 10 000 Years», New York, 1974.
27. G. Harry Stine: «The Third Industrial Revolution», New York, 1975.

2. Kapitel
1. Carleton S. Coon: «The Story of Man», New York, 1954.
2. Sebastian von Hoerner: «Bevölkerungsexplosion und interstellare Expansion», in: *Einheit und Vielheit*, Göttingen, 1973.
3. J. C. Fisher: «Energy Crises in Perspective», New York, 1973.
4. E. F. Schumacher: «An Economics of Permanence», Institute for the Study of Non-Violence.
5. Population Studies, Department of Economic and Social Affairs, United Nations, New York, 1973.
6. Von Hoerner: *op. cit.*
7. *Ibid.*
8. P. A. Taylor: «World Population Conference 1974»; Interview mit Ansley J. Coale: *Princeton Alumni Weekly*, 22. Oktober 1974, S. 8.
9. David R. Safrany: «Nitrogen Fixation», *Scientific American*, Oktober 1974, Bd. 231.
10. Fisher: *op. cit.*
11. Associated Universities, AET-8, April 1972.
12. Fisher: *op. cit.*
13. Jean-Jacques Faust: «L'Expresse», 18.—24. November 1974.
14. Safrany: *op. cit.*
15. Associated Universities, *op. cit.*
16. J. McPhee: «The Curve of Binding Energy», *New Yorker*, 17. Dezember 1973.
17. Von Hoerner: *op. cit.*
18; Schumacher: *op. cit.*
19. Robert Heilbroner: «An Inquiry Into the Human Prospect», New York, 1974. Bezugsseiten: 134, 17, 88, 44, 43, 93, 110, 108, 26, 141, 140, 27, 136.
20. J. W. Forrester: «World Dynamics», Cambridge, 1971.

3. Kapitel
1. *National Geographic*, Januar 1975.
2. Gerald Feinberg: «The Prometheus Project», Garden City, New York, 1969.
3. David Hafemeister: «Science and Society Test for Scientists: The Energy Crisis», *American Journal of Physics*, August 1974.

4. Kapitel

1. David R. Safrany: *op. cit.*
2. J. C. Fisher: *op. cit.*
3. G. Harry Stine: *op. cit.*
4. Lewis Beman: «Betting $ 20 Billion in the Tanker Game», *Fortune,* August 1974.
5. T. B. McCord und M. J. Gaffey: «Asteroids: Surface Compositions from Reflection Spectroscopy», *Science,* Oktober 1974.
6. E. K. Gibson, C. B. Moore und C. F. Lewis: «Total Nitrogen and Carbon Abundances in Carbonaceous Chondrites», Geochimica et Cosmochimica Acta, Juni 1971.
7. K. Ziolkowski: «Jenseits des Planeten Erde», New York, 1960.
8. K. Ziolkowski: «Ausgewählte Werke», Moskau, 1968.

5. Kapitel

1. G. K. O'Neill: «Colonization at Lagrangia», *Nature,* August 1974.
2. G. K. O'Neill: «The Colonization of Space», *Physics Today,* September 1974.
3. «Multiple Cropping — Hope for Hungry Asia», *Reader's Digest,* Oktober 1972.
4. Richard Bradfield: persönliche Mitteilung.
5. F. M. Lappe: «Diet for a Small Planet», New York, 1971.
6. «Multiple Cropping...», *op. cit.*

6. Kapitel

1. G. K. O'Neill: «The Colonization...», *l.c.*
2. Henry H. Kolm und Richard D. Thornton: «Electromagnetic Flight», *Scientific American,* Oktober 1973.
3. Arthur C. Clarke: «Report on Planet Three», New York, 1972.
4. Richard Bach: «Dedication to *Jonathan Livingston Seagull*», New York, 1970.

7. Kapitel

1. «Meteorid Environment Model — 1969 (Near Earth to Lunar Surface)», NASA SP-8013, 1969.
2. G. Latham, J. Dorman et al.: «Moonquakes, Meteorites and the State of the Lunar Interior», und «Lunar Seismology», in *Abstracts of the Fourth Lunar Science Conference,* 1973.
3. R. E. McCrosky: «Distributions of Large Meteoric Bodies», *Smithsonian Astrophysical Observatory Special Report,* 1968.
4. Morgan und Turner: *Natural Environment Radiation Exposure,* New York, 1967.
5. G. M. Comstock, R. L. Fleischer et al.: «Cosmic-Ray Tracks in Plastics: The Apollo Helmet Dosimetry Experiment», *Science,* April 1971.
6. *Wissenschaften 60,* 233, 1973.
7. John McPhee: «The Curve of Binding Energy», New York, 1974.

8. Kapitel
1. Edison Electrical Institute, *Statistical Yearbook of the Electric Utility Industry for 1973*, New York, 1973.
2. G. D. Friedlander: Institute of Electrical and Electronic Engineer, *Spectrum 12*, Mai 1975.
3. W. R. Cherry: *Aeronautics and Astronautics*, August 1973.
4. «Report of the 1975 NASA-Ames/Stanford University Summer Study on Space Colonization».
5. H. Davies: «Proceedings», 1975, Princeton University Conference on Space Manufacturing Facilities, New York, American Institute of Aeronautics and Astronautics (AIAA).
6. A. O. Tischler: *ibid.*, Referat 1—5.
7. G. K. O'Neill: «The Colonization...», *l.c.*
8. A. C. Clarke: *Journal of the British Interplanetary Society*, Bd. 9, 1950.
9. H. H. Kolm und R. D. Thornton: «Electromagnetic Flight», *l.c.*
10. Kevin Fine, Eric Drexler, Bill Snow, Jonah Garbus (M. I. T.), John Newman (Amherst).
11. B. Mason und W. G. Melson: «The Lunar Rocks», New York, 1970.
12. G. K. O'Neill: «The Low (Profile) Road to Space Manufacturing», *Astronautics and Aeronautics*, September 1977.

9. Kapitel
1. D. Hayes: *Science*, Juni 1975.
2. W. R. Cherry: «Harnessing Solar Energy: The Potential», *Aeronautics and Astronautics*, August 1973.
3. P. E. Glaser: «Space Shuttle Payloads, Hearing, Committee on Aeronautical and Space Sciences», US-Senat, Oktober 1973, 2. Teil.
4. W. C. Brown: Proc. IEEE, Januar 1974.
5. News release, Office of Public Information, Jet Propulsion Laboratory, California Institute of Technology, Pasadena, Mai 1975.
6. G. L. Woodcock und D. L. Gregory: American Institute of Aeronautics and Astronautics, Referat 75—640, vorgelegt beim American Institute of Aeronautics and Astronautics/American Astronomical Society Conference on Solar Energy for Earth, April 1975.
7. K. Bammert und G. Deuster: Referat bei der Tagung der American Society of Mechanical Engineers Gas Turbine, Zürich, April 1974.
8. R. E. Austin und R. Brantley: Bericht im NASA-Hauptquartier, Washington (D. C.), April 1975 (nicht veröffentlicht).
9. R. E. Austin: NASA-Marshall Spaceflight Center, persönliche Mitteilung.
10. G. K. O'Neill: «Space Colonies and Energy Supply to the Earth», *Science*, Dezember 1975.
11. G. K. O'Neill: Aussage vor dem Unterausschuß für Space Science and Applications des Komitees für Science and Technology, U. S. House of Representatives, 23. Juli 1975.
12. G. K. O'Neill: «Power Satellite Construction from Lunar Surface Materials», Aussage vor dem Unterausschuß für Aerospace Technology and

National Needs des Komitees für Aeronautical and Space Sciences, US-Senat, Januar 1976.
13. Exxon Corporation, Mitteilung im Smithsonian magazine, April 1975.
14. G. K. O'Neill: «A High Resolution Orbiting Telescope», *Science*, Mai 1968.
15. R. N. Bracewell: «The Galactic Club», Stanford Alumni Association, Stanford (California), 1974, und *Nature*, Bd. 186, 1960.
16. G. Cocconi und P. Morrison: «Searching for Interstellar Communications», *Nature*, Bd. 184, 1959.
17. F. D. Drake: «Project Ozma», *Physics Today*, Bd. 14, S. 140, 1961.
18. Ian Ridpath: «Worlds Beyond», New York, 1975.
19. R. N. Bracewell: *op. cit.*
20. Bernard M. Oliver, Hg.: «Project Cyclops», NASA-Report, 1973.
21. Carl Sagan: «The Cosmic Connection», New York, 1973.

10. Kapitel
1. T. Taylor: «Propulsion of Space Vehicles», in R. Marshak's Perspectives in *Modern Physics*, New York, 1966.
2. R. Bradfield: «Multiple Cropping...», *l.c.*
3. F. M. Lappe: *l.c.*

11. Kapitel
1. H. S. F. Cooper jr.: «A house in Space», New York, 1976.
2. T. B. McCord und M. J. Gaffey: *l.c.*
3. C. R. Chapman, D. Morrison und B. Zellner: «Surface Properties of Asteroids: A Synthesis of Polarimetry, Radiometry and Spectrophotometry», *Icarus*, Bd. 25, 1975.
4. *Ibid.*
5. Für Turbogeneratoren im Leistungsbereich von 1300 MW bezahlte 1975 der Käufer (TVA) dem Hersteller (Brown-Boveri) 56 Dollar pro Kilowatt (*Wall Street Journal*, 23. Januar 1975). Die entsprechenden Kosten je 500 kW betragen 28 000 Dollar.
6. R. Heilbroner: *l.c.*, S. 140.

12. Kapitel
1. Klaus P. Heiss: «Our R + D Economics of the Space Shuttle», *Aeronautics and Astronautics*, Oktober 1971.
2. G. K. O'Neill: *Nature*, *l.c.*
3. Kolumbus lebte von 1451 bis 1506; Francis Drake von 1545 bis 1595; Michelangelo von 1475 bis 1564 und Shakespeare von 1564 bis 1616.

Anhang I
1. Charles Dickens: «Ein Weihnachtsgesang in Prosa».
2. C. W. Allen: «Astrophysical Quantities», London, 1973.
3. Vielleicht wurde im Laufe der Zeit einiges hinzugedichtet — in jedem Fall aber sind Johns Fähigkeiten auf diesem Gebiet enorm.

4. Eine solche Wohneinheit — sie wurde bereits in einem früheren Kapitel erwähnt — wird «Dyson-Kugel» genannt.
5. Für Interessierte hier die genaue Anschrift: Professor Gerard K. O'Neill, Physics Deoartment, Princeton University, Box 708, Princeton (New Jersey) 08540.
6. G. K. O'Neil: *Nature, l.c.*
7. G. K. O'Neil: «The Colonization of Space», *l.c.*
8. G. K. O'Neil: *Science*, Bd. 190, Nr. 4218, 5. Dezember 1975.
9. Space Settlements, eine Projektstudie, NASA SP-413.
10. Space Colonization and Energy Supply to the Earth, Aussage G. K. O'Neills vor dem Subcommittee on Space Science and Applications des Committee on Science and Technology, United States House of Representatives, 23. Juli 1975, *l.c.*
11. L 5 Society, 1620 North Park Avenue, Tucson (Arizona) 85719.
12. Institute for Space Research, Inc., Box 82, Princeton (New Jersey) 08540.

Register